"十二五"高等职业教育计算机类专业规划教材

企业网架构与网络设备配置

主　编　石　硕　李久仲

副主编　汪海涛　左　军

参　编　卓志宏　刘耿标　叶　枫　石灵心

主　审　李　洛

中国铁道出版社

CHINA RAILWAY PUBLISHING HOUSE

内 容 简 介

本书围绕企业网的主要设备，由浅入深展开讨论，介绍了交换机、路由器的常用功能和实现这些功能的配置方法，以及如何综合这些功能实现企业网络的功能。书中的举例全部来自对 Cisco 交换机和路由器的实际配置或基于 IOS 的模拟器 GNS3 的配置。注重实验并与工程实际相结合是本书的主要特点。本书内容包括企业网络的构架，交换机和路由器的配置。交换机配置部分介绍了基本配置、广播风暴及其抑制、VLAN 配置、链路备份与环路、生成树协议配置、端口汇聚、端口镜像、端口安全和 802.1x 配置等。路由器配置部分介绍了静态路由和动态路由配置、路由环路消除、路由重发布配置、路由器提供 DHCP 和DNS 服务、NAT 配置、广域网协议配置、虚拟专用网络配置、路由热备份技术以及标准/扩展/复杂 ACL配置等。最后介绍了基于真实设备 IOS 的网络模拟软件 GNS3 的使用。

本书适合作为高等职业教育计算机网络专业的"网络设备"课程的教材或教学参考书，也可作为CCNA、CCNP 和网络工程师考试的参考读物，亦适用于自学交换机、路由器技术的读者阅读。

图书在版编目（CIP）数据

企业网架构与网络设备配置 / 石硕，李久仲主编. —
北京：中国铁道出版社，2013.8
"十二五"高等职业教育计算机类专业规划教材
ISBN 978-7-113-16836-0

Ⅰ.①企… Ⅱ.①石… ②李… Ⅲ.①企业－计算机网络－高等职业教育－教材 Ⅳ.①TP393.18

中国版本图书馆 CIP 数据核字（2013）第 129348 号

书　　名：企业网架构与网络设备配置
作　　者：石　硕　李久仲　主编

策　　划：翟玉峰　　　　　　　　　读者热线：400-668-0820
责任编辑：翟玉峰　鲍　闻
封面设计：付　巍
封面制作：白　雪
责任印制：李　佳

出版发行：中国铁道出版社（100054，北京市西城区右安门西街 8 号）
网　　址：http://www.51eds.com
印　　刷：北京新魏印刷厂
版　　次：2013 年 8 月第 1 版　　　2013 年 8 月第 1 次印刷
开　　本：787mm×1092mm　1/16　印张：18　字数：433 千
印　　数：1～3 000 册
书　　号：ISBN 978-7-113-16836-0
定　　价：35.00 元

本书共分 13 章。第 1 章 企业网络概述、第 2 章 初识 Cisco IOS、第 3 章 初步配置交换机、第 4 章 进阶配置交换机、第 5 章 初步认识路由器、第 6 章 使用 CLI 配置路由器、第 7 章 IP 协议与 IP 路由、第 8 章 动态路由协议配置、第 9 章 广域网协议配置、第 10 章 NAT 配置、第 11 章 使用 VPN 保护网络安全、第 12 章 使用 ACL 保护网络安全、第 13 章 网络模拟器与 GNS3 的使用。第 1 章简介了企业网的架构、功能并给出了一个典型企业网拓扑，指出了构建和配置企业网所需要的知识和技能；第 2 ~ 12 章围绕这些知识和技能展开了讨论；第 13 章则介绍了基于真实网络设备 IOS 的模拟器 GNS3 的使用，并给出了仿真企业网架构的简化拓扑作为综合实训项目，要求使用 GNS3（或真实网络环境）完成项目实训。

若将本书做综合实训教材使用，则建议先学习第 13 章。本书辅助学习网站地址：

http://ecourse.gdqy.edu.cn/jp_xiaoji/2010/jhjlyq/news_view.asp?newsid=24。

本书由石硕教授任第一主编。其余主编、副主编和编写人员如下：

李久仲，广东轻工职业技术学院计算机副教授，第二主编；

汪海涛，广东科贸职业技术学院计算机讲师，副主编；

左军，佛山科学技术学院物理讲师，副主编；

卓志宏，广东阳江职业技术学院计算机讲师，参编；

刘耿标，广东建设职业技术学院计算机讲师，参编；

叶枫，广东轻工职业技术学院计算机实验师，参编；

石灵心，广东轻工职业技术学院实验员，参编。

本书由广东轻工职业技术学院计算机系主任李洛教授主审，广州中星网络技术公司技术总监、CCIE 网络专家黄世旭对本书的编写提出了宝贵的建议和意见，在此对他们表示诚挚的谢意。由于编者的水平有限，书中难免存在错误和不足，殷切希望读者朋友提出宝贵的意见和建议。

编　者

2013 年 5 月

目 录

第1章 企业网络概述

【内容概要】

规划部署企业网络或运营商网络，一个非常重要的方面就是部署和配置包括交换机、路由器在内的网络互联设备。

部署和配置网络互联设备与研发这些设备属于不同的行业、岗位，但同等重要；高端从业人员的待遇据调查亦不相上下。

网络从业人员主流的职业认证首推 Cisco 认证。Cisco 认证包含一般认证和专业认证；一般认证包含 3 个等级和 7 条获取认证的途径。

完整部署实施企业网络需要多个方面的知识和能力：服务器群的配置管理，包括 Windows 或 Linux/UNIX 系统平台上各种服务器配置管理；网络互联设备交换机、路由器配置管理；网络安全设备防火墙和入侵检测系统的配置管理；网络综合布线技术。

【学习目标】

通过下面 3 个任务来认识综合布线系统、掌握综合布线系统的构成，了解综合布线系统的产品及选型。

（1）了解企业网构架；

（2）了解 Cisco 职业认证体系；

（3）了解部署实施企业网络所需的知识和能力。

1.1　企业网构架

结构上，企业网络通常由交换机、路由器、防火墙、入侵检测系统、服务器群以及客户机群通过传输介质（双绞线、光缆、无线介质等）连接而成。某企业网络拓扑如图 1-1 所示。由图可见，路由器 R1、R2 及其左边部分是企业总部内部网络，而路由器 R3 及其以下的网络是企业分支机构网络。位于 R1、R2 和 R3 之间的网络则是服务提供商的网络或服务提供商运营的网络，我们通常称之为 Internet 和广域网络，在中国主要由电信运营商提供。企业总部和分支机构网络的连接使用路由器通过广域网或 Internet 进行，而企业网内部的计算机之间或网络各部分之间的连接则是通过二层或三层交换机来实现。

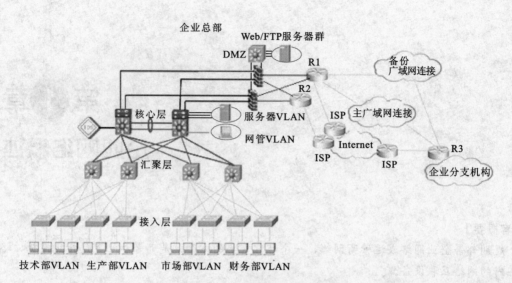

图 1-1　一个典型企业网络拓扑

图 1-1 是一个高可靠性的企业网络的拓扑图，汇聚层和核心层都使用了三层交换机，并采用双机负载均衡，各层设备之间的连接均采用双链路进行冗余；交换机使用了基于端口的 VLAN 技术；企业总部网络与分支机构网络之间的连接可通过 DDN、帧中继或其他广域网线路实现，现在采用穿越 Internet 建立 VPN 连接则越来越流行。路由器和三层交换机进行路由选择，提供内部与外部不同网络之间的连接，三层交换机还提供内部不同子网之间的连接；防火墙则用来保护内部网络的安全，采用了双机冗余配置，到 ISP 的连接也是采用了双路由器双链路冗余。

除了交换机和路由器外，组成该企业网的主要的设备还有网络服务器群等。

该网络所用设备罗列如下：

（1）PC：个人计算机构成了企业网络的终端。

（2）接入层交换机：直接与员工 PC 相连，提供接入功能，同时以较高速度的链路接入到汇聚层交换机。

（3）汇聚层交换机：汇聚层交换机主要用作企业网络的各个 VLAN 子网的网关，汇聚多个子网（或 VLAN）的流量；提供三层转发和路由的功能；配置各种安全策略。

（4）核心层交换机：提供较高的交换速度，同时拥有包括路由在内的多层处理能力；处理内部、外部网络之间以及内部各个子网之间的流量。

（5）路由器：提供广域网到企业内部网的路由，同时提供访问广域网的能力，某些路由器还提供一部分安全特性。

（6）服务器：提供企业内部网具体的应用服务，由服务器操作系统和服务程序构成，同时还要承担整个企业数据的集中存取和备份等功能。

（7）安全设备：提供企业信息安全的硬件设备，如防火墙、入侵检测系统等。

而服务提供商和运营商的网络设备（ISP 和广域网络的设备）则除了通用的路由/交换设备，主要还有各种远程接入设备、认证、授权和记账服务器、各种广域网交换机、光端机等。

如果把构建此企业网作为一个组网工程项目，那么需要什么样的知识和能力才能规划并组织实施这个项目呢？由于 Cisco 公司的网络设备目前占据互联网使用设备的八成左右，且 Cisco 公司对网络工程师的知识和能力提出了专门的系统化的要求并进行资格水平认证，故下面就结合 Cisco 认证为例来简答这一问题。

1.2　Cisco 认证

思科在其中文网站介绍了其最新职业认证体系，现转录并简介如下：

Cisco 认证包含一般性认证和专业认证。

思科提供了 3 个一般性认证等级，它们所代表的专业水平逐级上升：工程师、资深工程师和专家。在这些等级中，不同的发展途径对应不同的职业需求。思科还提供了多种专门的思科合格专家认证，以考察在特定的技术、解决方案或者职业角色方面的知识。

1.2.1　一般性认证

一般性认证包含 3 个认证等级和 7 条不同的获取途径。

3 个认证等级是：

（1）工程师（CCNA）：思科网络认证计划的第一步从工程师级别开始。可以将其视为网络认证的初级或者入门等级。

（2）资深工程师（CCNP）：这是认证的高级或者熟练等级。

（3）专家（CCIE）：网络人士所能达到的最高等级，表示某人为网络领域的专家或者大师。

7 条不同的获取途径是：

（1）路由和交换：这条途径适用于那些在采用了 LAN 和 WAN 路由器和交换机的环境中，安装和支持基于思科技术的网络专业人士。

（2）设计：这条途径适用于那些在采用了 LAN 和 WAN 路由器和交换机的环境中，设计基于思科技术的网络专业人士。

（3）网络安全：这条途径针对的是负责设计和实施思科安全网络的网络人士。

（4）电信运营商（服务提供商和服务提供商运营）：这条途径针对的是在一个思科端到端环境中，使用基础设施或者接入解决方案的专业人士，其主要分布在电信行业。

（5）存储网络：这条途径适用于那些利用多种传输方式在扩展的网络基础设施上部署存储解决方案的专业人士。

（6）语音：这条途径针对的是在 IP 网络上安装和维护语音解决方案的网络人士。

（7）无线：这条途径针对的是部署 IP 无线网络解决方案的网络人士。

1.2.2　专业认证

专业认证又称为思科合格专家认证。

思科提供多种专门的思科合格专家认证，以显示专业人士在特定的技术、解决方案或者职务角色方面的知识。思科还会经常添加一些新的认证。

这一认证体系结构如图 1-2 所示。

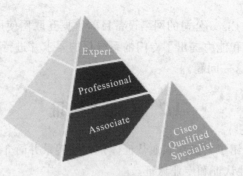

图 1-2　Csico 认证体系

提醒读者两点：Cisco 认证针对的是网络的规划设计和设备的配置使用，不涉及网络设备的软件开发，通俗地说是使用而不是研发网络设备；CCNA/CCNP/CCIE 认证有不同途径，或者说有不同知识和能力的侧重，具体名称也不一样。例如，通过"路由和交换"的途径的称为CCNA/CCNP/CCIE 路由和交换，侧重设计的称为 CCDA/CCDP/CCDE，侧重服务提供商解决方案的则称为 CCNA/CCIP/CCIE 服务提供商。许多 Cisco 认证培训机构主要提供的是路由和交换的认证途径。读者在做职业规划时，如果想通过 Cisco 认证，则要根据自己的需求选择相应的途径，比如想去电信部门工作，则应该首选"服务提供商运营"途径。详情见表 1-1。

表 1-1　认证途径与名称

认 证 途 径	工 程 师 级	资深工程师级	专 家 级
路由和交换	CCNA	CCNP	CCIE 路由和交换
设计	CCNA& CCDA	CCDP	CCDE
网络安全	CCNA 安全	CCSP CCNP 安全	CCIE 安全
服务提供商	CCNA	CCIP	CCIE 服务提供商
服务提供商运营	CCNA 服务提供商运营	CCNP 服务提供商运营	CCIE 服务提供商运营
存储网络	CCNA	CCNP	CCIE 存储网络
语音	CCNA 语音	CCNP 语音（原来的 CCVP）	CCIE 语音
无线	CCNA 无线	CCNP 无线	CCIE 无线

另外，Cisco 网站上还给出了另外一个认证体系，在原认证体系基础上加入了入门级的CCENT 和顶级的思科认证架构师（CCAr）认证，如图 1-3 所示。

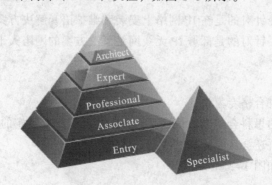

图 1-3　加入了入门级网络技术与架构师认证的认证体系

Cisco 对认证架构师的描述是："思科认证架构师是思科职业认证项目中可获得的最高级别认证。对希望在思科技术和基础设施架构上获得正式认可的个人而言，思科认证架构师是他们的巅峰。"

1.3　企业网部署的知识和能力要求

总览了 Cisco 认证，基本上可以回答前面的问题了。如果你具有 CCNA 的或部分 CCNP 的知识和能力，那么你对图 1-1 所示的网络中的企业内部网络设备部署就一般能够胜任；但若想胜任服务提供商运营网络的设备部署，则可能还需要深入学习 CCNP 或 CCIE 服务提供商运营方面的认证课程；你若是一个专职的安全管理工程师，如果想对图示的安全设备管理和网络安全策略的规划和部署得心应手，可能还得具备 CCSP 或 CCNP 安全方面的知识背景和能力。

而要完整部署实施如图 1-1 所示的企业网规划与配置管理项目至少需要如下方面的知识和能力：服务器群的配置管理，包括 Windows 或 Linux/UNIX 系统平台上各种服务器配置管理；网络互联设备交换机、路由器配置管理；网络安全设备防火墙和入侵检测系统的配置管理；网络综合布线技术。从设备管理的角度看，Cisco 认证提供了所有网络互联和安全设备配置管理的认证，服务器的配置管理方面的认证则有微软公司的相关认证和 Linux 方面的认证，综合布线技术方面的主流认证则由福禄克公司等提供。

本书主要讨论交换机、路由器配置管理这部分，也略微涉及防火墙方面的内容，其他方面的学习请阅读相应的书籍。

还要忠告读者的是：技术分工是很细致的，这样才有利于专业的深入化。具体到企业网络的学习方面，你要么深入网络设备的学习走 Cisco 岗位路线，要么深入服务器系统的学习走微软或 Linux 系统管理路线，要么深入网络综合布线技术的学习以智能楼宇、综合布线工程师为职业，在每个方向都平均用力则知识的深度肯定是不够的。

1.4　有关约定与说明

为便于表述和阅读，本书特作以下约定和说明。

1. 对命令行书写格式的约定

如下所示为一定义路由器地址池的命令行：

```
ip nat pool name start-ip end-ip { netmask netmask | prefix-length
prefix-length } [ type { rotary } ]    //此为一定义路由器地址池的命令行
```

以此为例对书写格式约定如下：

（1）正体书写的字符串为命令关键字；

（2）斜体书写的字符串为参数名，需要用具体的参数值替换；

（3）方括号"[ ]"中的命令或参数为可选；

（4）竖线"|"两边的命令或参数选择其一；

（5）花括号"{ }"中的命令或参数为必选；

（6）命令行之后的双斜杠"//"及其后面的文字，是对该行命令的注释，只出现在教材中，不可键入命令行界面里。而"!"是 Cisco IOS 命令行界面显示的注释标记。

按照上面的命令书写格式，对应写出的一行实际的命令如下：

```
ip nat pool sss 192.1.1.1 192.1.1.254 netmask 255.255.255.0 type rotary
```

其中，ip nat pool 为命令关键字；netmask 和 prefix 为必选其一的命令关键字，此处选了前者；sss、192.1.1.1、192.1.1.254 和 255.255.255.0 是参数值，对应 *name*、*start-ip*、*end-ip*、*netmask*；type 是可选的关键字，但一旦选取，rotary 就必须一同使用。

有时为了简明，命令行格式中也用斜体中文字表示参数名，例如：

```
ip nat pool 地址池名称 开始地址 结束地址 netmask 子网掩码
```

2．其他约定

（1）按照 Cisco IOS，交换机/路由器的全部端口或接口统称 Ports，具体的某个接口称 Interface。在不至混淆的情况下，本书把"端口"与"接口"这两个术语都用来称呼交换机或路由器的物理或逻辑接口（Interface）；而把"端口"这个术语用来称呼 TCP 或 UDP 协议的端口号（Port）。

（2）若无特别说明，书中所称的交换机为以太网交换机，所称的路由器的局域网接口为以太网接口；交换机/路由器的操作系统为 Cisco IOS。

3．说明

（1）本书所有配置实例大部分能在模拟软件 Boson 6.0 或 Csico Packet Tracer 5 上实现（Boson 6.0 版模拟的是 CCNP 考试涉及的命令，有一部分 Cisco IOS 命令没有模拟）。

（2）本书带"*"号的章节可根据教学计划作为选讲或自学内容。

思考与动手

登录 Cisco 中国网站，了解 Cisco 认证。

第 2 章
初识 Cisco IOS

【内容概要】

企业网的重要设备是交换机和路由器。作为网络管理员或工程师的一项重要工作就是要会配置它们使其按照要求工作。配置是指使用交换机和路由器的系统软件（操作系统）提供的命令行界面（或图形界面、Web 界面）输入相关的命令或参数的操作。不同厂家的设备其系统软件不同，而作为主流的 Cisco 交换机和路由器的系统软件则名为 Cisco IOS（Cisco Internetwork Operating System，思科网络操作系统）。Cisco 绝大部分系列交换机和路由器都使用 Cisco IOS。

交换机和路由器的系统软件固化在其 ROM 和 Flash ROM 中，其硬件组成也有 RAM 和 CPU 等，故也可把它们视为专用的计算机。但由于其不带显示器和键盘，就需要通过通用计算机与它们建立连接，登录访问其操作系统。利用计算机的键盘输入系统命令，利用计算机的显示器显示命令和相关信息。交换机或路由器与通用计算机建立连接的操作称为搭建配置环境。

【学习目标】

（1）学会交换机和路由器的 Console 配置环境搭建；

（2）学会通过 Telnet 登录访问路由器；

（3）学会用 Cisco IOS CLI 保存、查看启动和运行的配置文件。

2.1　初次配置交换机和路由器

初次配置交换机或路由器的时候，需要搭建控制台端口配置环境。下面介绍交换机的配置环境的搭建，路由器的与之完全类似。

初次配置交换机的时候，需要用交换机产品配带的 Console 线（专用于配置交换机或路由器的连接用电缆）把计算机 PC 的串口和交换机的 Console 口（又称控制台端口、配置口，是专门用于配置交换机或路由器的接口）连接起来，如图 2-1 所示。接着在计算机 PC 上运行"超级终端"程序，进行简单的设置后就能登录交换机进行配置了。

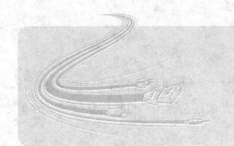

图 2-1　搭建配置环境

此外，通过网络在计算机上使用如下方式也可连接登录交换机，后面会做部分介绍。

（1）Telnet/SSH；

（2）浏览器；

（3）专用网管软件。

2.1.1 通过超级终端登录交换机

通过超级终端登录交换机的操作如下：

1. 在 Windows 中运行并设置超级终端

（1）单击"开始"｜"所有程序"｜"附件"｜"通讯"｜"超级终端"命令，弹出图 2-2 所示的对话框。如果是第一次运行"超级终端"程序，则此前还会弹出"位置信息"、"电话和调制解调器"对话框，任意输入即可。

（2）给连接任意选取图标、输入名称后单击"确定"按钮，出现图 2-3 所示的对话框，根据 Console 线实际所连的计算机串口号选择"连接时使用"的接口。

（3）由于交换机的配置口默认的通信参数为 9600 bit/s、8 位数据位、1 位停止位、无奇偶校验和无数据流控制，故计算机串口的参数需要配置得与其一致。单击"还原为默认值"按钮，出现的即为如上数值，如图 2-3 所示。单击"确定"按钮。

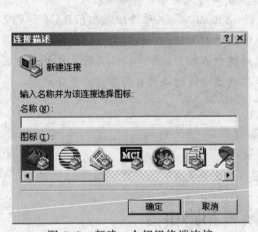

图 2-2 新建一个超级终端连接

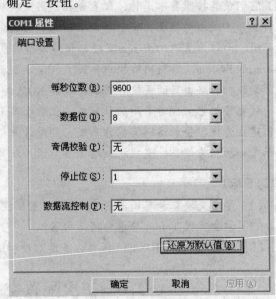

图 2-3 端口参数设置

2. 给交换机上电

上电开启交换机，此时交换机开始载入操作系统，Cisco 交换机可以从载入界面上看到诸如 IOS 版本号、交换机型号、内存大小及其他软硬件信息。

2.1.2 交换机启动界面信息

下面以 Cisco 2960-24TT 交换机的启动过程为例，简介界面信息。读者可大致浏览一下。

```
C2960 Boot Loader (C2960-HBOOT-M) Version 12.2(25)SEE2, RELEASE SOFTWARE (fc1)
cisco WS-C2960-24TT-L(PowerPC405) processor(revision B0) with 61440K/4088K
bytes of memeory.
2960-24TT-L starting...
Base ethernet MAC Address: 00:1a:6d:c3:d7:80          //交换机以太网 MAC 地址
Xmodem file system is available.
The password-recovery mechanism is enabled.
```

```
Initializing Flash...                                    //闪存初始化
flashfs[0]: 600 files, 19 directories
flashfs[0]: 0 orphaned files, 0 orphaned direct
flashfs[0]: Total bytes: 32514048
flashfs[0]: Bytes used: 7712256
flashfs[0]: Bytes available: 24801792
flashfs[0]: flashfs fsck took 10 seconds.
...done Initializing Flash.                              //闪存初始化完成
Boot Sector Filesystem (bs) installed, fsid: 3 done.
Parameter Block Filesystem (pb:) installed, fsid: 4

Loading
"flash:c2960-lanbase-mz.122-25.SEE2/c2960-lanbase-mz.122-25.SEE2.bin"...
                                                         //载入 IOS
#########################################################################
#########################################################################
#########################################################################
#########################################################################
###### [OK]
File"flash:c2960-lanbase-mz.122-25.SEE2/c2960-lanbase-mz.122-25.SEE2.bin
" uncompressed and installed, entry point: 0x3000
executing...      /解压、安装完成，执行 IOS


             Restricted Rights Legend                   //版权信息

Use, duplication, or disclosure by the Government is
subject to restrictions as set forth in subparagraph
(c) of the Commercial Computer Software - Restricted
Rights clause at FAR sec. 52.227-19 and subparagraph
(c) (1) (ii) of the Rights in Technical Data and Computer
Software clause at DFARS sec. 252.227-7013.


             cisco Systems, Inc.
             170 West Tasman Drive
             San Jose, California 95134-1706


Cisco IOS Software, C2960 Software (C2960-LANBASE-M), Version 12.2(25)SEE2, RELE
ASE SOFTWARE (fc1)
Copyright (c) 1986-2006 by Cisco Systems, Inc.
Compiled Fri 28-Jul-06 04:33 by yenanh
Image text-base: 0x00003000, data-base: 0x00AA2F34

Initializing flashfs...

flashfs[1]: 600 files, 19 directories
flashfs[1]: 0 orphaned files, 0 orphaned directories
flashfs[1]: Total bytes: 32514048
flashfs[1]: Bytes used: 7712256
flashfs[1]: Bytes available: 24801792
flashfs[1]: flashfs fsck took 1 seconds.
```

```
flashfs[1]: Initialization complete....done Initializing flashfs.

POST: CPU MIC register Tests : Begin
//CPU 的有关测试，以下是关于接口芯片内存、环回测试等信息，均须测试通过
POST: CPU MIC register Tests : End, Status Passed

POST: PortASIC Memory Tests : Begin
POST: PortASIC Memory Tests : End, Status Passed

POST: CPU MIC PortASIC interface Loopback Tests : Begin
POST: CPU MIC PortASIC interface Loopback Tests : End, Status Passed

POST: PortASIC RingLoopback Tests : Begin
POST: PortASIC RingLoopback Tests : End, Status Passed

POST: PortASIC CAM Subsystem Tests : Begin
POST: PortASIC CAM Subsystem Tests : End, Status Passed

POST: PortASIC Port Loopback Tests : Begin
POST: PortASIC Port Loopback Tests : End, Status Passed
Waiting for Port download...Complete      //以下为端口信息


cisco WS-C2960-24TT-L(PowerPC405) processor(revision B0) with 61440K/4088K bytes of
memory.
Processor board ID FOC1049ZCJ6
Last reset from power-on
1 Virtual Ethernet interface
24 FastEthernet interfaces
2 Gigabit Ethernet interfaces
The password-recovery mechanism is enabled.


64K bytes of flash-simulated non-volatile c
//以下为基本 MAC 地址、各部件编号、注册号、版本号等
Base ethernet MAC Address           : 00E0.F948.34E3
Motherboard assembly number         : 73-9832-06
Power supply part number            : 341-0097-02
Motherboard serial number           : FOC103248MJ
Power supply serial number          : DCA102133JA
Model revision number               : B0
Motherboard revision number         : C0
Model number                        : WS-C2960-24TT
System serial number                : FOC1033Z1EY
Top Assembly Part Number            : 800-26671-02
Top Assembly Revision Number        : B0
Version ID                          : V02
CLEI Code Number                    : COM3K00BRA
Hardware Board Revision Number      : 0x01

Switch   Ports     Model              SW Version       SW Image
------   -----     -----              ----------       ----------
```

```
*   1    26      WS-C2960-24TT-L    12.2(25)SEE2      C2960-LANBASE-M
```

```
--- System Configuration Dialog ---
```
//若是首次启动或者没有保存过配置文件，会出现此提示
```
Continue with configuration dialog? [yes/no]:
```
//输入 n 并回车，系统最后出现提示符 Switch>

```
Press RETURN to get started
00:00:39: %LINEPROTO-5-UPDOWN: Line protocol on Interface Vlan1, changed
state t
o down
00:00:39: %SPANTREE-5-EXTENDED_SYSID: Extended SysId enabled for type vlan
00:00:41: %SYS-5-CONFIG_I: Configured from memory by console
00:00:41: %SYS-5-RESTART: System restarted --
Cisco IOS Software, C2960 Software (C2960-LANBASE-M), Version 12.2(25)SEE2, RELE
ASE SOFTWARE (fc1)
Copyright (c) 1986-2006 by Cisco Systems, Inc.
Compiled Fri 28-Jul-06 04:33 by yenanh
Switch>
```

2.2　CLI 命令行接口

用户可以使用 IOS 提供的命令来配置管理交换机。这个界面称为 Cisco IOS 的 CLI（Command Line Interface，命令行接口），CLI 是配置 Cisco 交换机和路由器的主要方式。

Cisco IOS 还内置了 Web，用户使用 Web 浏览器也能登录交换机，实现部分配置管理功能，Web 界面友好直观。但要实现全部配置管理功能，则必须使用 CLI 实现。

那么，Cisco IOS 到底有哪些命令？又如何使用这些命令来配置、管理交换机和路由器呢？

2.2.1　CLI 命令模式

不同的命令需要在不同的命令模式下才能执行，这里先讨论 Cisco IOS 常使用的 6 种命令模式，这 6 种模式如下：

（1）普通用户（User EXEC）模式；

（2）特权执行（Privileged EXEC）模式；

（3）全局配置（Global configuration）模式；

（4）接口配置（Interface configuration）模式；

（5）虚拟局域网参数配置（VLAN database）模式；

（6）线路配置（Line configuration）模式。

在不同的模式下，CLI 界面的提示符不同。表 2-1 列出了该 6 种命令模式的用途、提示符、访问方式和退出方法。

第 2 章　初识 Cisco IOS

表 2-1　命令模式摘要

模　式	访　问　方　法	提　示　符	退　出　方　法	用　途
普通用户（User EXEC）模式	一个进程的开始	Switch>	键入 logout 或 exit 离开 CLI	改变终端设置执行基本测试显示系统信息
特权执行（Privileged EXEC）模式	在 User EXEC 模式中键入 enable 命令	Switch#	键入 disable 返回 User EXEC 模式，键入 exit 离开 CLI	校验用户权限，查看和保存配置文件，该模式由密码保护
全局配置（Global configuration）模式	在 Privileged EXEC 模式中键入 configure terminal 命令	Switch(config)#	键入 exit 或 end 或按 Ctrl+ Z 组合键，返回 Privileged EXEC 模式	配置和更改配置参数所必须要进入的模式，全局性参数配置
接口配置（Interface configuration）模式	在 Global configura tion 模式中，键入"interface 接口名"命令	switch(config-if)#	键入 exit 返回至 Global configuration 模式，按下 Ctrl+ Z 或键入 end 返回 Privileged EXEC 模式	配置接口参数
虚拟局域网配置（VLAN database）模式	在 Privileged EXEC 模式中键入 vlan database 命令	Switch(vlan)#	键入 exit 或 end 或按 Ctrl+Z 组合键返回 Privileged EXEC 模式	配置 VLAN 参数
线路配置（Line configuration）模式	在 Global configura tion 模式中键入 line vty 命令或 line console 命令	Switch(config-line)#	键入 exit 返回至 Global configuration 模式，按 Ctrl+ Z 组合键或键入 end 返回 Privileged EXEC 模式	为 terminal line 配置密码等参数

2.2.2　命令模式的使用

　　CLI 之所以采用多种命令模式是为了保护系统的安全。命令行采用分级保护方式，防止未经授权非法侵入。所有命令被分组，每组分属不同命令模式，某个命令模式下只能执行所辖的命令。当然，有的命令也可能分属在多个模式下。

　　各命令模式之间可以切换。如在普通用户模式提示符下键入 enable，就可进入特权执行模式。特权执行模式是进入其他用户模式的"关口"，欲进入其他用户模式，必须先进入特权执行模式。CLI 提供进入特权执行模式的口令保护。

　　1. 普通用户模式

　　路由器启动后直接进入该模式，该模式只包含少数几条命令，用于查看交换机或路由器简单运行状态和统计信息。

　　2. 特权执行模式

　　该模式由口令保护，用户进入该模式后可查看交换机或路由器的全部运行状态和统计信息，并可进行文件管理和系统管理。 欲进入其他用户模式，必须先进入特权执行模式。在普通用户模式下键入命令 enable，即可进入该模式。

　　3. 全局配置模式

　　在该模式下可配置交换机或路由器的全局参数，如主机名、密码、路由协议等。在特权执行模式下键入命令 config terminal，即可进入该模式。

4. 接口配置模式

该模式可对交换机或路由器的各种端口进行配置，如配置 IP 地址、封装网络协议等。

在全局配置模式下键入命令 *interface interface-type*，即可进入接口配置模式，其中 *interface-type* 为具体的端口名称，如 ethernet 1、vlan 1 等。

5. 虚拟局域网配置模式

在该模式下可对交换式网络进行虚拟局域网的划分、配置。

在特权模式下键入命令 *vlan database*，即可进入虚拟局域网参数配置模式。

6. 线路配置模式

在该模式下可为使用终端仿真程序和超级终端访问交换机或路由器设置参数。例如：设置超级终端登录密码或配置允许通过 Telnet 登录交换机或路由器等。

在全局配置模式下键入命令 *line vty first-line-number last-line-number*，即可进入该模式配置 Telnet 登录参数。其中，*first-line-number* 最小可是 0；*last-line-number* = 1~*N*，不同型号的 Cisco 设备，*N* 的取值不同。数字代表计算机与交换机或路由器可以同时存在的 Telnet 连接进程编号，即系统允许的每个 telnet 连接的编号。

2.2.3 命令帮助系统

初学 Cisco IOS，会觉得命令复杂，不好记忆，但可以通过其内置的命令帮助系统来提高学习效率。

1. "?" 查询

在任意模式下，Cisco IOS 都可使用 "?" 来查询命令字符组成、命令格式及其用法。例如："Switch> ?" 可查看某交换机普通用户模式下所有可用的命令，屏幕显示全部命令的列表，如下所示：

```
Switch>?
access-enable       Create a temporary Access-List entry
connect             Open a terminal connection
enable              Turn on privileged commands
exit                Exit from the EXEC
help                Description of the interactive help system
lock                Lock the terminal
logout              Exit from the EXEC
ping                Send echo messages
rcommand            Run command on remote switch
show                Show running system information
systat              Display information about terminal lines
telnet              Open a telnet connection
traceroute          Trace route to destination
tunnel              Open a tunnel connection
```

"Switch>s?" 可显示交换机普通模式下所有以 s 开头的命令（注意："s" 与 "?" 间无空格）：

```
Switch>s?
show                    systat
```

"Switch>show ?"显示普通用户模式下 show 命令后可跟的参数（注意"?"与前面的字符间有空格）。

```
Switch>show?
history                 Display the session command history
ip                      Display IP configuration
version                 System hardware and software status
interfaces              Interface status and configuration
mac-address-table       MAC forwarding table
terminal                Display console/RS-232 port configuration
vlan                    VTP VLAN status
vtp                     VTP information
flash                   display information about flash:file system
```

"Switch#show ?"显示特权执行模式下 show 命令可跟的参数：

```
Switch#show?
cdp                     cdp information
history                 Display the session command history
ip                      Display IP configuration
version                 System hardware and software status
interfaces              Interface status and configuration
mac-address-table       MAC forwarding table
running-config          Show current operating configuration
spanning-tree           Spanning tree subsystem
terminal                Display console/RS-232 port configuration
startup-config          Contents of startup configuration
vlan                    VTP VLAN status
vtp                     VTP information
flash                   display information about flash:file system
Switch#show?
cdp                     cdp information
history                 Display the session command history
ip                      Display IP configuration
version                 System hardware and software status
interfaces              Interface status and configuration
mac-address-table       MAC forwarding table
running-config          Show current operating configuration
spanning-tree           Spanning tree subsystem
terninal                Display console/RS-232 port configuration
startup-config          Contents of startup configuration
vlan                    VTP VLAN status
vtp                     VTP information
flash                   display information about flash:file system
```

还可继续使用"?"查看命令用法的细节，例如：

```
Switch#show interfaces ?
fastethernet            FastEthernet IEEE 802.3
description             Show interface description
switchprot              Show interface line status
status                  Show interface switchport information
trunk                   Show interface trunk information
vlan                    Catalyst Vlans
<cr>\
```

继续使用"？"查看 show interfaces fastethernet 格式到底是怎样的。

```
Switch#show interfaces fastethernet?
<0>/<1-12>              Interface Number
<cr>
```

从上看出，格式应为 show interfaces fastethernet 0/1（或 0/2、0/3、…、0/12），是查看本交换机的 12 个快速以太网接口 fastethernet 0/1～fastethernet 0/12 状态的命令。

键入 show interfaces fastethernet 0/2 命令，CLI 界面显示该接口的状态信息如下：

```
Switch#show interfaces fastethernet 0/2
FastEthernet0/2 is down,line protocol is down
  Hardware is Fast Ethernet,address is 000c.7266.6924(bia000c. 7266.6924)
  MTU  1500 bytes,BW 10000 Kbit,DLY 1000 usec,
     reliability 255/255,txload 1/255,rxload 1/255
  Auto-duplex,Auto-speed
  Encapsulation ARPA,loopback not set
  ARP type:ARPA,ARP Timeout 04:00:00
  Last input 02:29:44,output never,output hang never
  Last clearing of "show interface" counters never
Input queue:0/75/0/0（size/max/drops/flushes）;Total output drops:0
Queueing strategy:fifo
Output queue:0/40（size/max）
5 minute input rate 0 bits/sec,0 packets/sec
    269 packets input,71059 bytes,0 no buffer
    Received 6 broadcasts,0 runts,0 giants,0 throttles
    0 input errors,0 CRC,0 frame, 0 overrun,0 ignored
    7290 packets output,429075 bytes,0 underruns
    0 output errors,3 interface resets
    0 output buffer failures,0 output buffers swapped out
```

2. 命令的简化与快速录入

Cisco IOS 还提供命令的简化与快速录入支持，进一步方便用户，提高配置效率。

例如，进入特权执行模式的命令为 enable，简化输入 ena、en 都可。但只输入 e 行不行呢？试一试：

```
Switch>e
% Ambiguous command: "e"
```

系统提示 e 命令引起歧义。什么意思呢？输入"e?"查询：

```
Switch>e?
enable              exit
```

原来 e 开头的命令有两个，只输入 e 系统当然不能识别了，故在简化输入命令时，简化的程度以能够区分开不同的命令为度。

命令及其后面带的参数都可以简化输入，例如，查看交换机以太网接口状态的命令：

```
    show interfaces fastethernet 0/2
```

可以简化为：

```
  sh int f 0/2
```

命令简化后，能够加快录入的速度。但字面意思不及原来明白，可读性变差。为了既能简少命令字符数键入，又能使命令完整显示，IOS 提供了 Tab 键来自动补齐省略的命令字符。例如，只键入 sh int f 0/2 而要屏幕完整显示 show interfaces fastethernet 0/2，可这样来实现：

键入 sh→按 Tab 键→按空格键→输入 int→按 Tab 键→按空格键→输入 f→按 Tab 键→按空格键→输入 0/2

另外，按上或下箭头键能找出使用过的命令行。

2.3　简单配置交换机与路由器

初步了解 Cisco IOS 及其 CLI 后，下面开始简单应用：配置交换机的用户名和登录口令；配置交换机的登录标语和当日消息标语；配置路由器的 Telnet 登录。前两项配置对路由器也适用，后一项应用是由于交换机管理 IP 地址要用到 VLAN 的概念。

交换机、路由器的口令包括登录交换机或路由器后进入特权执行模式的口令（包括使能口令和使能加密口令），从 Console 口登录时的登录口令，用 Telnet 登录的 Telnet 登录口令等。

除了使能加密口令是以密文形式保存在配置文件 Running-config 和 Startup-config，其余口令均是以明文（可阅读的文本）保存的，进入特权执行模式都能看到口令文本字符。

2.3.1　配置 Cisco 交换机名字和特权执行密码

配置用到的主要设备是 Cisco 2900 系列交换机 1 台，带超级终端程序的 Windows 计算机 1 台，Console 线 1 条。如前面的图 2-1 所示，用 Console 电缆把计算机的某个串口与交换机的 Console 口连接起来，然后进行如下操作。

1. 配置交换机名称

在全局模式下使用用命令 hostname 来配置主机名称（交换机名字），如下所示：

```
switch>enable                            //进入特权执行模式
switch#
switch# config terminal                  //进入全局配置模式
switch(config)#                          //全局配置模式的提示符
switch(config)# hostname catalyst
//设置主机名 catalyst，即把 switch 改名成 catalyst
catalyst(config)#
```

2. 配置特权执行密码

特权执行密码有两种，分别使用命令 enable 带参数 password 或 secret 来设置，前者设置的是非加密密码，后者设置的则是加密密码。查看配置信息时，前者设置的密码会显示原文（按原设置的字符显示），也称使能口令，而后者的显示的是加密后的密文，又称使能加密口令。

```
catalyst(config)# enable password  asDf#123
//设置非加密密码 asDf#123，用在版本 Cisco IOS 10.2 及以下
catalyst(config)# enable secret shi123A
//设置加密密码 shi123A，用在版本 Cisco IOS 10.3 及以上
```

注意这两种密码都是要区分大小写的。

此外，还可以分级设置密码。在普通用户和特权执行模式之间，Cisco IOS 还支持把权限等级分 Level 1～Level 15，级别不同权限也不同（能够使用的命令不同），Level 15 即是最高的权

限（特权执行）。对不同的等级设置密码，密码拥有者就获得相应的权限。

2900 系列及其以上交换机，对 password 密码和 secret 密码既可分级设置，也可如上直接设置为特权执行密码。

例如：catalyst(config)#enable secret level 10 shi2shuo 命令是设置 level 10 级别的密码 shi2shuo，从普通用户进入该级别的执行模式是应该键入：

```
catalyst>enable 10
```

password：在此键入密码 shi2shuo 后，进入 Level 10 执行模式，提示符与特权执行模式相同

```
catalyst #
```

对于 1900 系列交换机，密码设置不支持直接设为特权执行密码，必须按等级 1~15 做如下设置：

```
 >en            //1900 系列默认的提示符是">"
 # config terminal
(config)# enable password level1-15 中的数字 shiuoh
```

命令行中"1-15 中的数字"即输入一个 1~15 之间的具体数字，shiuoh 为设定的密码。若选 15，则

```
(config)#enable password level 15 shiuoh
```

设置的是使能口令为 shiuoh。

同样，下面命令行：

```
(config)#enable secret level 15 shiH01
```

所设置的密码 shiH01 为最高级别的加密密码，即使能加密口令。

如果既设置了 secret 密码，又设置了 password 密码，则优先生效的是 secret 密码。

2.3.2 配置登录标语与当日消息标语

Cisco IOS 可配置登录到交换机或路由器的任何计算机终端上显示的消息，便于网管设置提示信息或发布有关消息给用户等。这些消息称为登录标语和当日消息（MOTD）标语。登录标语和 MOTD 标语在用户名或口令登录提示符之前显示；如果两种标语都配置了，则 MOTD 标语会在登录标语之前显示。用 Telnet 或 Ssh 登录时用户能看到两种标语，用超级终端登录则只能看到 MOTD 标语。

1. 配置登录标语

在全局配置模式下使用 banner login 命令可定义要在用户名和口令登录提示符之前显示的登录标语。应将标语文本括在定界符（如引号或其他符号）中。

```
Switch(config)#banner login "Test a config text!"        //交换机配置了登录标语
Test a config text!.
```

要移除登录标语，输入此命令的 no 格式，例如：

```
 Switch(config)#no banner login
```

2. 配置 MOTD 标语

在需要向所有用户发送提示消息时，就可以使用 MOTD 标语。在全局配置模式下使用 banner motd 命令可定义 MOTD 标语。应将标语文本括在引号或其他界定符中。

```
Switch(config)#banner motd "Device maintenance will be occurring in In two
hours!"
```

要移除 MOTD 标语，请在全局配置模式下输入此命令的 no 格式，例如：

```
 Switch(config)#no banner motd
```

对路由器登录标语和 MOTD 的配置与对交换机的完全相同。

2.3.3　配置通过 Telnet 从网络访问路由器

如图 2-4 所示,用 Console 电缆把已安装超级终端程序的计算机 PC1 的某个串口用 Console 电缆与路由器 Router 的 Console 口连接;用网线把路由器的某以太网接口(如 f0/0)与交换机 Switch 的以太网接口如 f0/1 连接,另一条网线则把计算机 PC2 的网卡和交换机的以太网接口(如 f0/2)连接起来。然后按照如下步骤操作。

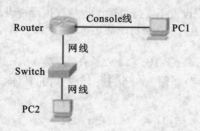

图 2-4　配置 Telnet 登录路由器

1. 配置路由器接口 IP 地址

从 PC1 使用超级终端登录路由器。

配置 IP 地址:在全局模式下使用 interfaces 命令进入路由器的接口配置模式,再使用命令 ip address 进行。

```
Router> enable
Router# config t
Router(config)# interfaces f 0/0            //进入接口配置模式
Router(config-if)#                          //接口配置模式的提示符
   Router(config-if)# ip address 192.168.0.8 255.255.255.0
   //为该 Fast Ethernet 接口配置 IP 地址
   Router(config-if)# no shutdown            //启用该接口配置
   Router(config-if)# exit                   //返回至全局配置模式
Router(config)#
```

2. 配置虚拟终端线路的登录权限

Telnet 是远程登录协议,又称终端仿真或虚拟终端程序,配置 Cisco 设备允许 Telnet 登录, 需要设置 telnet 登录密码;为安全计需要开启密码登录保护(默认开启),登录者输入 Telnet 密码后才能登录。

配置如下:

```
Router(config)#line vty 0 4
//进入虚拟终端线路配置模式,允许同时的 Telnet 登录连接数为 5 个
Router (config-line)#                        //终端线路配置模式的提示符
Router (config-line)# password shi123       //设置 telnet 登录密码 shi123(明文方式)
Router (config-line)# login                  //开启登录密码保护;此处若输入 no login
                                             //则登录时无须输入密码
Router(config-line)#end                      //end 命令直接返回至特权执行模式
Router#
```

路由器上的 Telnet 服务默认是开启的。故完成以上配置后即可从计算机 telnet 登录到路由器。

3. 配置验证

把 PC2 的 IP 地址设为与路由器 f0/0 口在同一网段，然后在命令提示符下输入如下命令：
`telnet 192.168.0.8`

屏幕提示输入 password，输入 shi123 后即可进入路由器的 CLI 界面。记下路由器 f0/0 的 IP 地址，以后配置路由器时，网管就可以不再到现场使用 Console 线连接超级终端的方式，而可以采用 Telnet 远程管理了。

注意：该路由器上的其他任何接口（包括虚拟接口），只要是开启的并配有 IP 地址，PC2 都可通过 Telnet 命令登录上去（前提是请求包必须能够直接或路由到达）。

4. 配置对所有密码的加密

在 Cisco IOS CLI 中配置口令时，默认情况下，除了使能加密口令外，所有其他密码都以明文格式存储在 startup-config 和 running-config 中，如 telnet 登录密码或控制台登录密码。为安全计，密码应该加密，且不能以明文格式存储。Cisco IOS 全局命令 service password-encryption 即用于对系统中已有的明文口令进行"类型 7"加密的命令。"类型 7"是 Cisco IOS 中使用的一种可逆加密算法。

当从全局配置模式下输入 service password-encryption 命令后，所有系统密码都将以加密形式存储。只要输入该命令，当前设置的所有明文口令都将转换为加密后的口令字。

如果要取消以加密格式存储所有系统密码的要求，可从全局配置模式下输入命令 no service password-encryption，取消密码加密不会将当前已加密的密码恢复为可阅读文本。但是此后所有新设置的密码将以明文格式存储。

5. 关于口令和登录验证

如果使用命令"password 7 口令字"来设置 telnet 登录密码或其他密码，则该口令字应是使用"类型 7"加密后的密文，必须存在经可逆运算能得出的原文，否则系统会提示口令设置出错；用户在输入登录密码时候，必须输入该密文对应的原明文口令。例如：Router(config-line)#password 7 13161F1B5A5E57，13161F1B5A5E57 是"类型 7"的密文，该密文存在原文 shi123，用户登录路由器时必须输入的口令是原文而不是密文。注意：同一个原文会有多个不同的密文。

类似地，若用"enable secret 5 口令字"设置"类型 5"（MD5）密码，则用户登录时同样应该输入该口令字对应的原明文口令。

例如，shi123 对应的"类型 5"的一个密文是 1TsSG$Xn5xOpClHK9/o.j8c0kmQ1（同一原文每次计算得到的密文是不相同的）。我们在进入特权模式输入密码时，需要输入 shi123。

在配置口令时，不使用以上方式配置，因为那样配置很难知道密文对应的原明文口令。以上所做的只是在已知密文和原明文的情况下，验证一下而已。

我们用 show run 命令来查看一下原文 shi123 进行类型 7 和类型 5 加密后的一个密文，如图 2-5 所示。

```
boot-start-marker
boot-end-marker
!
enable secret 5 $1$TsSG$Xn5xOpClHK9/o.j8c0kmQ1
!
line vty 0 4
 password 7 13161F1B5A5E57
 login
line vty 5 8
 password 7 13161F1B5A5E57
 login
```

图 2-5　shi123 对应的一个"类型 5"和"类型 7"密文

另外，执行命令"password 口令字"后，口令字是以明文形式存储的，系统执行命令 service password-encryption 后才加密该口令字并以密文形式存储；而执行命令"enable secret 口令字"后，口令字即被 MD5 加密并以密文形式存储。

用户登录路由器时，Router(config-line)#login 设置要求用户输入登录口令。如果在路由器上配置了用户名和密码，则可设置对用户登录时要求同时验证用户名和口令，配置如下：

```
Router(config)#username 用户名 password 口令
Router(config)#line vty 0 4
Router (config-line)# password shi123
Router (config-line)# login local        //开启对登录用户的本地（本路由器）验证
```

如果网络中存在远程验证服务器 tacacs，则开启由 tacacs 验证用户的命令：

```
Router(config-line)#login tacacs
```

2.4　配置文件的常规操作

交换机和路由器配置后，由配置命令组成的命令文件留驻在主内存（RAM）中，称为正运行的（活动的）配置文件。

2.4.1　配置文件的保存

IOS 的命令是解释执行的，所以配置后立即生效，不必重启系统。但如果掉电（断电或重启），主内存中的配置文件就会丢失，故需要保存在不会因掉电而丢失的地方。

Cisco 产品是把配置文件保存在 NVRAM（非易失性 RAM）中，NVRAM 中的内容不会因为掉电而丢失。将配置保存到 NVRAM 的命令如下（把配置文件从主内存复制到 NVROM 中）：

```
Switch# copy running-config startup-config
```

running-config 是主内存中正在运行的配置文件，存储的是当前的配置命令，输入命令时，该文件动态地发生改变。startup-config 是写入 NVROM 的配置文件。交换机或路由器重启时，配置文件 startup-config 从 NVROM 调入主内存，故 startup-config 称为启动配置文件。

2.4.2 配置文件的查看与清除

在特权模式下使用 show 命令来查看配置文件和其他配置信息。

1. 查看 NVRAM 中的配置文件

```
Router# show config
Router# show startup-config
```

这两个命令看到的结果是相同的，显示启动配置文件的内容。

2. 查看 RAM 中的配置文件

```
Router# show running-config
```

显示当前运行的配置文件的内容。

3. 查看 Flash ROM 中的文件信息

Cisco 交换机和路由器的 IOS 存储在其快闪存储器 Flash ROM 中。使用如下的命令：

```
Router# show flash
```

显示 Cisco IOS 文件名、Flash ROM 所使用的空间和空闲的空间。

4. 查看配置信息

在特权模式下可用 show 命令查看路由器的配置信息：

show version 　　 显示路由器的硬件配置，端口信息，软件版本，配置文件的名称、来源及
　　　　　　　　　引导程序来源

show interface *interface-id* 显示端口及线路的协议状态、工作状态等

show stacks 　　　 显示进程堆栈的使用情况，中断使用及系统本次重新启动的原因

show buffers 　　　 提供缓冲区的统计信息

show protocols 　　　 显示所有端口及协议状态（是 UP 还是 Down，是否为 Enable）

除了特别说明外，查看命令对交换机和路由器都适用。而 Catalyst 1900 例外，在 Catalyst 1900 中，对主内存配置文件 running-config 所进行的修改自动被复制到 NVRAM 中，故它没有提供 copy running-config startup-config 命令，也没有提供 show startup-config 命令。如要查看配置文件，可使用 show running-config。

5. 清除启动配置文件

清除启动配置文件是在特权模式下使用命令 erase startup-config。而例外的 Catalyst 1900 系列交换机则是使用命令 delete nvram。

2.5 系统文件和配置文件的存储与运行

前面简单提到了 Cisco 交换机和路由器的配置文件和操作系统文件的存储情况，下面进一步讨论这些文件和系统其他文件的存储和运行情况。

2.5.1 文件的存储

Cisco 交换机和路由器的系统文件有加电自检（Power-On Self-Test，POST）、启动程序（Bootstrap Program）和 IOS；配置文件有启动配置文件和运行配置文件，这些文件存储在多个存储器中。

Cisco 交换机和路由器使用的存储器有 ROM、RAM、Flash ROM 和 NVROM。

（1）ROM（只读存储器）。ROM 存储加电自检、启动程序和 IOS 的一份副本（映像）。Cisco 4000 系列以上的一些高端路由器可以升级 ROM 中的 IOS。

（2）RAM（随机访问存储器）。IOS 将 RAM 分成共享和主存区域，主要用来存储运行中的配置和与协议有关的 IOS 数据结构。

（3）Flash ROM（闪存）。Flash ROM 用来存储 IOS 映像文件，以及备份启动配置文件。Flash ROM 是可擦除内存，便于 IOS 升级。升级主要是对 Flash ROM 中的 IOS 映像文件进行更换。

（4）NVRAM（非易失性随机访问存储器）。NVRAM 用来存储系统的启动配置文件。

表 2-2 是 Cisco 常用系列路由器的内存中 IOS 和配置文件的存储和运行情况，从表中可以看出不同系列路由器的一些差异。2500、2600、3600 系列直接在闪存中运行 IOS，所以在路由器运行期间，可能没有足够的内存空间升级 IOS。在 4000、7000 系列中，IOS 从闪存载入主 RAM 中运行，因此在路由器运行期间，闪存中能够升级 IOS。

升级主要是通过 TFTP 服务器来进行，关于 TFTP 服务器和升级环境详细讨论见第 4 章。

表 2-2　路由器内存文件信息一览表

路由器型号　　　内存类型	2500、2600、3600	4000、7000
ROM	不能升级的基本 IOS	可升级 IOS
共享 RAM	存储缓冲区	存储缓冲区
主 RAM	路由表和 IOS 数据结构，无 IOS 运行	路由表和 IOS 数据结构，从闪存把 IOS 载入主 RAM 运行
闪存（Flash ROM）	包含 IOS 并在闪存运行 IOS	包含 IOS
NVRAM	配置文件	配置文件

2.5.2　交换机和路由器的启动过程

交换机和路由器的启动过程如下：

（1）加电自检。ROM 运行加电自检程序（POST），检查路由器的处理器、接口及内存等硬件设备。

（2）执行引导程序查找并载入 IOS。引导程序（Bootstrap）搜索 IOS 并载入主内存。路由器中的 IOS 可从 Flash ROM 中载入，或从 ROM 中载入，也可从 TFTP 服务器载入，默认是从 Flash ROM 载入。

（3）载入启动配置文件。IOS 载入后接管系统控制权，开始查找并载入启动配置文件 startup-config，该文件是在 NVRAM 中。

（4）执行配置文件。把启动配置文件 startup-config 载入主内存成为运行的配置文件 running-config，配置命令被系统执行，完成 IOS 初始化。

当在 NVRAM 找不到配置文件或配置文件非法时，提示用户选择进入初始设置模式或 CLI。简化的启动过程如图 2-6 所示。

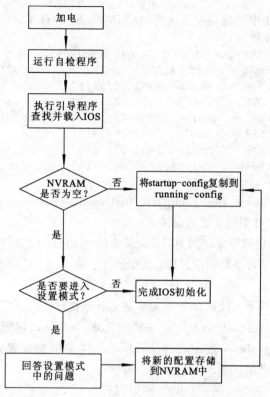

图 2-6　Cisco 交换机和路由器的启动过程

2.5.3　实训　绕过使能加密口令登录交换机

在设置密码控制对 Cisco IOS CLI 的访问之后，需要记住密码。为防止遗忘密码，Cisco 提供了密码恢复机制以便于管理员仍能访问其设备。恢复密码需要实际接触设备不能远程进行。在已启用密码加密的情况下，不能实际恢复原来的密码，但是可以将密码重设为新值且不丢失已有的配置文件。

下面以 Cisco 2900XL 交换机为例，介绍如何绕过使能加密口令登录交换机获取配置文件并重设使能加密口令。

注意不同交换机系列的密码恢复方法可能不相同，应参阅相应产品手册。2960 系列的操作步骤是：

（1）把安装了超级终端的 PC 连接到交换机 Console 接口。

（2）在超级终端中将线路速率设置为 9600 Bd。

（3）关闭交换机电源并重新开启，在 15 s 内，当 System LED 仍闪烁绿光时按下 Mode 按钮。一直按住 Mode 按钮，直到 System LED 短暂变成琥珀色，然后变成绿色常亮。此时松开 Mode 按钮。

（4）使用命令 flash_init 初始化闪存文件系统。

（5）使用命令 load_helper 加载所有 helper 文件。

（6）使用命令 dir flash: 显示闪存内容。显示的交换机文件系统包括配置文件 config.text

（该配置文件与 NVRAM 中的启动配置文件 startup-config 一致）。

```
Directory of flash:/
    2 -rwx    1645810   Mar 01 1993 00:04:53  c2900XL-c3h2s-mz-120.5.2-XU.bin
    3 -rwx     105961   Apr 04 2000 00:29:33  c2900XL-diag-mz-120.5-XU
    4 drwx       6720   Mar 01 1993 00:05:47  html
  111 -rwx        286   Jan 01 1970 00:00:24  env_vars
  112 -rwx       1080   Mar 01 1993 00:56:17  vlan.dat
    5 -rwx        108   Mar 01 1993 00:03:31  info
  113 -rwx        108   Mar 01 1993 00:05:47  info.ver
  114 -rwx       1994   Mar 01 1993 06:11:47  config.text
3612672 bytes total (832000 bytes free)
```

（7）使用命令 rename flash:config.text flash:config.text.original 将配置文件重命名为 config.text.original，该文件中包含密码定义。

（8）使用命令 boot 启动系统。因为启动配置文件 config.text 已经被改名，所以交换机加载不了此文件。系统提示是否要启动设置程，在提示符下输入 N；然后当系统提示是否继续配置对话时，输入 N。

（9）在交换机提示符下，使用命令 enable 进入特权执行模式，已经无须口令。

（10）使用命令 rename flash:config.text.original flash:config.text 将配置文件改回原名称。

（11）使用命令 copy flash:config.text system:running-config 将配置文件复制到内存中。执行此命令后，控制台上将显示：

```
Destination filename [running-config]?
```

按回车响应确认提示。现在交换机将重新加载配置文件，注意除了恢复密码外，更重要的就是不要弄丢配置文件 config.text，对于大型企业网络而言，核心交换机上的该配置文件命令行可能上千行，甚至更多，弄丢了损失就大了。

（12）使用全局模式命令 enable secret *password* 更改使能加密口令。

（13）使用特权执行命令 show running-config 查看其他密码，若是非加密的，可看到密码字符，继续使用；若是加密的，则只有重设密码。

（14）使用命令 copy running-config startup-config 将运行配置写入启动配置文件。

（15）使用命令 reload 重启交换机。

思考与动手

（1）如何查看、保存交换机和路由器的配置文件？

（2）查看交换机和路由器的系统文件名称。

（3）配置交换机和路由器的分级密码。

（4）在老师指导下，完成最后一章所介绍的 Cisco 网络模拟软件 GNS3 的安装，并学会其使用方法。

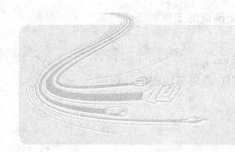

第 **3** 章
初步配置交换机

【内容概要】

以太网交换机用作网络集中设备，其端口连接网络中的主机。在转发数据帧时，端口带宽能够独享。

交换机按其工作在 OSI 参考模型的对应层次，有第二层、第三层和第四层交换机。可管理的交换机内置了操作系统软件。

第二层交换机采用帧交换转发数据。帧交换方式有三种，分别为存储转发、伺机通过和自由分段。

交换机通过学习进入自己端口的数据帧源 MAC 地址，记下地址与端口的对应关系，生成 MAC 地址与交换机端口对应关系的表——MAC 地址表；通过 MAC 地址表，交换机可以实现数据帧的单播转发。

使用冗余链路或称备份连接是提高网络可靠性的常用方法，但工作链路与冗余链路所形成的环路会导致广播风暴，产生多帧副本以及地址表混乱的问题。STP 协议的应用则可从逻辑上消除环路，使冗余备份得以实现。

【学习目标】

（1）了解以太网交换机的基本结构与功能；

（2）学会查看交换机 MAC 地址表与计算机 ARP 表，理解其生成过程；

（3）初步了解基于端口的 VLAN 及其简单配置；

（4）理解链路冗余的作用与环路的危害，学会生成树协议 STP 的配置。

3.1　交换机的作用与组成

本章所指的交换机若无特别说明，均指以太网交换机。交换机基本的功能是把从某个端口接收到的数据帧从其他端口转发出去。本节简要介绍交换机的外观与内部组成。

3.1.1　交换机的外观

交换机前面板上的多个 RJ-45 接口是以太网口，用来连接计算机或其他网络设备（如交换机、路由器或防火墙等设备）。

后面板或前面板上的串口是交换机的配置口，用串口线缆（称为 Console 线）将其与计算机的串口连接起来，可实现对交换机的配置操作。

前面板上有若干指示灯，其亮、灭或闪烁可以反映交换机的工作状态。

此外还有电源插口、电源开关等。

可上机架（柜）式交换机的标准长度为 19 in（48.26 cm）。

图 3-1 所示的是 Cisco Nexus 7000 和 Cisco Catalyst 3750 系列交换机的外观图。

（a）Cisco Nexus 7000 系列　　　　　（b）Cisco Catalyst 3750 系列

图 3-1　交换机的外观

3.1.2　交换机的内部组成

交换机的内部组成如下：

（1）CPU（中央处理器）：交换机使用特殊用途集成电路芯片 ASIC，以实现高速的数据传输。

（2）RAM/DRAM：主存储器，存储当前运行的配置文件。

（3）NVRAM（非易失性 RAM）：存储备份配置文件等。

（4）FlashROM（快闪存储器）：存储系统软件映像文件等。是可擦可编程的 ROM。

（5）ROM：存储开机诊断程序、引导程序和系统软件。

（6）接口电路：交换机各接口的内部电路。

3.2　交换机的分类

可按多种方式对交换机进行分类。若参照开放系统互连（OSI）参考模型，则交换机属于第二至四层的设备。

3.2.1　网络设备工作层次与 OSI 参考模型的对应关系

OSI 参考模型分为七层，每层的名称、对应的协议数据单元的名称以及每层对应的网络设备见表 3-1。

表 3-1　网络设备工作层次与 OSI 参考模型的对应关系

层　　数	名　　称	协议数据单元名称	相应设备及其作用
第七层	应用层	Data	计算机；处理相应数据
第六层	表示层	Data	计算机；处理相应数据

第五层	会话层	Data	计算机；处理相应数据
第四层	传输层	Segment	四层交换机、计算机；处理数据字段
第三层	网络层	Paket	路由器、三层交换机；处理数据包
第二层	数据链路层	Frame	交换机、网桥、网卡等，处理数据帧
第一层	物理层	bit	各种接口线缆、网卡等；确定与传输媒体的接口有关的特性，处理比特流

根据 OSI 参考模型，每一层都使用相应的协议实现特定的功能，完成数据交换。每一层数据逻辑地在源主机与目标主机对应层之间进行传输，屏蔽下层的细节。而数据实际的传输过程则是：在发送端，应用层数据经过下面各层，依次被各层进行封装，最后通过物理层下的传输介质完成物理层比特流的传输到达接收端的物理层；在接收端，各层依次拆封并向上层提交数据，最后送达应用层。

交换机可以工作在第二至四层，对应的技术称为第二层、第三层和第四层交换技术，第二层和第三层交换机是目前使用最多的交换机。

本书主要介绍第二层交换技术和第二层交换机的应用。同时对涉及工程应用的第三层交换机的配置和应用亦作介绍。

3.2.2　交换机的简单分类

这里对以太网交换机按配置是否可以改变或者按在 OSI 参考模型中的对应层次来进行简单的分类。

1. 模块式与固定配置式

按交换机的配置可否改变，可把交换机分为模块式和固定配置式。

模块式交换机的模块可以拔插，模块通常是 100 Mbit/s 或 1 000 Mbit/s 光纤接口模块，或 1 000 Mbit/s 的 RJ-45 接口模块，或者是堆叠模块。交换机上则有相应的插槽。使用时，模块插入插槽之中。模块式交换机配置灵活，模块可按需要购买。一般说来，模块式交换机的档次较高，模块插槽结构可最大程度地保护用户的投资。

固定配置式交换机的接口固定，硬件不可升级。

2. 第二层、第三层与第四层交换机

第二层交换机工作在 OSI 参考模型的第二层，它的每个端口拥有自己的冲突域。如果该二层交换机具有虚拟局域网（Virtual Local Network，VLAN）功能，则每一个 VLAN 成为一个广播域。第二层交换机采用三种方式转发数据帧：直通（Cut Through）、存储-转发（Store and Forward）和自由分段（Fragment Free）。

第三层交换机根据目的 IP 地址转发数据包，与后面要讨论的路由器一样，它也必须创建和动态维护路由表。但是，第三层交换机能做到"一次路由，多次交换"，即第三层交换机能够把报文转发到不同的子网，并在后续的通信中采用比路由更快的交换方式转发数据包。

第四层交换机可以解释第四层的传输控制协议（TCP）和用户数据报协议（UDP）信息，允许设备为不同的应用（使用端口号区分）分配各自的优先级。这样，第四层交换机可以"智能化"地处理网络中的数据，最大限度地避免拥塞，提高带宽利用率。

3.3　交换机在网络中的连接及作用

3.3.1　交换机的端口

交换机的端口或称接口，是 8 个引脚的 RJ-45 电接口（电口）或 SC、ST、FC 等光纤接口（光口）。其电接口种类通常有 10Base-T、10Base-F、100Base-TX、100Base-T4、1000Base-T及 1000Base-CX 等。光接口种类通常有 100Base-FX 和 1000Base-FX 等。

其中 Base 指的是采用基带传输技术，10、100 和 1000 分别代表传输速率为 10 Mbit/s、100 Mbit/s 和 1 000 Mbit/s，通常把对应的技术分别称为以太网、快速以太网和千兆位以太网。

各参数的含义见表 3-2。

表 3-2　交换机的各种端口

标准类型		传输速率/(Mbit/s)	接口标准	传输介质	传输距离/m	备注
10Base-T		10	RJ-45	UTP(非屏蔽双绞线)	100	
10Base-F		10	光纤接口	62.5/125MMF(多模光纤)	2 000	
100Base-TX		100	RJ-45	UTP	100	
100Base-T4		100	RJ-45	UTP(4 对芯线全用)		
100Base-FX		100	光纤接口	62.5/125MMF	412	半双工
				62.5/125MMF	2 000	全双工
				9/125SMF(单模光纤)	10 000	
1000Base-CX		1000	RJ-45	STP(屏蔽双绞线)	25	
1000Base-T		1000	RJ-45	UTP(4 对芯线)	100	
1000Base-FX	-SX(780nm 短波)	1000	光纤接口	62.5/125MMF	260	使用 1550 nm 波长的单模最大传输距离为 120km
				50/125MMF	525	
	-LX(1 300nm 长波)			62.5/125MMF	550	
				50/125MMF	550	
				9/125SMF	3000～10 000	

3.3.2　共享式与交换式网络

采用双绞线或光纤作传输介质的网络，使用集线器或交换机作为网络的中心。计算机之间的通信，通过集线器或交换机进行数据的转发。

1. 集线器与共享式局域网

集线器通常称为 Hub，按其使用的技术可分为被动式与主动式集线器。前者只提供简单的集中网线转发数据的工作，后者可对数据作一定的处理。

集线器按端口的传输速率（或称带宽）来分，有 10Mbit/s 和 100Mbit/s 的。通常所说的集线器是指的共享式集线器，其带宽是所有端口共享的。例如一台 16 端口的 100Mbit/s 的集线器，当全部端口都使用时，每一个端口的带宽就只有 100Mbit/s 的 1/16。由集线器作中心设备的局域网（以及不使用集线器而使用同轴电缆的总线型拓扑的局域网）称为共享式局域网。

集线器的全部端口属于同一个冲突域（又叫碰撞域），因为集线器在端口之间转发数据帧时会向所用端口广播，帧可能的冲突区域是全部端口；广播帧会到达所有端口，因此称其全部端口属于一个广播域。单一的冲突域和广播域使网络在一定条件下容易产生阻塞和广播风暴。

随着交换机价位的降低，共享式集线器基本上退出了局域网领域。

2. 交换机与交换式局域网

交换机可以看作功能增强型的集线器，有时也称之为交换式集线器。它采用了许多新的技术，如其端口之间的通信可全双工进行，能实现数据的线速转发等。其最显著的特点之一在于端口带宽的独享。

例如一台端口带宽为 100 Mbit/s 的交换机，共有 12 个端口，连接 12 台计算机，无论是两台还是 12 台计算机相互通信，交换机每一端口的数据传输速率都是 100 Mbit/s，不会随着工作中的端口数的增加而减少。这就是端口带宽独享的意思。

应当注意的是，在网卡和交换机端口、或交换机和交换机端口相连时，只有当相连接的两者的带宽都为同一值时，才能实现以该速率传输数据。例如，只有网卡和交换机都是 1 000Mbit/s 的，才能实现 1 000 Mbit/s 的传输速率。否则只能按二者中较小的一个速率传输。这一特性称为带宽的自动协商或者带宽的自适应。

通常把由交换机作为中心设备的局域网称为交换式局域网。

交换机的端口按其带宽可分为 10 Mbit/s、100 Mbit/s、10/100Mbit/s 自适应、1 000Mbit/s 和，10Gbit/s 几种。现在市面上的交换机端口带宽一般都有自适应功能。有的交换机上只有上列端口之一，更多的则是兼有两种或多种端口，而具有 10Gbit/s 端口的交换机则在大型公司网络或 ISP 网络使用。

交换机的每一个端口都独立转发数据（各属不同冲突域），只要背板带宽足够宽，就不会因端口的使用数增加而降低端口的传输速率。不过，交换机的所有端口仍属于同一个广播域，当网络中的广播信息增多时，也会导致网络传输效率的降低。

如果采用虚拟局域网 VLAN 技术，则每一个 VLAN 具有各自的广播域，这样交换机就有了多个广播域。广播数据帧被局限在各自的域内，可有效防止广播风暴的发生。

3. 交换机的级联与堆叠

可使用多台交换机级联或堆叠起来以延伸网络的距离、增加总的端口数或便于管理交换机。

交换机的级联是指两台或两台以上的交换机通过普通口或级联口连接起来，级联既增加端口数量，也能延伸网络范围，图 3-2 所示的级联理论上可使网络范围扩展至 400 m。

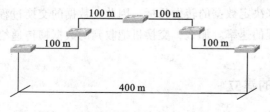

图 3-2　级联交换机以扩展网络距离

若要获得高密度的端口数且保持所有端口的高性能，采用级联就不合适了，因为位于核心层级的交换机级联口带宽可能成为网络流量的瓶颈。这时，可以使用交换机堆叠。

交换机堆叠是指利用专门的堆叠模块和堆叠线缆将两台或两台以上的交换机相连。一般堆叠接口的带宽是普通接口的几十倍，因此堆叠链路不会成为网络通信的瓶颈。而且堆叠以后便于管理，只要登录上任何一台，就可以管理堆叠中的其他交换机。图 3-3 所示为 Cisco 3750 交换机 4 台设备堆叠在一起的情形，注意左侧的堆叠口和堆叠线缆的连接。Cisco 3750 最多支持 9 台设备堆叠，堆叠链路带宽为 32 Gbit/s

图 3-3　交换机堆叠

最廉价的交换机可能不支持网络管理功能，用于简单的网络环境。支持网络管理功能的交换机称为可管理或可配置的交换机。

在小型、简单的网络中，也许交换机不需配置就在使用；（实际是使用了默认配置）；而网络规模较大或者较为复杂时，就需要对交换机进行配置和管理了。

3.4　ARP 协议与 MAC 地址表

连接在交换机端口上的主机需要通过 ARP 地址解析协议查询位于相同或不同交换机上的目标主机 IP 地址所对应的物理地址[又称数据链路层地址或 MAC（Media Access Control）地址]，才能进行相互间的数据帧的单播传输。

MAC 地址是固化在网卡内部用于唯一确定网卡身份的标识，是网卡在生产时被永久写入芯片的固定值。全球的网卡生产厂商按照买得的 MAC 地址范围制造网卡，因此不会有两块相同 MAC 地址的网卡。这样，MAC 地址就可用做唯一标识设备的地址。

网络层中的数据包在主机查得目标的链路层地址后被封装成数据帧，在链路层交给交换机，交换机则通过帧头的 MAC 目标地址找到目标主机。

由于交换机在数据传递过程中不用检查第三层（网络层）的包头信息，而是直接由第二层帧结构中的 MAC 地址来决定数据的转发目标，因此，数据的交换过程几乎没有软件的参与，从而大大提高了交换进程的速率。那么，交换机把收到的数据帧传递给目标主机到底是怎样实现的呢？

3.4.1　MAC 地址表的建立

在交换式网络中，各主机的 MAC 地址是存储在交换机的 MAC 地址表中的。MAC 地址表记录的是各主机 MAC 地址与对应的交换机的端口号，故有时也称为 MAC 地址–端口表。

简单地说，MAC 地址表记录了哪台或哪些主机连接在了哪台交换机的哪个端口上。交换机在工作过程中，会向 MAC 地址表不断写入新学到的 MAC 地址。一旦交换机掉电，或连接交换机的各主机在一定时间（地址表的老化时间）内没有相互访问，则其 MAC 地址表记录会被自动清除。

1. 交换机 MAC 地址表的建立

在图 3-4 所示的网络中，若计算机 PC1 首次访问计算机 PC3，则交换机的 MAC 地址表建立过程如下所述。

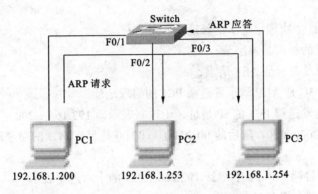

图 3-4　MAC 地址表与 ARP 表的建立

1）发送 ARP 请求帧

计算机 PC1 向计算机 PC3 发送查询其 MAC 地址的消息帧，该消息帧包含计算机 PC1 自己的（源）MAC 地址，IP 地址和计算机 PC3 的 IP 地址等信息。该帧经交换机 Switch 的 F0/0 口先发送到交换机上。该帧是要查询 IP 地址为某个值的目标主机的 MAC 地址，是由地址解析协议 ARP 构造而成的，故也称为 ARP 请求帧。使用网路岗抓包软件获取的 ARP 请求帧的功能与数据结构如图 3-5 所示。

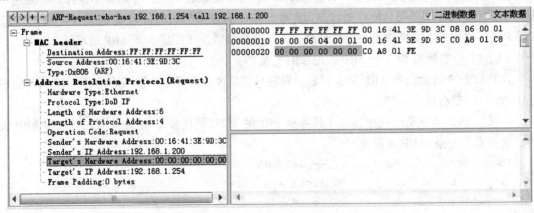

图 3-5　ARP 请求帧的功能与数据结构

图中最上一行表明 ARP 请求帧的功能："ARP-Request：who-has 192.168.1.254 tell 192.168.1.200"——地址是 192.168.1.254 的主机（把物理地址）告知 192.168.1.124 主机。

右边框格的二进制数据（用十六进制显示）是 ARP 请求帧的数据结构，左边窗格的信息是

对其意义的解释:

开始的 00000000 是首行行号,接着的 FF FF FF FF FF FF 是 ARP 请求的 MAC 帧头目标地址(广播地址);

00 16 41 3E 9D 3C 是源地址(PC1 的物理地址);

08 06 即是帧类型 0x806(表示是 ARP 帧);

00 01 表示硬件类型是以太网;

第 2 行行号是 00000010,接着的 08 00 表示协议类型是 DoD 模型(即 TCP/IP 模型)的 IP 协议;

06 表示硬件地址(物理地址)的长度是 6 字节;

04 表示 IP 地址的长度是 4 字节;

00 01 是操作码,表示是 ARP 请求;

00 16 41 3E 9D 3C 是 ARP 请求发送端 PC1 的物理地址;

C0 A8 01 C8 是发送端 PC1 的 IP 地址,十进制表示即 192.168.1.200;

第 3 行行号是 00000020,随后的 00 00 00 00 00 00 是目标 PC3 的物理地址(因为未知而用 6 字节 0 填充);

C0 A8 01 FE 是目标 PC3 的 IP 地址 192.168.1.254 的十六进制表示。

2)交换机生成第一条地址表记录

交换机 Switch 在端口 F0/1 收到该查询消息帧后,从该帧的 MAC 地址信息得知计算机 PC1 的 MAC 地址,就将该端口和该 MAC 地址记录在自己的 MAC 地址表中,这样就有了第一条记录:

```
Destination Address     Address Type VLAN Destination Port
------------------      ------------ ---- ---------------------
0016. 413E. 9D3C   Dynamic        1    FastEthernet
```

3)交换机广播 ARP 请求帧

由于交换机 Switch 此时还没有计算机 PC3 的 MAC 地址表记录,不知道计算机 PC3 连接在那个端口上,无法单播而只能广播转发,实际上 ARP 请求帧帧头的目标 MAC 地址 FF FF FF FF FF FF 是广播地址,交换机见到此地址就会向所有端口转发(广播)该 ARP 请求帧。

4)ARP 应答帧与 PC3 上 ARP 表记录的生成

计算机 PC3 接收到该 ARP 请求帧后,发现自己是被查询对象(询问的是自己 IP 所对应的 MAC 地址),就会给出应答。

计算机 PC3 从该请求帧中得知了计算机 PC1 的 MAC 地址和 IP 地址并写入自己的 ARP 表中,于是有了一条 ARP 表记录:

```
Interface: 192.168.1.254 --- 0x10003
 Internet Address        Physical Address          Type
 192.168.1.200           00-16- 41-3E- 9D-3C       dynamic
```

同时,PC3 构造并发送以计算机 PC1 的 MAC 地址为目标,以自己 MAC 地址为源,还包含计算机 PC1 和计算机 PC3 的 IP 地址等信息的 ARP 应答帧,如图 3-6 所示。ARP 应答帧的功能是回答请求帧:192.168.1.254 的物理地址是 00:16:41:3E:9D:3C。

该应答帧经交换机 Switch 的 F0/3 口发送到交换机上,如图 3-6 所示。

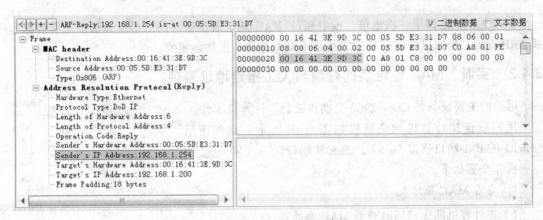

图 3-6　ARP 应答帧

5）交换机生成第二条 MAC 地址记录

交换机 Switch 从 F0/3 口接收到 ARP 应答帧后，从该帧的源 MAC 地址信息得知计算机 PC3 的 MAC 地址，就将该端口和该 MAC 地址记录在自己的 MAC 地址表中，这样就有了第二条记录如下表的斜体部分所示：

```
Destination Address     Address Type  VLAN  Destination Port
-------------------     ------------  ----  -------------------
0016. 413E. 9D3C        Dynamic         1   FastEthernet0/1
0005.5de3.31d7          Dynamic         1   FastEthernet0/3
```

6）交换机单播 ARP 应答帧与 PC1 ARP 表记录的生成

由于交换机此时已经有了计算机 PC1 的 MAC 地址表记录，故此次转发不再需要广播，而是查看 MAC 地址表，见该帧的目标 MAC 地址主机位于 F0/1 端口，就会把该应答帧从该端口转发出去，送达计算机 PC1。

计算机 PC1 收到该 ARP 应答帧，从该帧得知计算机 PC3 的 MAC 地址和 IP 地址并写入自己的 ARP 表中：

```
Interface: 192.168.1.200 --- 0x10003
 Internet Address      Physical Address        Type
 192.168.1.254         00-05-5d-e3-31-d7       dynamic
```

就这样，交换机中生成了 MAC 地址表而计算机 PC1 和计算机 PC3 中生成了记录目标 IP 地址和 MAC 地址的 ARP 表。

而在交换机 Switch 广播查询消息帧的时候，计算机 PC2 亦收到。计算机 PC2 从该消息帧查询的目标 IP 地址得知自己不是被查询对象（与自己 IP 不符合），就丢弃该帧，不予响应。

2. 计算机之间的通信

此后计算机 PC1 和计算机 PC3 根据 ARP 表由 IP 地址查找 MAC 地址进行链路层的通信，交换机按照接收到数据帧的 MAC 地址查找地址表中对应的端口，把数据转发出去。

3. MAC 地址表更新

如果主机在一定时间（称为老化时间）内未进行通信，交换机将会清除相应端口对应的 MAC 地址记录。再次通信时得重新通过 1）～6）的步骤生成 MAC 地址记录，这称为 MAC 地址表的更新。

如果是主机之间第一次通信，或者超过 MAC 地址表更新时间后继续通信，交换机都会广播 ARP 查询。所以以太网中有的广播是不可避免的，也是必须的。

3.4.2　实训　MAC 地址表的查看与人工指定地址表项

用到的主要设备是 Cisco 2960 交换机 2 台，计算机 3 台。

用网线连接计算机和交换机如图 3-7 所示，此例使用 Switch1 的 f0/1 端口连接 Switch0 的 f0/4 端口。

操作步骤如下。

1. 查看 MAC 地址表

1）在计算机间无访问时查看 MAC 地址表

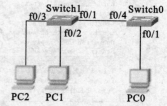

图 3-7　查看 MAC 地址表的网络

给交换机上电，用超级终端或 Telnet 方式登录交换机，使用 show mac-address-table 命令查看，其中 Switch1 的 MAC 地址表显示如下：

```
Switch#show mac-address-table
        Mac Address Table
-------------------------------------------


Vlan    Mac Address      Type        Ports
----    -----------      --------    -----


1       00e0_b057_d004   DYNAMIC     Fa0/1
Switch#
```

该表中有一项记录，表示的意义是交换机 Switch1 的 f0/1 端口上，所连接的设备（Swtch0 的 f0/4 端口）的 MAC 地址是 00e0.b057.d004。f0/1 属于 Vlan1（默认）。该记录的 Type 为 Dynamic 表示该表项是交换机动态学习到的，关于动态的含义后面还要说到。

读者自己设想一下，此时 Switch0 的 MAC 地址表应该是怎样的。

相互连接的交换机之所以启动完成后即会有 MAC 地址表记录，是因为交换机要彼此发送桥协议数据单元（BPDU，Bridge Protocol Data Unit）进行联系，故会查询出对方端口的 MAC 地址。

2）计算机间访问后 MAC 地址表的查看

让 3 台计算机相互访问，比如在 PC0 上分别 ping PC1 和 PC2，然后查看 Switch1 和 Switch0 的 MAC 地址表。

Switch1 的 MAC 地址表如下：

```
Switch#show mac-address-table
        Mac Address  Table
-------------------------------------------


Vlan    Mac Address    Type        Ports
----    -----------    --------    -----


1       0002.4ad5.5bb5   DYNAMIC     Fa0/1
1       0005.5ea9.0c91   DYNAMIC     Fa0/3
1       0010.1145.1004   DYNAMIC     Fa0/2
1       00e0.b057.d004   DYNAMIC     Fa0/1
Switch#
```

Switch0 的 MAC 地址表如下：

```
Switch#show mac-address-table
        Mac Address Table
-------------------------------------------

Vlan    Mac Address      Type        Ports
----    -----------      --------    -----

1       0002_4ad5_5bb5   DYNAMIC     Fa0/1
1       0005_5ea9_0c91   DYNAMIC     Fa0/4
1       0010_1145_1004   DYNAMIC     Fa0/4
1       00e0_a3b9_d601   DYNAMIC     Fa0/4
Switch#
```

读者先判断一下表中的这些 MAC 地址是谁的，然后使用命令 ipconfig /all 查看计算机的 MAC 地址，验证自己的判断。

3）MAC 地址表的老化时间

MAC 地址表建立后，计算机之间如果超过一定的时间不访问，相应的表项就会被自动删除，新的访问开始时再建立。这称为 MAC 地址表的自动更新。这也是表项中动态 Dynamic 的含义之一。

表项从建立到自动删除的时间间隔称为老化时间。默认动态的 MAC 地址表项老化时间是 300 s，其值可以修改。查看和修改的命令是

```
Switch#show mac-address-table aging-time        //查看老化时间
Switch(config)# mac-address-table aging-time 150    //修改老化时间为 150s
```

2. 人工配置 MAC 地址表项

有时候，基于安全或排他性的考虑，在交换机的某些端口上，我们可能不希望交换机自动学习 MAC 地址，而是由网络管理员人工配置，这常称为端口-MAC 地址绑定。这样的地址表项不会自动刷新，故与动态 Dynamic 表项对应，也称为静态 Static MAC 地址表项。例如，给交换机 Switch1 的 f0/3 接口绑定 MAC 地址 0005.5ea9.0c99 的命令如下：

```
Switch(config-if)#switchport port-security mac-address 0005.5ea9.0c99
```

注意：交换机只允许在 Access 口或 Trunk 上绑定且默认只允许绑定一个 MAC 地址。要进行绑定操作，需要设置端口模式为 Access 或 Trunk（Cisco 3560 交换机默认为动态协商 Dynamic）并且必须激活端口安全。具体操作参见 3.3 节。

在大型网络中，端口数量成千上万，如果让管理员手动绑定每一台计算机的 MAC 地址到端口，将是一项十分繁重、低效的工作；而且对于网络的复杂需求和变化，这样做也缺乏足够的灵活性。

可以使用端口的 sticky（粘连）特性来解决这个问题，sticky 让交换机在某端口动态学习 MAC 地址并固定下来，命令是

```
Switch(config-if)#switchport port-security mac-address sticky
```

保存配置并重启交换机，则对已经固定下来的地址交换机端口不需要再重新学习，这些地址称为 sticky MAC 地址。它类似于管理员手动配置的静态地址，却不用管理员一条条去配置，大大提高了效率。sticky 同样只能在 Access|Trunk 接口配置并且要激活端口安全。

特别要注意的是，在交换机激活端口安全后，动态学习到的 MAC 地址类型也显示为 Static（静态），但是与人工配置静态 MAC 或 sticky MAC 地址不同的是，该地址会在老化时间到来时、或重启交换机后被清除。

3.4.3　局域网的三种帧交换方式

以太网交换机在传送数据时，数据被封装成帧，采用帧交换（Frame Switching）。该技术包括三种主要的交换方式，即存储转发（Store and Forward）、伺机通过（Cut Through）和自由分段（Fragment Free）。

1. 三种帧交换方式

（1）存储转发（Store and Forward）方式是最基本的交换技术之一。在进行转发数据帧前，该数据帧将被完全接收并存储在缓冲器中，数据帧从头到尾全部接收完毕才进行转发。其间，交换机需要解读数据帧的目的地址与源地址，以根据 MAC 地址表进行正确的转发。

在存储转发过程中还要进行高级别的冗余错误检测（CRC）工作，如果所接收到的数据帧存在错误、太短（小于 64 B）或太长（大于 1 518 B），最终都会被抛弃。

采用这种转发方式的交换机在接收数据帧时延迟较大，且越大的数据帧延迟时间越长。但是对错误的检测能力强。

（2）伺机通过（Cut Through，又称 Fast Forward 或 Real Time 模式）技术是交换机在接收整个数据帧之前读取数据帧的目的地址到缓冲器，随后即在 MAC 地址列表里查询目的地址所对应的端口，转发该帧。简言之，它读取到帧的目标地址以后就立即进行转发。

采用这种转发方式，在整个数据帧完全接收之前就已经转发了。这种方法减少了传输的延迟，但由于不对帧进行错误检测，传送到目标主机的帧的误码率（码元错误发生率）可能较高。

还有些交换机可以把存储转发与伺机通过两种技术合并在一起使用。它们首先在交换机里设置一个错误检测的门限值，当误码率低于该值时使用伺机通过的交换方法以减少数据的传输延迟。当误码率提高大于该门限值时，交换机将自动改为存储转发交换方式，从而保证数据的正确性。在链路恢复正常后，误码率下降低于该门限值后，系统将再次回到伺机通过方式工作。

（3）自由分段（Fragment Free，又称 Modified Cut-through 模式）技术是在伺机通过交换方式的基础上调整而成的。自由分段在转发数据帧之前，检测可能有错误发生的冲突分段（长度为 64 B）。这是因为通常数据帧的错误发生在刚开始的 64 B 内的概率最大。简言之，它读取到帧数据字段前 64 B，然后进行转发。自由分段交换方式的错误检测级别要高于伺机通过交换方式。

2. Cisco 交换机交换方式的设置

Catalyst 1900 系列交换机用 switching-mode 命令设置工作在存储－转发方式还是自由分段方式：

```
C1912（config）#switching-mode ?
fragment-free        Fragment Free mode
store-and-forward  Store-and-Forward mode
```

3.5　VLAN 初步

本节介绍 VLAN 的基本概念和特点并在单台交换机上配置 VLAN。

3.5.1　第二层交换式网络的缺点与 VLAN 技术

1. 第二层交换机式网络的缺点

在 3.3.2 节中业已提到,整个网络属于同一个广播域。因此任何一个广播帧或多播帧(Multicast

Frame）都将被交换机广播到整个局域网中的每一台主机。在网络通信中，广播帧是普遍存在的，这些广播帧将占用大量的网络带宽，导致网络速度和通信效率的下降，并额外增加了主机为处理广播信息所产生的负荷。而蠕虫病毒和其他一些类似的网络攻击相当泛滥，如果不进行有效的广播域隔离，一旦病毒发起泛洪广播攻击，将会很快占用完网络的带宽，导致网络阻塞和瘫痪。概括来说，第二层交换式网络存在如下缺点：

- 全网属于一个广播域，每一次广播的数据帧无论是否需要，都会到达网络中的所有设备，这就必然会造成带宽资源的极大浪费。
- 全网属于一个广播域，极易引起广播碰撞和广播风暴等问题。
- 网络的安全性不够高。在这种网络结构中，所有用户都可以监听到服务器以及其他设备端口发出的广播数据帧，因此是极不安全的。

2. 虚拟局域网技术

为了解决存在的的问题，早期采用使用路由器从第三层来分隔广播域的技术，即通过把网络中的主机设置不同的子网，广播包传送范围被限制在各自的子网里，不同子网间的访问则通过路由器的端口进行转发。在第三层实现广播域分隔成本高，路由器每端口价格原远高于相同速率的交换机的，很快被基于交换机的虚拟局域网（Virtual Local Area Network，VLAN）技术取代。

VLAN 是将局域网从逻辑上按需要划分为若干网段，在第二层实现分隔广播域，分隔开用户组的一种交换技术。这些网段物理上是连接在一起的，但逻辑上已经分离，即原来一个局域网被划分成了多个局域网，故名虚拟局域网。

VLAN 允许一组不限物理位置的用户群共享一个独立的广播域，可在一个物理网络中划分多个 VLAN，即可使得不同的用户群属于不同的广播域。这样，通过划分用户群，控制广播范围等方式，VLAN 技术能够从根本上解决网络效率与安全性等问题。

VLAN 对广播域的划分是通过交换机软件完成的。它通过对用户分类来规划用户群。如按项目组、部门或管理权限等来进行 VLAN 划分。划分 VLAN 时能够超越地域的界限，做到真正意义上的逻辑分组。在划分 VLAN 的交换机上，每个端口都能被赋予一个 VLAN 号，相同 VLAN 号的用户同属于一个独立的广播域。广播被限制在各自的 VLAN 之内。因此，VLAN 能够控制广播的影响范围，减少由于共享介质所造成的安全隐患。

某个划分 VLAN 后的网络如图 3-8 所示。图中 PC1 和 PC4 属于 VLAN2，PC2 和 PC3 属于 VLAN3。在同一 VLAN 内，计算机之间可以正常访问；而不同 VLAN 间的单播帧和广播帧都不能直接到达对方的区域。不同 VLAN 的计算机之间的访问需通过三层设备如路由器或三层交换机来实现。从图中可看到计算机虽然所处的物理位置不同，但却可以划归在同一个 VLAN 中。

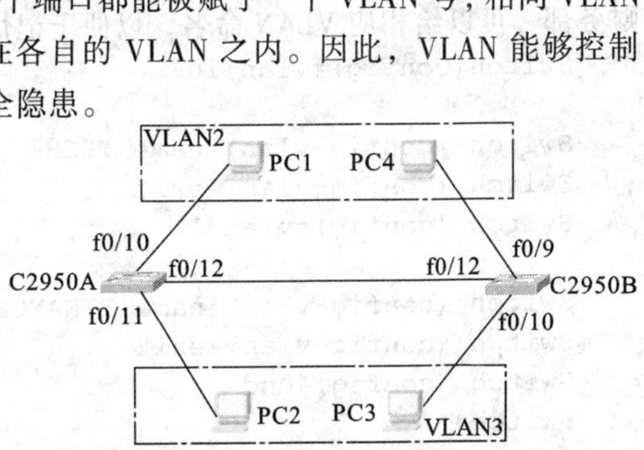

图 3-8　基于端口的 VLAN 划分

3.5.2　划分 VLAN 的好处

划分 VLAN 的好处如下：

1. 广播控制（Broadcast Control）

通过将一个网络划分成多个 VLAN，可以实现广播范围的控制，能够有效减少广播风暴、广播冲突和网络带宽资源的浪费等问题。

2. 灵活性（Flexibility）

VLAN 技术能够在逻辑上将不同地理位置的计算机划分在同一个广播域内。而无 VLAN 技术时，在更改一台主机的所属组时，必须将此主机直接接到该组所在的交换机上。这样，VLAN 可以非常灵活地添加或删除域内主机而不受主机物理位置的限制。这给网络管理带来了极大的方便，如对网络流量的均衡性（Scalability）控制就很容易实现了。

3. 安全性（Security）

不同 VLAN 之间是不能够直接相互访问的。因此，按职责权限把用户(主机)划归在不同的 VLAN 里，就可使得各自的内部信息得到保护，从而增强了安全性。

3.5.3 实训　在单台交换机上划分 VLAN

网络拓扑如图 3-9 所示，PC1、PC2 和 PC3 分别连接在交换机的端口 f0/1、f0/2 和 f0/3 上，把 f0/1 划分为 VLAN 10，f0/2 和 f0/3 划分为 VLAN 11。

这是一个简单的 VLAN 配置，只须设置 VLAN 号并把端口加入到相应的 VLAN 即可。验证方法：一可查看 VLAN 信息；二可在 PC1、PC2 和 PC3 上使用 ping 命令，属于同一 VLAN 的 PC 能够 ping 通，不同的则不能。

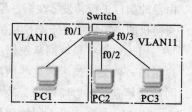

图 3-9　一个简单的 VLAN 配置

操作步骤如下：

1. 增加相应的 VLAN 并验证

在交换机 Switch 上划分 VLAN 10 和 VLAN 11，假如 VLAN 10 属于技术部，VLAN 11 属于财务部，可以给相应 VLAN 命名，以便于记忆和管理。

```
Switch(config)#vlan 10             //在全局配置模式下增加一个 VLAN，编号为 10，
                                   //并进入 vlan 配置模式
Switch (config-vlan)#name TECH     //在 VLAN 配置模式下，将 VLAN 命名为 TECH
Switch (config-vlan)#exit          //退出 VLAN 配置模式
Switch (config)#vlan 11            //在全局配置模式下增加一个 VLAN，编号为 11，
                                   //并进入 vlan 配置模式
Switch (config-vlan)#name FINANCE  //在 VLAN 配置模式下，将 VLAN 命名为 FINANCE
Switch (config-vlan)#exit          //退出 VLAN 配置模式
Switch (config)#end
Switch#
Switch#show vlan brief             //显示交换机当前 VLAN 配置的简要信息
VLAN Name                          Status Ports
------------------------------------------------------------
1    default                       active Fa0/1, Fa0/2, Fa0/3, Fa0/4
                                          Fa0/5, Fa0/6, Fa0/7, Fa0/8
                                          Fa0/9, Fa0/10, Fa0/11, Fa0/12
                                          Fa0/13, Fa0/14, Fa0/15, Fa0/16
                                          Fa0/17, Fa0/18, Fa0/19, Fa0/20
```

```
                                        Fa0/21, Fa0/22, Fa0/23, Fa0/24
10  TECH                     active
11  FINANCE                  active
1002 fddi-default            active
1003 token-ring-default      active
1004 fddinet-default         active
1005 trnet-default           active
```

可以看到交换机 Switch 上已经增加了两个 VLAN，分别是 VLAN 10 名称为 TECH，VLAN11名称为 FINANCE。最后一列 Ports 显示交换机上的端口分别属于哪个 VLAN。默认情况下以太网交换机所有的端口都属于 VLAN1。

2. 将交换机的相应端口加入到 VLAN 并查看配置结果

第 1 台计算机连接到交换机的 F0/1，属于技术部 TECH；第 2、3 台计算机连接到交换机的F0/2 和 F0/3，属于财务部 FINANCE。配置命令如下：

```
Switch1(config)#interface f0/1                    //进入接口 f0/1
Switch1(config-if)#switchport mode access
//配置此接口的模式为 access 模式 (默认为 Dynamic 动态协商模式)
Switch1(config-if)#switchport access vlan 10   //将此接口加入到 vlan10
Switch1(config-if)#interface range f0/2 - 3     //进入接口 f0/2 和 f0/3
Switch1(config-if)#switchport mode access        //配置该两接口的模式为 access 模式
Switch1(config-if)#switchport access vlan 11   //将该两接口加入到 vlan11
Switch1(config-if)#end
Switch1#
Switch1#show vlan brief                          //显示交换机当前VLAN配置的简要信息
```

```
VLAN Name                   Status   Ports
--------------------------------------------------------
1    default                active   Fa0/4, Fa0/5, Fa0/6
                                     Fa0/7, Fa0/8, Fa0/9, Fa0/10
                                     Fa0/11, Fa0/12, Fa0/13, Fa0/14
                                     Fa0/15, Fa0/16, Fa0/17, Fa0/18
                                     Fa0/19, Fa0/20, Fa0/21, Fa0/22
                                     Fa0/23, Fa0/24
10   TECH                   active   Fa0/1
11   FINANCE                active   Fa0/2，Fa0/3，
1002 fddi-default           active
1003 token-ring-default     active
1004 fddinet-default        active
1005 trnet-default          active
```

完成以上配置后，不同部门的计算机已经被隔离了，可以尝试将这 3 台计算机配置为同一IP 子网，然后用 ping 命令测试它们是否能互相通信。结果一定是 PC2 和 PC3 之间可以 ping 通，而 PC1 与 PC2、PC1 与 PC3 之间是不能 ping 通的。

3. 另外一种配置交换机 VLAN 的方法

通过 VLAN 数据库配置模式完成的，配置实例如下：

1）进入 VLAN 数据库配置模式

```
Switch1#vlan database
% Warning: It is recommended to configure VLAN from config mode,
  as VLAN database mode is being deprecated. Please consult user
```

```
documentation for configuring VTP/VLAN in config mode.
```
以上提示信息，推荐在全局配置模式而不是在该模式下配置 VLAN。

2）新建 VLAN 并命名

```
Switch1(vlan)#vlan 10 nameTECH          //新建一个 VLAN10 名称为 TECH，下面两行为屏幕提示
VLAN 10 added:
    Name:TECH
Switch1(vlan)#vlan 11 name FINANCE
//新建一个 VLAN11 名称为 FINANCE，下两行为屏幕提示
VLAN 11 added:
    Name: FINANCE
Switch1(vlan)#exit                       //退出并自动应用配置
APPLY completed.
Exiting....
```

这种在 VLAN database 模式下配置的方式现在用的比较少，现在大部分 VLAN 的配置都是在全局配置模式下完成的。

在全局配置模式下想要删除已创建的 VLAN，参照以下配置实例：

```
Switch1(config-if)#no switchport access vlan 10     //将接口从 VLAN10 退出
Switch1(config)#no vlan 10                           //删除 Id 号为 10 的 vlan
```

3.6 链路冗余与生成树协议初步

本节简介链路冗余和生成树协议，并举一个在只有一个 VLAN（VLAN1，以太网）的网络中配置简单配置生成树协议的实例。

3.6.1 冗余备份与环路

在许多交换机组成的大/中型网络环境中，通常都使用一些备份连接，以提高网络的健壮性、稳定性。备份连接也称备份链路、冗余链路等。备份连接如图 3-10 所示，交换机 Switch2 的端口 f0/3 与交换机 Switch3 的端口 f0/4 之间的链路就是一个备份连接。在主链路（图中 Switch1 与 Switch2 和 Switch1 与 Switch3 之间的链路）出故障时，备份链路自动启用，从而提高网络的整体可靠性。

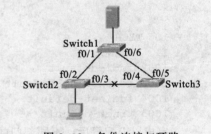

图 3-10　备份连接与环路

但是备份连接会使网络存在环路，图 3-10 中交换机和连接链路就构成了一个环路。环路问题是备份连接所面临的所有负面影响中最为严重的问题，它在网络中直接导致如下问题：

（1）形成广播风暴；

（2）出现多个帧副本；

（3）MAC 地址表混乱。

1．广播风暴

在一些较大型的网络中，当大量广播流（如 MAC 地址查询信息等）同时在网络中传播时，便会发生数据包的冲突。随后，网络试图缓解这些冲突并重传更多的数据包，广播流量充斥网

络，这一现象称为广播风暴。在网络存在环路的情况下，如无特别的措施，广播风暴必然发生。其结果导致全网的可用带宽阻塞，并最终使得网络失去连接而瘫痪。

网络中，一台设备能够将数据包转发给网络中所有其他站点的技术称为广播。由于广播能够穿越交换机连接的多个局域网段，因此几乎所有局域网的网络协议都优先使用广播方式来进行管理与操作。广播使用广播帧来发送、传递信息，广播帧没有明确的目的地址，它所发送的对象是网络中的所有主机，也就是说网络中的所有主机都将接收到该数据帧。它一般用来发送网络中的公共信息，如服务通告、地址查询等信息。

广播是引起广播风暴的主要原因。但是，在正常的网络环境中，网络广播是无所不在的。MAC 地址查询、路由协议通信、ICMP 控制报文以及大量的服务通告等信息都属于网络中正常的广播。因此需要在保证网络正常使用广播的情况下，有效减少广播风暴的发生。

广播风暴的形成：

在图 3-10 所示的网络中，本来的打算是要提供冗余备份，增加一条 Switch3 到 Switch2 的通路。但若不采取其他措施，这样做的结果会导致不能正常工作，因为这是一个存在循环的连接，如果 Switch1 收到一个广播帧，下面的过程（1）～（6）会被反复执行：

（1）Switch1 通过 f0/1 转发广播帧；

（2）Switch2 通过 f0/2 收到广播帧；

（3）Switch2 通过 f0/3 转发广播帧；

（4）Switch3 通过 f0/4 收到广播帧；

（5）Switch3 通过 f0/5 转发广播帧；

（6）Switch1 通过 f0/6 再次收到原来的广播帧。

从（1）开始重复以上过程。上述过程周而复始，同样的广播帧被不断复制，最后形成广播风暴，耗尽网络资源。

在一个较大规模的网络中，由于拓扑结构的复杂性，会造成许多大大小小的环路产生，由于以太网第二层协议没有控制环路数据帧的机制，各环路产生的广播风暴将不断扩散到全网，进而造成网络瘫痪。

与广播概念相类似的还有组播（Multicast，或称多播），组播是一点对多点的通信，是一种比较有效地节约网络带宽的方法。例如：在视频点播等多媒体应用中，当把多媒体信号从一个结点传输到多个结点时，采用广播方式会浪费带宽，重复采用点对点传播也会浪费带宽，而组播能够把帧发送到组地址，而不是单个主机，也不是整个网络。由于它的发送范围明显小于广播，因而减少了对网络带宽的占用。

网络运行时，应当了解网络里所运行的所有协议以及这些协议的主要特点，这样才能更有利于对广播流量的控制。通常，交换机对网络中的广播帧或组播帧不会进行任何数据过滤，因为这些帧的地址信息不会出现在 MAC 层的源地址字段中。交换机总是直接将这些信息广播到所有端口，如果网络中存在环路，这些广播信息将在网络中不停地转发，直至导致交换机出现超负荷运转（如 CPU 过度使用，内存耗尽等），最终耗尽所有资源、阻塞全网通信。

Cisco 第二层交换机支持这样一种广播风暴控制功能：它定义交换机端口的广播门限值，当端口接收的广播帧数量超过了该值时，该端口便会立刻处于挂起状态，不再接收广播数据帧从而避免出现循环广播状态。该功能默认值为禁用，需要通过手动配置打开。而在第二层实现控制广播风暴的有效方法则是使用本节后面要介绍的生成树技术和 VLAN 技术，前者能够从逻辑上消除环路，后者则可限制广播的范围。

2. 多个帧副本

网络中如果存在环路，目标主机可能会收到某个帧的多个副本，而正常情况下，除非收到的帧有错误而要求重传外，是不会有同一帧的多个副本到达目标主机的。多个帧会导致上层协议在处理这些数据帧时无从选择，就会产生"迷惑"：究竟该处理哪个帧呢？

3. MAC 表混乱

当交换机有环路连接，将会出现通过不同端口接收到同一个广播帧的多个副本的情况。这样，在 MAC 地址表里，同一 MAC 地址将出现在同一交换机的不同的端口上，使得 MAC 地址表混乱，导致不能正常转发数据帧。同时，这一过程也会同时导致 MAC 地址表的多次刷新。这种持续的更新、刷新过程会耗用资源，影响该交换机的交换能力，降低整个网络的运行效率。严重时，将耗尽整个网络资源，并最终造成网络瘫痪。

3.6.2　STP 协议简介

要实现冗余备份，提高网络的可靠性，必须解决环路拓扑结构为网络带来的以上致命的负面影响。

1. 生成树协议的功用

生成树协议（Spanning Tree Protocol，STP）的主要功能就是为了解决由于备份连接所产生的环路问题。本节介绍基本的 STP 的机制，实际工程应用的配置见第 3 章。

STP 协议的主要思想就是当网络中存在备份链路时，只允许主链路激活，如果主链路因故障而被断开后，备用链路才会激活。

STP 的基本做法就是生成"一棵树"，树的根是一个称为根桥的交换机。以根为参考，所有运行 STP 协议的交换机都执行生成树算法（Span Tree Algorithm ，STA），使得交换机的所有链路在逻辑上形成树状结构，这棵树就是生成树。树上的链路处于工作状态，其他的链路都将被暂时阻塞。

根据设置不同，不同的交换机会被选为根桥，但任意时刻只能有一个根桥。由根桥开始，逐级形成一棵树，根桥定时发送配置数据包，非根桥接收配置数据包并转发，如果某台交换机能够从两个以上的端口接收到配置数据包，则说明从该交换机到根的路径不止一条，这样便构成了循环回路。此时该交换机就会选出一个端口并把其他的端口阻塞，消除循环。而当当某个端口超过一定时间不能接收到配置数据包的时候，交换机认为该端口的配置超时，网络拓扑可能已经改变。此时就重新计算网络拓扑，重新生成一棵树。

2. STP 相关概念

为了理解 STP，必须熟悉以下几个概念：网桥 ID、路径开销、Port ID、BPDU。

（1）网桥 ID（包括网桥优先级和 MAC 地址）：生成树算法的第一个参数。STP 用网桥 ID 来标识网络中的交换机，其值最小者成为根网桥（根交换机）。网桥 ID 的数据结构共 8 字节，高位的 2 字节是交换机的 STP 优先级，取值范围 0~65 535，默认值 32 768；其余 6 字节的部分为交换机的 MAC 地址。

（2）路径开销：生成树算法的第二个参数。路径开销是从非根交换机到根交换机的方向按链路叠加的。通路径开销是确定非根交换机到达根交换机最短路径选择的首要参数。早期的路径开销等于参考带宽 1 000 Mbit/s 除以当前链路的带宽。例如：100 Mbit/s 的链路路径开销是 10，10 Mbit/s 的链路路径开销是 100。这种计算方法后来遇到了问题，因为如果一个网络链路是 10 Gbit/s 的话，这个链路的路径代价将不再是整数。所以这种算法做了一定的修订，按 802.1d，100 Mbit/s 的链路路径代价是 19，1 000 Mbit/s 的链路路径代价是 4。即带宽越大，路径开销越小。

（3）Port ID（包括端口优先级与端口号）：生成树算法的第三个参数。也是决定到达根交换机路径选择的参数。端口优先级与端口号，长度都是 1 个字节，端口优先级取值 0～255，默认128；端口号取值 1～255（交换机接口不编 0 号）。

（4）BPDU：BPDU 即接协议数据单元（Bridge Protocol Data Unit），运行 STP 的交换机之间通过交换 BPDU 消息，完成无环路的树状结构生成。BPDU 可以帮助运行 STP 的交换机选举整个生成树的根，探测到冗余链路并阻塞端口。根选举出来之前，所有参与选举的交换机都发送配置 BPDU，配置 BPDU 包含网桥 ID、路径开销和端口 ID 等信息，都宣称自己是根。

说明：交换机早期的名称叫做网桥。

根选举出来后，只有根交换机才能发送配置 BPDU，默认是每隔 2 s 就会发送最新的配置BPDU。

3．STP 端口状态

运行 STP 的交换机，每个端口都会处于某种 STP 端口状态下。STP 的接口状态有以下几种类型：禁用状态，阻塞状态，监听状态，学习状态和转发状态，各种状态见表 3-3。

表 3-3　STP 端口的不同状态

状　　态	属　　　　　性
禁用（Disabled）	不能接收 BPDU，不能学习 MAC 地址，不能转发数据帧
阻塞（Blocking）	可接收 BPDU，不能转发数据帧，不能学习 MAC 地址
侦听（Listening）	可监听和接收 BPDU，不能学习 MAC 地址，不能转发数据帧
学习（Learning）	可接收和发送 BPDU，可学习 MAC 地址，不能转发数据帧
转发（Forwarding）	可接收和发送 BPDU，可学习 MAC 地址，可转发数据帧

除禁用状态是人工设置的外，表 3-3 中其余状态和顺序即是交换机的某个端口从不可用状态转变成工作状态的过程。在有冗余链路的网络中，当交换机完成初始化后，为避免形成环路，STP 会使一些端口（冗余链路的端口）直接进入阻塞状态。当网络中主链路发生故障时，网络的拓扑结构即会发生变化，处于阻塞状态的端口就会通过 BPDU 了解（侦听）到这变化，端口的状态就会立刻从阻塞状态转变到学习状态，学习并完成 MAC 地址表的更新，随后端口进入转发状态，转为正常的工作状态。

一个端口从阻塞状态到转发状态通常需要经历约 50s 时间，这样才能保证 STP 拥有足够的时间来了解整个网络的拓扑结构。稳定之后，所有端口要么进入转发状态，要么进入阻塞状态。

4．生成树协议工作过程

树状网络的的形成过程，须经历以下几个阶段：

首先需要选定一个根交换机，根交换机是整个生成树的根，是网络中交换机判断是否存在环路的起始点。选定根交换机的依据是网桥 ID 的数值大小，数值越小的就会优先被选为根交换机。交换机之间会先比较网桥 ID 中的优先级部分，交换机的默认网桥优先级数值为 32 768。如果两个交换机的优先级相同，则比较交换机的 MAC 地址，MAC 地址数值越小，则优先级越高。这个选举过程是通过交换机之间交换 BPDU 来完成的，BPDU 中包含了交换机的网桥 ID。

根网桥是整个交换网络流量最集中的地方，所以根网桥一般都被规划为企业网的核心交换机。可以改变优先级来使得我们所需要的交换机成为根。

选举完根网桥之后，第二步是选择根端口，网络中每台非根交换机都需要选择一个根端口，根端口是非根交换机到达根交换机的最短路径。当所有的非根交换机都确定了根端口后，下一步就是选择指定端口。指定端口是在每一个网段上选择的，连接了设备的交换机的所有端口对（即网段）必有一个端口被选为指定端口，在根交换机和非根交换机上都要选定。根端口和指定端口的选择都是根据如下几个参数确定的：到达根交换机的路径代价值、发送方网桥 ID、端口优先级、端口 ID 和接收方端口 ID。每台交换机的每个端口依次比较这些参数，值越小的越优先被选中；值相同时则比较下一个参数值。而连接计算机或路由器的交换机端口（与计算机网卡接口和路由器以太网接口构成端口对，即网段）则全被选为指定端口。

如果一个端口既不是根端口也不是指定端口，那么这个端口称为未指定端口，将会被阻塞。这样，选中的根交换机、根端口和指定端口及其连接，形成一颗树。

生成树过程概要如下：

（1）选择根交换机；

（2）每台非根交换机上选举一个根端口；

（3）每网段交换机上选举一个指定端口；

（4）阻塞未指定端口。

3.6.3 实训 配置生成树协议

拓扑如图 3-11 所示，可使用 Cisco 3560 交换机 1 台，2960 交换机两台，计算机三台或在 Cisco 网络模拟软件上按图连接网络。

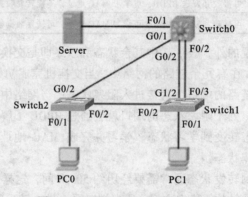

图 3-11 配置生成树协议的网络

要完成的任务是：设置核心交换机 Switch0 为根，通过修改其网桥优先级实现；设计两条备份链路，一条位于核心交换机 Switch0 和交换机 Switch1 之间，另外一条位于 Switch2 和 Switch1 之间。核心交换机 Switch0 与 Switch1 之间使用 1 条 1 Gbit/s 链路和一条 100 Mbit/s 链路，使该

100 Mbit/s 链路成为备份链路；Switch0 与 Switch2 之间使用一条 1Gbit/s 链路，

　　分析：设置核心交换机为根后，因为 1Gbit/s 链路路径开销小，G 1/1 和 G 1/2 会被选举为根口；根交换机 Switch0 上的 4 个接口自然会被选为指定端口(想一想：为什么)；Switch1 和 Switch2 连接计算机的接口亦被选为指定端口，其余端口的选择和状态需要查看相关参数后判断。

　　操作步骤如下：

1. STP 协议默认配置

Cisco 交换机 STP 协议默认是启用的，STP 所有参数取默认值，选举根交换机、根口和指定端口，生成树状网络。但使用默认配置就不一定能选举到我们想要的根，比如在图中，用默认配置选举出的根交换机是 Switch2。

```
Switch2#show spanning-tree              //查看生成树相关信息
VLAN0001
  Spanning tree enabled protocol ieee
  Root ID  Priority    32769
           Address      0001.4218.CAE5
           This bridge is the root       //这台交换机是根
           Hello Time  2 sec  Max Age 20 sec  Forward Delay 15 sec

  Bridge ID  Priority    32769  (priority 32768 sys-id-ext 1)
             Address      0001.4218.CAE5
             Hello Time  2 sec  Max Age 20 sec  Forward Delay 15 sec
             Aging Time  20
```

```
Interface         Role Sts Cost       Prio.Nbr Type
------------------------------------------------------
Fa0/1             Desg FWD 19         128.1    P2p
Fa0/2             Desg FWD 19         128.2    P2p
Gi1/1             Desg FWD 4          128.25   P2p
```

2. 指定根交换机

要想核心交换机 Switch0 成为根，可把其网桥优先级改得比默认值小，其 STP 配置如下：

```
Switch0(config)# spanning-tree vlan 1 priority 16384
//配置核心交换机 VLAN1 的 STP 优先级为 16384
```

或者，使用如下命令直接指定其为根：

```
Switch0(config)#spanning-tree vlan 1 root primary
Switch0(config)#end
Switch0#
Switch0#show spanning-tree vlan 1          //查看 VLAN 1 的生成树信息
VLAN0001
  Spanning tree enabled protocol ieee
  Root ID  Priority    16385
           Address      0001.6322.CEBC
           This bridge is the root         //这台交换机是根
           Hello Time  2 sec  Max Age 20 sec  Forward Delay 15 sec
Bridge ID Priority 16385 (priority 16384 sys-id-ext 1)
//此处网桥 ID 之优先级数值扩展了 1，为原优先级值+VLAN 号
           Address      0001.6322.CEBC
```

```
                    Hello Time  2 sec  Max Age 20 sec  Forward Delay 15 sec
                    Aging Time  20

        Interface            Role Sts Cost           Prio.Nbr  Type
        -----------------------------------------------------------------
        Fa0/2                Desg FWD 19             128.2     P2p
        Fa0/1                Desg FWD 19             128.1     P2p
        Gi0/1                Desg FWD 4              128.25    P2p
        Gi0/2                Desg FWD 4              128.26    P2p
```

最后的生成树信息表各列依次为：接口、角色、端口状态、路径开销、端口 ID 和类型，由表可见，根交换机的端口角色均为 Desg（指定端口），端口状态均处于 FWD（转发状态）。

3. 非根交换机配置

非根交换机 Switch1 和 Switch2 采用默认配置，分别查看其 STP 信息如下：

```
Switch1#show spanning-tree
VLAN0001
  Spanning tree enabled protocol ieee
  Root ID    Priority    16385
             Address     0001.6322.CEBC
             Cost        4
             Port        25(GigabitEthernet1/1)
             Hello Time  2 sec  Max Age 20 sec  Forward Delay 15 sec

  Bridge ID  Priority    32769  (priority 32768 sys-id-ext 1)
             Address     0001.4218.CAE5
             Hello Time  2 sec  Max Age 20 sec  Forward Delay 15 sec
             Aging Time  20

  Interface            Role Sts Cost           Prio.Nbr  Type
  -----------------------------------------------------------------
  Fa0/1                Desg FWD 19             128.1     P2p
  Fa0/2                Desg FWD 19             128.2     P2p
  Gi1/1                Root FWD 4              128.25    P2p
```

可见 G 1/1 口被选为了根端口。

```
Switch2#show spanning-tree
VLAN0001
  Spanning tree enabled protocol ieee
  Root ID    Priority    16385
             Address     0001.6322.CEBC
             Cost        4
             Port        26(GigabitEthernet1/2)
             Hello Time  2 sec  Max Age 20 sec  Forward Delay 15 sec

  Bridge ID  Priority    32769  (priority 32768 sys-id-ext 1)
             Address     0060.706B.9648
             Hello Time  2 sec  Max Age 20 sec  Forward Delay 15 sec
             Aging Time  20

  Interface            Role Sts  Cost          Prio.Nbr  Type
  -----------------------------------------------------------------
  Fa0/1                Desg FWD  19            128.1     P2p
  Fa0/2                Altn BLK  19            128.2     P2p
  Fa0/3                Altn BLK  19            128.3     P2p
```

```
Gi1/2              Root  FWD  4          128.26    P2p
```
可见 G 1/2 被选为了根端口。被阻塞了的端口是 F0/1 和 F0/2，其角色为 Altn(替换端口)，一旦现有的一个根端口失效，两者中必有一个接替成为根端口；如果现有的两个跟端口都失效，则该两个端口都会接替成为根端口。

4. 端口开销和端口优先级的修改

如果需要修改某个端口开销，可使用如下命令：
```
Switch(config)#interface G1/1                          //进入 G1/1
Switch(config-if)# spanning-tree vlan 1 cost 1         //修改 G1/1 端口开销为 1
```
如果需要修改端口优先级，可使用如下命令行：
```
Switch(config-if)#interface range f0/1-4                      //批量配置端口 f0/1~f0/4
Switch(config-if-range)#spanning-tree vlan 1 port-priority 32
//设置这些端口的优先级为 32
Switch(config-if-range)#^Z
Switch#
Switch#show spanning-tree
VLAN0001
   Spanning tree enabled protocol ieee
   Root ID  Priority    16385
            Address     0001.6322.CEBC
            Cost        1
            Port        25(GigabitEthernet1/1)
            Hello Time  2 sec  Max Age 20 sec  Forward Delay 15 sec

   Bridge ID  Priority   32769  (priority 32768 sys-id-ext 1)
            Address     0001.4218.CAE5
            Hello Time  2 sec  Max Age 20 sec  Forward Delay 15 sec
            Aging Time  20


Interface        Role Sts Cost      Prio.Nbr  Type
-------------------------------------------------------
Fa0/1            Desg FWD 19        32.1      P2p
Fa0/3            Desg FWD 19        32.3      Shr
Fa0/2            Desg FWD 19        32.2      P2p
Fa0/4            Desg FWD 19        32.4      Shr
Gi1/1            Root FWD 4         128.25    P2p
```
可见端口优先级变成了 32。

思考与动手

（1）交换机内部由哪些硬件构成？

（2）简述第二、第三和第四层交换机的工作特点。

（3）试述第二层交换机 MAC 地址表和计算机中 ARP 表的建立过程。

（4）简述交换机基于端口划分 VLAN 的好处。

（5）什么是广播风暴？简述广播风暴的形成机制。

（6）简述生成树协议 STP 的作用以及 STP 端口的状态特征。

（7）单一生成树网络中的冗余链路处于备份状态时，浪费资源。STP 需要改进。

第 **4** 章

进阶配置交换机

【内容概要】

交换机除了支持使用 Console 接口在本地配置之外，还支持多种远程访问协议进行远程配置，最常用的如 Telnet（远程登录协议）和 SSH（安全 shell）协议。

为了网络能高效、健壮和安全地运行，需要对交换机进行多方位的配置，如：端口安全配置，端口镜像配置，端口汇聚配置，VTP 配置和 MSTP 配置等。

端口安全配置：交换机的二层端口可以对对应的主机的 MAC 地址的数值和个数进行限制，以控制主机对网络的访问。

端口镜像配置：交换机端口镜像配置可使交换机的某个（些）端口能够对网络中交换机（同一台或者别的）另外的某个（些）端口的流量进行镜像（复制），以便于做入侵检测或流量分析等。

端口汇聚配置：端口汇聚配置可把多个物理端口组成一个逻辑端口，该逻辑端口的带宽是各个物理端口的带宽之和，且支持端口流量的均衡。

VTP 配置：使用 VTP 协议配置 VLAN，可使得大型网络的 VLAN 配置和管理变得简单高效。

MSTP 配置：MSTP 可使得在不同的 VLAN 中生成各自的树状网络，加快 STP 收敛，按 VLAN 设置冗余链路，适合大型网络链路冗余的需要。

【学习目标】

（1）学会交换机的远程登录配置；

（2）学会交换机的 VTP 配置；

（3）学会交换机的端口安全配置；

（4）学会交换机的端口聚合配置；

（5）学会交换机的端口镜像配置；

（6）学会交换机的 MSTP 配置。

4.1　配置交换机的 Telnet 和 SSH 连接

前面章节中讲到过可以使用 Console 线连接配置交换机或路由器等设备，但利用 Console 线进行配置时，网络管理员必须在现场进行。如果需要对网络设备进行远程配置，必须在设备上配置远程管理协议。

Cisco IOS 系统支持多种远程访问协议对设备进行访问和管理，最常用的协议是 Telnet（远程登录协议）和 SSH（安全 shell）。对于命令行远程访问，默认情况下交换机和路由器能够被远程访问的前提条件是配置有虚拟终端密码。

在配置交换机的远程访问前，交换机必须有一个可以被访问到的 IP 地址。路由器的 Telnet 接入配置在第二章中已经实现。本节将讨论交换机的 Telnet 和 SSH 连接。

4.1.1　二层交换机的管理 IP 地址配置

对于 2 层交换机，可以配置一个 VLAN 的虚拟接口 IP 地址，用做交换机的管理 IP 地址。连接到该 IP 地址后，就可对交换机进行管理。对于三层交换机，既可以连接虚拟接口地址，也可以连接物理接口地址进行管理。

以下配置命令演示了如何给一个交换机配置 VLAN 虚拟接口的 IP 地址：
```
Switch>enable
Switch#configure terminal
Switch(config)#interface vlan 1                    //进入 vlan 1 虚拟接口*
Switch(config-if)#IP address 172.16.10.201 255.255.255.0
//配置接口地址 IP 地址为 172.16.10.201
Switch(config-if)#no shutdown                      //激活 vlan 虚拟接口
Switch(config-if)#end
Switch#show interfaces vlan 1
//使用命令 show interfaces 查看虚拟接口 VLAN1 的状态
//可以看到接口是 up 的，IP 地址是 172.16.10.201，子网掩码的长度是 24：
Vlan1 is up, line protocol is up
  Hardware is EtherSVI, address is cc00.0110.0000 (bia cc00.0110.0000)
  Internet address is 172.16.10.201/24
MTU 1500 bytes, BW 100000 Kbit, DLY 1000000 usec,
    reliability 255/255, txload 1/255, rxload 1/255
  Encapsulation ARPA, loopback not set
  ARP type: ARPA, ARP Timeout 04:00:00
......
```
配置交换机管理 IP 地址后，交换机与位于同一网段的计算机就可以连通了。图 4-1 显示了在 Windows XP 客户端 ping 通交换机的测试的结果。

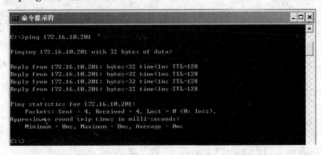

图 4-1　ping 交换机的管理 IP 地址

说明：在任一 VLAN 配置的虚拟接口 IP 地址均可作为交换机的管理 IP 地址。实现不同子网之间的访问时，VLAN 虚拟接口 IP 地址是所在 VLAN 计算机的默认网关。

4.1.2　三层交换机的接口地址配置

1. 三层管理地址与默认网关

三层交换机在当今的网络组建中起到非常重要的作用。三层交换机拥有二层交换机所有的功能，包括基于 MAC-address 的帧转发，生成树协议、VLAN 等。

三层交换机还可以实现基于第三层地址的路由。传统路由器在路由数据包时，主要是通过软件完成数据包在路由表中的最长匹配，然后再选择接口转发。三层交换机则综合处理路由表与 MAC 地址表，三层交换机不仅知道哪些 MAC 地址与其某个接口关联，而且还知道哪些 IP 地址与其接口关联。这样三层交换机就能根据 IP 地址信息来转发整个网络中的流量。由于三层交换机有专门的交换硬件，因此通常它们路由数据的速度与交换数据一样快。

三层交换机的接口分为两种工作模式：传统的二层接口（默认）和三层接口模式。当三层交换机的接口模式为二层接口时，交换机与此接口所在子网交换数据包，只能通过此接口所在的 VLAN 虚拟接口来完成，这和上一节所讲的二层交换机的配置是相同的。

三层交换机的三层接口功能则与路由器的接口一样，可在接口上配置三层地址即 IP 地址，该 IP 地址亦可用作交换机的管理 IP 地址，亦可作为同子网计算机的默认网关。换句话说，启用交换机三层以太网接口的功能和路由器的以太网接口完全一样。

2. 三层接口配置

1）配置三层接口 IP 地址
```
Switch(config)#interface fastEthernet 0/1
Switch(config-if)#no switchport //将接口配置为 3 层接口；switchport 代表二层接口
*Mar  1 01:02:01.975: %LINEPROTO-5-UPDOWN: Line protocol on Interface
FastEthernet0/13, changed state to up
Switch(config-if)#IP address 172.16.100.201 255.255.255.0
//配置此 3 层接口的 IP 地址
```

No switchport 命令将一个二层接口变成三层接口，这样才能给交换机接口直接配置 IP 地址，如果直接在一个交换机的二层口上配置 IP 地址，则会出现提示错误信息：
```
Switch (config)#int fastethernet 0/2
Switch (config-if)#IP address 172.16.10.202 255.255.255.0
%IP addresses may not be configured on L2 links.  //提示二层链路不能配置 IP 地址
```
2）查看接口当前工作层

如何查看一个接口是二层还是三层呢？用如下命令可以查看二层接口的状态：
```
Switch #show interfaces fastethernet 0/2 switchport
Name: Fa0/2
Switchport: Enabled                    //此处的 Enabled 表明此接口的工作在二层
Administrative Mode: static access
Operational Mode: static access
Administrative Trunking Encapsulation: dot1q
Operational Trunking Encapsulation: native
Negotiation of Trunking: Disabled
Access Mode VLAN: 1 (default)
……
```
再用此命令查看一个处于三层的交换机接口：
```
Switch#show interfaces f0/1 switchport
Name: Fa0/1
Switchport: Disabled                   //此处的 Disabled 表明此接口工作在三层
```

4.1.3 Telnet 配置

给交换机配置过 VLAN 管理 IP 地址或接口 IP 地址后，就可以配置使用 Telnet 登录交换机了。默认情况下，必须配置了设备的虚拟终端密码，才能远程登录，配置命令如下：

```
Switch(config)#line vty 0 15
//进入虚拟终端线路配置模式,允许同时存在的 Telnet 登录连接数为 0~15 共 16 个
Switch(config-line)#password shishuo132    //配置虚拟终端密码
Switch(config-line)#login
//启用虚拟终端密码,默认启用;若此处配置 no login,则登录时无须密码
```

在交换机上,Telnet 服务是默认开启的,所以在对交换机作出以上配置后,已经可以通过 telnet 协议对其进行远程管理和访问了。

对三层交换机,既可以通过"telnet *VLAN 管理 IP 地址*"登录,也可以通过"telnet *物理接口 IP 地址*"登录。

两点注意:

(1)Cisco 设备要求用户远程登录后进入特权执行模式必须提供口令,若没有配置特权口令则必须配置,否则不能进入特权执行模式。

(2)若跨网段进行数据传送的源或目标是交换机,则交换机与计算机一样,需要配置默认网关,以指明当交换机请求或响应的目标不在本网段的时候,该将数据发往何处。Cisco 交换机配置默认网关,在全局配置模式下,使用命令

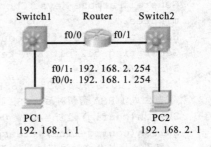

图 4-2 Switch2 配置默认网关

```
ip default-gateway 网关地址
```

在图 4-2 所示的网络中,客户端 PC1 若要通过 telnet 命令连接交换机 Switch2,则 Switch2 必须配置默认网关地址 192.168.2.254。

4.1.4 SSH 协议与配置

Telnet 协议与 SSH 协议的最大区别在于,Telnet 协议以明文方式传递口令,包括登录成功后的配置命令在网络中都是以明文方式传输的,因此在使用 Telnet 协议对设备进行登录和管理时,Telnet 的用户名、密码以及管理命令都存在被嗅探的危险。同时,Telnet 服务程序的安全验证方式也过于简单,容易受到"man-in-the-middle(中间人)"攻击,这种攻击方式,属于数据劫持的一种。黑客冒充 Telnet 服务进程拦截客户端数据,然后将拦截的数据修改为攻击数据,发送给 Telnet 服务器进程,这样会对服务器造成严重的性能和安全性等问题 。

SSH(Secure Shell)协议在传输用户名、密码、命令时是加密传输的,存在较好的安全性,可以有效的防止"中间人"等攻击方式。同时,SSH 协议在传输的同时会对数据做压缩处理,因此可以提高数据的传输速率。所以 SSH 协议可以替代 Telnet 协议提供更安全的访问,是远程访问交换机的推荐协议。

1. SSH 安全验证

SSH 可以提供两种安全认证方法:

(1)口令验证:管理员通过自己的帐号和口令,通过 SSH 服务器的验证,再此过程中的数据会被加密。

(2)非对称密钥验证:客户端首先现在本地生成一对儿密钥,然后将公钥储存在 SHH 服务器上,当客户端登录服务器时,会发送公钥到 SSH 服务器端,服务器验证客户公钥合法后,会

利用客户公钥加密数据，然后发送给客户端，此时客户端可以利用自己的私钥进行解密，因为此过程私钥不会出现在网络中，所以会比单纯的口令验证更安全，但是会牺牲一部分性能，造成登录会比口令验证的速度慢一些。因此适合用在对安全性要求非常高的场合。

2. SSH 配置

下面给出在交换机上配置启用 SSH 的具体实例：

```
Switch(config)#IP domain-name test.com        //配置交换机域名为 test.com
Switch(config)#aaa new-model                  //在交换机上启动 AAA
Switch(config)#username test password test //添加一个本地账户 test，密码为 test
Switch(config)#crypto key generate rsa
//在交换机上用 RSA 算法生成一个密钥对，用来远程登录管理时加密数据
The name for the keys will be: Switch.test.com
Choose the size of the key modulus in the range of 360 to 2048 for your
General Purpose Keys. Choosing a key modulus greater than 512 may take a few
minutes.
How many bits in the modulus [512]:
Generating 512 bit RSA keys, keys will be non-exportable...[OK]
Switch(config)#
*Mar  1 00:27:03.395: %SSH-5-ENABLED: SSH 1.99 has been enabled
//当生成了 RSA 密钥对后，SSH 服务在交换机上被自动激活
Switch(config)#line vty 0 15
Switch(config-line)#transport input ssh
//配置交换机允许的远程访问协议，这里配置的结果是只允许使用 ssh 协议远程连接到交换机
```

Windows 操作系统上默认并没有安装 SSH 的客户端软件，因此必须通过下载安装支持 SSH 客户端协议的软件，才能够通过 SSH 协议连接到交换机。这里我们使用的是工程应用中非常广泛的软件——SecureCRT 来连接。

打开 SecureCRT 软件，选择 File→Quick Connect 命令，可以打开图 4-3 所示的连接配置窗口，在此窗口选择协议为 SSH，主机名填远程设备的 IP 地址，本例中是 172.16.10.201，端口保留默认的 22 号端口，然后单击 Connect 按钮。

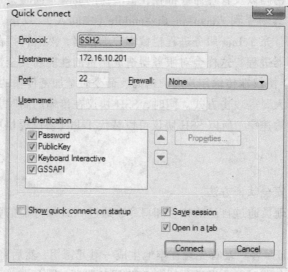

图 4-3 连接配置界面

接下来可以看到图 4-4 所示的确认窗口，此步骤提示接受来自 SSH 服务器的密钥指纹，如果选择了 "Accept & Save" 按钮，则以后都只需要输入用户名和密码就可以登录了。

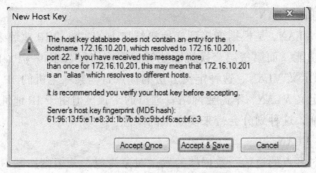

图 4-4　接受密钥指纹

4.2　进阶配置 VLAN

本节在 3.5 节 VLAN 初步的基础上，进一步介绍 VLAN 的配置，完成有关工程任务。

4.2.1　静态与动态 VLAN 技术

有两种配置 VLAN 的技术：静态 VLAN（Static VLAN）和动态 VLAN（Dynamic VLAN）。

1. 静态 VLAN

静态 VLAN 也就是基于端口的 VLAN，这种 VLAN 易于建立与监控。

在划分时，既可把同一交换机的不同端口划分为同一虚拟局域网，也可把不同交换机的端口划分为同一虚拟局域网。这样，就可把位于不同物理位置、连接在不同交换机上的用户按照一定的逻辑功能和安全策略进行分组，根据需要将其划分为同一或不同的 VLAN。如果需要改变端口的属性，则必须人工重新配置，因而具有较好的安全性。

这种 VLAN 应用最多，几乎所有支持 VLAN 的交换机都支持该方式。在绝大多数的企业网络中，静态 VLAN 用得是最多的。

2. 动态 VLAN

动态 VLAN 相对静态 VLAN 是一种较为复杂的划分方法。它可以通过智能网络管理软件基于硬件的 MAC 地址、IP 地址或者基于组播等条件来动态地划分 VLAN。

1）基于 MAC 的 VLAN

管理员将企业内所有计算机网卡的 MAC 地址都录入到一个服务器（VMPS，VLAN 管理策略服务器）的数据库里，这个数据库记录了 MAC 地址与此地址对应的 VLAN 编号。当一台计算机连接到交换机的某一个端口，交换机会学习到此台计算机网卡的 MAC 地址，并缓存到交换机的 mac-address 表里。同时交换机会将学习到的 MAC 地址发送到服务器的数据库进行查询，如果服务器上的数据库里可以找到一条匹配，则服务器会将匹配的 MAC 地址对应的 VLAN 编号回应给交换机，交换机根据服务器发来的 VLAN 编号，确定此端口所属 VLAN。

如果在企业内，有一个公共区域，此区域内的用户是移动用户，主要接入到交换机的设备是笔记本电脑一类的。此时，如果每个移动的用户需要接入网络的特定 VLAN，都要由管理员手动配置，是不现实的。在此种情况下，使用动态 VLAN 技术，根据客户端设备的 MAC 地址决定 VLAN 的做法是非常合适的。

2）基于 IP 地址的 VLAN

基于 IP 地址的 VLAN，是根据连接到交换机端口上的主机的 IP 地址来划分的 VLAN。第二层交换机不支持该功能。而第三层交换机因能够识别网络层数据报（Packets），故可以使用数据报中的 IP 地址来定义 VLAN。这种定义方法的优点是当某一主机的 IP 地址改变时，交换机能自动识别并重新定义 VLAN，不需要网络管理员的干预。但由于 IP 地址可以人为地设置，故如果不采取其他措施，这种划分会带来安全上的隐患。

3）基于组播的 VLAN

组播作为一点对多点的通信，数据帧的发送对象为组。希望参加某一特定组的主机，将含有组地址的 IGMP "加入消息"发送给相邻的路由器，路由器则使用多点广播路由协议建立从源到所有目标主机的分发树。接收者（目标主机）可随时动态地加入或者离开某一多点广播组。

基于组播的 VLAN，就是动态地把需要同时通信的端口（通过使用主机的硬件地址或基于 IP 的 D 类地址）定义到同一个 VLAN 中，并用广播的方法解决点对多点的通信。

4.2.2　VLAN 之内和 VLAN 之间的主机通信

当 VLAN 中的成员位于同一台交换机时，成员之间的通信就十分简单，与未划分 VLAN 时一样，把数据帧直接转发到相应的端口就行了；但如果是跨交换机划分的 VLAN，即同一 VLAN 的成员位于不同的交换机，且多个 VLAN 的数据都要在交换机之间传递时，如何实现通信呢；不同 VLAN 之间的主机又如何实现通信呢？

1. VLAN 内的主机通信

同一 VLAN 之内主机间的通信，最笨的办法就是为每一个 VLAN 直接建立一条链路，不同的 VLAN 内成员间的通信通过各自的链路进行，互不影响。但这样做的话，有多少个 VLAN，就需要多少条链路，浪费交换机的端口，显然不可取。

合适的方法应该是让不同 VLAN 的数据帧都共享同一条链路进行传输，采用一定的技术对这些帧进行区分和标识就可以了，如图 4-5 所示。

交换机连接桌面计算机的接口通常配置为 Access 接口（访问接口），连接计算机的链路称为为访问链路或访问连接；交换机连接交换机（或路由器或支持主干连接的服务器）的接口通常配置为 Trunk 接口（主干接口，亦称为中继接口），连接主干接口的链路称为主干链路或主干连接。

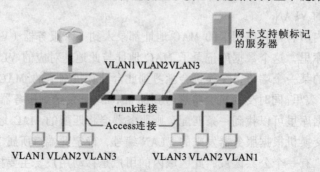

图 4-5　访问连接与主干连接

2. 访问连接与主干连接

1）访问连接(Access Link)

通过访问连接方式接入 VLAN 的成员通常是计算机终端或服务器，它只与在同一个 VLAN 里的其他成员进行通信，并不需要了解其他 VLAN 的信息。与其他 VLAN 成员之间的访问则需要路由。交换机的访问接口只能转发属于某一个 VLAN 的帧，这种帧是能够被计算机等终端设备的网卡识别的普通帧。

将一个交换机接口配置为访问模式的命令是 switchport mode access。某一个访问接口只属于某一个 VLAN。

2）主干连接（Trunk Link）

主干连接通常是指在不同交换机之间的一条链路，用其来同时承载多个 VLAN 的信息。

交换机主干接口一般连接的都是交换设备，有时也可能是路由器，以及支持主干连接网卡的服务器，参见图 4-5。主干接口能够承载多个 VLAN 的帧。它在转发一个帧之前，会将此帧的 VLAN 编号附加在这个帧的数据结构里，相当于给帧打上 VLAN 标记，这样不同 VLAN 的帧就可以通过同一条主干链路传输，从而解决跨交换机的 VLAN 通信问题。

将一个交换机接口配置为主干模式的命令是 switchport mode trunk。主干接口要通过不同 VLAN 的帧，因此不再属于任何 VLAN。

对于以太网，有两种帧标记协议在可以在主干链路上完成帧的标记，一种是 Cisco 专用的协议 ISL（交换机间链路），另外一种是支持多个厂商设备的通用协议，IEEE 802.1q。

（1）Inter Switch Link （ISL）该标准属于 Cisco 的自有标准，它在以太网帧的基础上添加一个新的 ISL 帧头与一段 CRC 冗余校验码。

（2）IEEE 802.1Q 该标准是由 IEEE 建立的通用连接标准，它在以太网帧中的特定字段建立一个 VLAN 标识，从而进行 VLAN 的识别。IEEE 802.1Q 属于通用型标准，被许多厂商广泛采纳，国产交换机多采用此标准。

3. ISL 与帧标记

ISL 是一个在交换机之间、交换机与路由器之间以及交换机与具有支持 ISL 网卡的服务器之间传递多个 VLAN 信息及 VLAN 数据流的协议。在交换机的 TRUNK 接口封装 ISL 协议，对来自某 Access 口离开 Trunk 口进入主干链路的帧打上所属 VLAN 的标记，对离开主干链路到达 TRUNK 口去往对应 VLAN 的 Access 口的帧除掉 VLAN 标记。

ISL 的帧标记封装不改变数据的帧内容而是在原以太网帧的基础上添加一个新的 ISL 帧头与一段 CRC 冗余校验码，ISL 帧头包含 VLAN 号。

这里特别提一下连接在 Trunk 口上的服务器。如果服务器的网卡支持 ISL 或其他帧标记协议，则可以和交换机的 TRUNK 口相连，所有 VLAN 的计算机都无需路由就能访问到此服务器。

4. VLAN 间的主机通信

在同一个 VLAN 内的主机可以自由通信，数据的交换是在第二层——数据链路层进行的。在不同 VLAN 间通信则需要建立在第三层——网络层的基础上，也就是说需要具有路由功能的设备来实现不同 VLAN 之间的主机的通信。在实际应用中使用的是路由器或第三层交换机，且更多的是使用后者。具体工程任务安排在最后一小节完成。

4.2.3 VLAN Trunk 协议

虚拟局域网主干协议（VLAN Trunk Protocol，VTP 协议）用来高效部署和管理企业网 VLAN。在做跨交换机的 VLAN 配置的时候，假设某网络由 3 台交换机构成，三台交换机上均划分 VLAN10、VLAN20 和 VLAN30，我们可以在每台交换机上添加 3 个 VLAN。在本书的企业环境内，总部园区网有 12 台交换机，总部有 10 个部门，如果每个部门都配置一个 VLAN 的话，那么需要添加的 VLAN 总数是 12×10=120 个 VLAN。如果所有的 VLAN 都需要管理员在每一台交换机上增加、修改、删除，那么不仅管理员的工作量大，而且容易出错。在更大型的交换网络环境中，这种问题尤其突出。VTP（VLAN Trunk Protocal，VLAN 链路主干协议）很好地解决了这个问题。

1. VLAN Trunk 协议的作用

VTP 能够同步整个企业的交换机 VLAN 配置信息，对企业内的 VLAN 统一进行增加、删除、修改等操作。将大量的重复性配置集中在一台设备上完成，并能够将这台交换机的配置自动同步到企业中的其他交换机。大大减少了维护 VLAN 的工作量，提高了管理员的效率，同时减少了出错的可能性。

VTP 工作在数据链路层，VTP 消息只能通过 TRUNK 链路进行传递，因此要求在同一个区域内的交换机之间的链路都是 TRUNK 模式。

2. VTP 的管理域

VTP 协议工作的时候，有一个作用范围，称为管理域。只有处于相同的 VTP 管理域，交换机之间才能相互同步 VTP 消息。一个交换机同一时间只能处于某一个确定的 VTP 管理域内。判断两台交换机是否在一个管理域的方法是，查看两台交换机的 VTP 域名是否相同，这个域名最初是在一台处于服务器模式的交换机上设置的，未配置域名的交换机在收到带有域名信息的 VTP 消息时，可以自动学习并配置此域名，并且自动加入到这个管理域中。

3. VTP 的工作模式

配置了 VTP 协议的交换机，有三种工作模式：Server（服务器）模式、Client（客户端）模式和 Transparent（透明）模式。默认情况下所有启用 VTP 协议的交换机都工作在服务器模式。

服务器（Server）模式：工作在 VTP 服务器模式的交换机，可以由管理员手动创建、修改和删除 VLAN 配置。可以向同一 VTP 管理域的其他交换机发送或转发 VTP 消息，也可以接收其他交换机转发来的最新 VTP 消息并同步。交换机可以把 VLAN 配置信息保存到 NVRAM 中，重启后可以从 NVRAM 中自动加载 VLAN 配置。

客户端（Client）模式：工作在 VTP 客户端模式的交换机，可以从其他交换机学习 VLAN 信息，并且可以将学习到的 VTP 消息转发给管理域内其他交换机。但是处于客户端模式的交换机不能创建、更改和删除 VLAN，同时也不能把 VLAN 的配置信息保存到 NVRAM 中。所以交换机重启后需要重新同步 VLAN 配置。

透明（Transparent）模式：工作在 VTP 透明模式的交换机，可以由管理员手动创建、修改和删除 VLAN 配置，而且这些 VLAN 配置可以保存在 NVRAM 中。VTP 透明模式的交换机不会和同一个管理域内的其他交换机同步 VLAN 配置，但是可以将接收到的 VTP 消息转发给其他的交换机。因此，透明模式的交换机 VLAN 配置与管理域内的其他模式交换机 VLAN 配置是独立的。

4.2.4　VTP 的工作过程

如图 4-6 所示，所有的交换机都配置到 VTP 管理域
"shi"内，其中核心交换机 Switch1 配置为 VTP 服务器模
式，交换机 Switch2 和 Switch4 配置为客户端模式，交换机
Switch3 配置为透明模式。

在 Switch1 上配置的 VLAN 信息，通过交换机之间的
TRUNK 链路，利用 VTP 通告消息，每隔 5 min 发送一次。
如果 Switch1 上的 VLAN 配置发生了改变，则会立刻触发
VTP 通告消息的发送，并且 VTP 消息的配置版本号自动加
1。配置版本号是用来区分 VTP 消息的优先级，配置版本
号越大，消息中的配置信息就越优先被采纳。

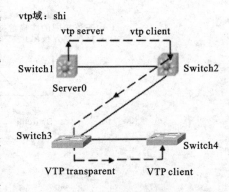

图 4-6　VTP 的三种模式

VTP 客户端 Switch2 收到这个消息后，会对各种参数进行检查。确保此消息是同一个管理
域内的交换机发送的，然后再检查配置版本号，如果收到 VTP 消息配置版本号高于交换机本地
存储的配置版本号，则 Switch2 就采纳消息中新的 VLAN 配置覆盖现有配置。并将这些最新的
VTP 消息转发给同一 VTP 管理域内的 Switch3。

处于透明模式的交换机 Switch3 收到 Switch2 转发的服务器 Switch1 的 VTP 消息后，如果确
定是同一个管理域的 VTP 消息，就会将此消息转发给交换机 Switch4，但交换机 Switch3 本身
VLAN 配置不会做任何改变。Switch4 处于客户端模式，它接收并采纳该 VTP 消息的 VLAN 配置。

4.2.5　VTP 的其他属性

1. VTP 的版本

目前有 3 种版本，分别是 V1、V2、V3。不同的 VTP 版本之间存在功能上的差别。因此在
企业内部署 VTP 时，要先确定使用那种版本。在当前的企业网中，VTP V2 版是用的最多的，
支持以太网和令牌环网络，大部分的交换网络都选择这个版本来实现 VTP 管理域的配置。

2. VTP 管理口令

支持基于口令的安全特性，此特性可以防止企业网的 VLAN 配置遭到非法破坏。同一个管
理域内的交换机需要配置相同的口令。交换机之间通过口令对域内其他交换机的消息进行认证。
口令的认证算法是 MD5。配置口令的命令是

Switch(config)# vtp password *password*

3. VTP 修剪

VTP 修剪（VTP Pruning）设置启用后，可以减少不必要的广播、组播等信息，从而减少对
带宽的占用，减轻网络的拥塞，达到提高网络利用率的目的。

在网络中，如果某台交换机没有任何端口连接到某 VLAN，那么任何一个需要通过该 VLAN
到达目标主机的广播或组播数据帧，都没有必要传送到该交换机中去（该交换机处于传送数据
帧的必经路径，即提供 VLAN 之间主干连接的除外）。启用 VTP 修剪后，该交换机就可阻止该
帧的通过，如图 4-7 所示。VTP Pruning 在交换机中默认是禁用的，因此需要配置启用它。启用
的命令是：

Switch(config)#vtp pruning enable

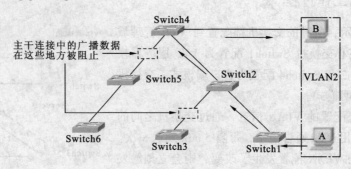

图 4-7　VTP 修剪

4.2.6　VLAN 的配置

本节介绍使用 Cisco IOS 交换机的企业网络环境 VLAN 配置方法。

1．VLAN 的配置步骤

每台交换机所支持的 VLAN 个数是由其硬件情况而定的，不同档次的交换机所能支持的数目不同。对于桌面级的 Catalyst 系列交换机来说，最多支持配置 64 个 VLAN。

配置 VLAN，首先要确保某交换机当前处于 VTP 服务器模式或 VTP 透明模式下。只有在这两种模式下，才能进行 VLAN 的添加与删除等工作。默认情况下，Cisco 交换机处于 VTP 服务器模式。

通常，配置 VLAN 需要完成以下四个步骤：

（1）配置 VTP 协议：包括 VTP 域名字、VTP 的工作模式、VTP 口令以及是否需要修剪功能等。默认情况下，Cisco 交换机均处于 VTP 服务器模式中，因此再添加一台新的交换机到 VTP 域内时，需要将其工作状态改为客户机模式，以免出现错误广播 VLAN 信息的情况。

（2）配置主干连接，并根据网络情况使用合适的主干连接帧标记协议，对于以太网，常选择 802.1Q 或 ISL。

（3）指定 VLAN 标识：为每一个 VLAN 指定一个唯一的数字标识，实际工程中为了便于管理，通常用 name 命令给 vlan 命名，比如把属于财务部的 VLAN 取名 Finance – vlant。

（4）分配 VLAN 端口：为每个交换机的端口指定属于哪个 VLAN。

2．VLAN 配置命令

明确了以上配置步骤后，以下就具体介绍 Cisco 交换机上的基本 VLAN 配置命令。

1）配置 VTP 协议

Catalyst 2900 系列交换机 VTP 的配置命令如下：

```
Switch# vlan database
Switch(vlan)#vtp {client|server|transparent|domain domain-name [password
assword]}
```

也可在全局模式下配置：

```
Switch(config)# vtp mode {client|server|transparent} //注意多了关键字 mode
Switch(config)# vtp mode domain domain-name
```

配置时，同一个域中只把一台交换机配置成服务器模式，以避免内部出现信息冲突。

VTP Domain 用于定义 VTP 管理域的名称。在默认情况下，交换机中该选项是未定义的，必须定义。属于同一个域内的所有交换机会从 VTP 服务器那里获得相同的域名。

VTP Password *password* 默认选项为不设置。如果为该管理域配置了口令，那么在这个域内的所有交换机都必须使用相同的口令，否则无法进行信息交换。

VTP Trap［enable|disable（启用或禁用）］该参数的默认选项为 enable。其含义是每当一个 VIP 信息发送时，都将触发产生一个简单网管（SNMP）信息。

VTP Pruning［enable|disable（启用或禁用）］默认选项为禁用。该选项仅用来定义是否支持 VTP Pruning（VTP 修剪）功能。此后，还必须指定哪些 VLAN 需要启用该功能。

2）配置 VLAN Trunk

对主干连接 Trunk，Cisco 使用 802.1q 或 ISL 专用协议。

对于 Catalyst 2900 系列，配置命令为：

```
Switch(config-if)#switchport mode Trunk
//设置当前端口为 Trunk 协议可封装 dot1q(即 802.1q)或 isl
Switch(config-if)#switchport Trunk encapsulation dot1q|isl
//Catalyst 2950 只支持 dot1q。Catalyst 1912 只在其中两个接口支持 ISL
```

3. 配置 VLAN 命令汇总

在建立了 VTP 域后，便可以在作为 VTP 服务器的交换机上进行 VLAN 的划分管理了。通常应先规划好欲划分的 VLAN 个数，把哪些交换机及哪些端口划分到哪些 VLAN 中。

下面介绍 Catalyst 2900 系列交换机 VLAN 的一般配置方法，总结前面用到的相关命令。

1）配置 VTP

```
Switch(config)#vtp domain domain-name
Switch(config)#vtp password password
Switch(config)#vtp mode server //设置交换机工作在服务器模式，默认，可不必显式配置
Switch#show vtp status          //查看 VTP 状态
```

2）添加 VLAN

该系列交换机最大支持 64 个激活的 VLAN，VLAN ID 从 1～1005 选取。

```
Switch(config)#vlan vlan-id
Switch(vlan)#name vlan-name
Switch#show vlan name vlan-nam //按照 vlan 名称查看 vlan，注意 vlan 名称区分大小写
Switch#show vlan id vlan-id    //按 vlan 号查看 vlan
Switch#show vlan brief         //概览 vlan 信息
Switch(config)#no vlan vlan-id //删除 VLAN
```

3）将访问接口加入 VLAN。

```
Switch#configure terminal
Switch(config)#interface interface
Switch(config-if)#switchport mode access
Switch(config-if)#switchport access vlan vlan-id
Switch#show interface interface-id switchport //查看端口所属的 VLAN 和 VTP 信息
```

4）配置 Trunk 端口

```
Switch#configure terminal
Switch(config)#interface interface
```

```
Switch(config-if)#switchport mode Trunk          //设置当前端口为 Trunk 口
```
说明：Cisco3560 等交换机默认处于 Dynamic Auto 模式，不能直接设置为 Trunk，需先设置为 Dynamic Desirable 或 Access 模式，再改为 Trunk 模式。
```
Switch(config-if)#switchport Trunk encapsulation dot1q|isl
//配置 dot1q（代表 802.1Q）或 isl 做帧标记封装
Switch(config-if)#end
Switch#show interface interface switchport          //查看端口的 Trunk 状态
Switch#copy running-config startup-config          //保存配置
```
5）配置 Trunk 上允许的 VLAN
```
Switch(config-if)# switchport Trunk allowed vlan add vlan-id
//配置允许的 VLAN 号，支持用 "-" 号和 "," 号定义多个 VLAN，默认为允许所有 VLAN
Switch(config-if)#switchport Trunk allowed vlan remove vlan-id//禁止原来允
许的 VLAN
Switch(config-if)# no switchport mode          //取消 Trunk 口
```
6）使用 STP 实现负载分担

例如在交换机之间配置两条主干链路，主干口分别为 f0/1 和 f0/2，两交换机之间需要传输的是 vlan3~vlan6 和 vlan8~vlan10、vlan12，如下配置可把流量均衡在两条链路上。

方法一：使用端口优先级，设置相同优先级分担负载。例如：
```
Switch(config-if)#interface f0/1
Switch(config-if)#spanning-tree vlan 8-10,12 port-priority 10
Switch(config)#interface f0/2
Switch(config-if)#spanning-tree vlan 3-6 port-priority 10
```
方法二：使用路径值，设置相同路径值来分担负载。例如：
```
Switch(config)#interface f0/1
Switch(config-if)#spanning-tree vlan 3-6 cost 30
Switch(config)#interface f0/2
Switch(config-if)#spanning-tree vlan 8-10,12 cost 30
```
两台交换机上都要配置。

4.2.7　实训　用 VTP 方式配置 VLAN

按照图 4-8 所示拓扑结构连接网络。

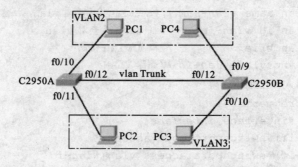

图 4-8　跨交换机的 VLAN 配置

任务要求：在两台 catalyst 2950 交换机组成的网络中配置 VTP 划分 VLAN。

配置思路：在两台交换机上都启用 VTP，C2950A 作为 VTP Server，C2950B 作为 VTP Client。

交换机间的连接链路接口配置 Trunk。在这两个口上的帧标记协议封装不必显式配置，因为 Catalyst2950 只支持且默认封装 dotq1。在 VTP 服务器上配置 VLAN 标识，并把有关的端口加入到相应的 VLAN 中。VLAN 标识信息会自动发送到 VTP 域中所有的 VTP 客户端（此处为 C2950B），把该交换机的有关端口加入到相应的 VLAN 中即可实现任务。

验证：一是查看 VLAN 配置信息，二是把四台 PC 设置 IP 地址在同一网段，通过 ping 命令验证 VLAN 的划分。

详细操作步骤如下：

1. 配置 VTP

1）C2950A 上的配置

设置交换机为 VTP 服务器，VTP 管理域域名为 Stone（域名必须配置）：
```
Switch>en
Switch#config t
Enter configuration commands, one per line. End with CNTL/Z
Switch(config)#host C2950A
C2950A(config)#exit
C2950A#Vlan database
C2950A(vlan)#vtp server
C2950A(vlan)#vtp domain Stone
Changing VTP domain from NULL to stone
```

2）C2950B 上的配置

设置交换机为 VTP 客户端，VTP 域名仍为 Stone：
```
Switch#config t
Enter configuration commands, one per line. End with CNTL/Z
Switch(config)#host C2950B
C2950B(config)#exit
C2950B#Vlan data
C2950B(vlan)#vtp client
C2950B(vlan)#vtp domain Stone
//如果不设置域名，VTP Client 交换机默认加入 VTP Server 通告的域 Stone
```

2. 配置 VLAN Trunk

1）C2950A 上的配置

设置 f0/12 为 Trunk 口：
```
C2950A(config)#interface f0/12
C2950A(config-if)#switchport mode Trunk
```

2）C2950B 上的配置

设置 f0/12 为 Trunk 口：
```
C2950B(config)#interface f0/12
C2950B(confg-if)#switchport mode Trunk
```

3. 在 C2950A 上划分 VLAN，完成配置任务

1）C2950A 上的配置

划分 VLAN 2 和 VLAN 3，把 f0/10 和 f0/11 分别加入：
```
C2950A(vlan)#vlan 2 name VLAN2
VLAN 2 added:
Name:VLAN2
```

```
C2950A(vlan)#vlan 3 name VLAN3
VLAN 3 added:
Name:VLAN3
C2950A(vlan)#exit
APPLY completed.
Exiting....
C2950A#
C2950A(config)#int f0/10
C2950A(config-if)#switchport mode access
C2950A(config-if)#switchport access vlan 2
C2950A(config-if)#int f0/11
C2950A(config-if)#switchport mode access
C2950A(config-if)#switchport access vlan 3
C2950A(config-if)#^z
```

2）C2950B 上的配置

此时 C2950A 上配置的 VLAN 标识信息已经能够在 C2950B 上查看到：

```
C2950B#sh vlan brief
VLAN Name                        Status      Ports
---- ------------------------    ------      ------------------------
1    default                     active      Fa0/1,Fa0/2,Fa0/3,Fa0/4
                                             Fa0/5,Fa0/6,Fa0/7,Fa0/8
                                             Fa0/9,Fa0/10,Fa0/11,Fa0/12
2    VLAN2                       active
3    VLAN3                       active
1002 fddi-default                active
1003 token-ring-default          active
1004 fddinet-default             active
1005 trnet-default               active
```

把 C2950B 的端口 f0/9 和 f0/10 直接加入到各自的 VLAN 中：

```
C2950B#config t
C2950B(config)#int f0/9
C2950B(config-if)#switchport mdoe access
C2950B(config-if)#switchport access vlan 2
C2950B(config-if)#int f0/10
C2950B(config-if)#switchport mdoe access
C2950B(config-if)#switchport access vlan 3
C2950B(config-if)#end
```

4. 验证配置

1）查看 C2950A 上的 VLAN 配置

```
C2950A#sh vlan brief
VLAN Name                        Status      Ports
---- ------------------------    ------      ------------------------
1    default                     active      Fa0/1,Fa0/2,Fa0/3,Fa0/4
                                             Fa0/5,Fa0/6,Fa0/7,Fa0/8
                                             Fa0/9,Fa0/12
2    vlan2                       active      Fa0/10
3    vlan3                       active      Fa0/11
1002 fddi-default                active
1003 token-ring-default          active
1004 fddinet-default             active
1005 trnet-default               active
```

2）查看 C2590B 上的 VLAN 配置

```
C2950B#sh vlan  brief
VLAN Name                             Status    Ports
---- -------------------------------- --------- -------------------------
1    default                          active    Fa0/1,Fa0/2,Fa0/3,Fa0/4
                                                Fa0/5,Fa0/6,Fa0/7,Fa0/8
                                                Fa0/11,Fa0/12
2    vlan2                            active    Fa0/9
3    vlan3                            active    Fa0/10
1002 fddi-default                     active
1003 token-ring-default               active
1004 fddinet-default                  active
1005 trnet-default                    active
```

3）设置 PC1～PC4 的 IP 参数

地址为 172.16.1.2～172.16.1.5，在 PC1 上 ping 其他 PC，比如 PC3 和 PC4，可见同一 VLAN 的 PC3 能够 ping 通，不同 VLAN 的 PC4 不能 ping 通，如图 4-9 所示。

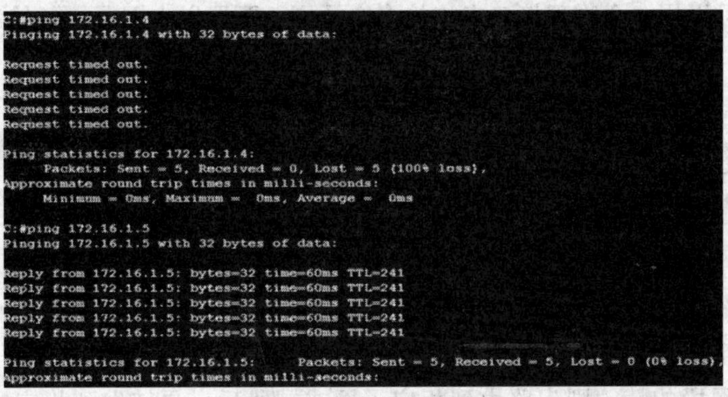

图 4-9　测试能否连通

4.2.8　路由与不同 VLAN 之间通信的实现*

如果要实现不同 VLAN 之间的访问，又该怎样配置呢？不同 VLAN 之间的访问均需要路由器或第三层交换机来实现。

1. IP 路由简介

所谓 IP 路由，可以简单理解为就是 IP 数据包在不同网段（子网）传送的路径，能实现在不同网段传送数据包的设备是路由器和三层交换机。

1）路由器

路由器有可连接多种网络的接口，这些接口需要配置不同的网络号并且与所连接的网络的网络号要相同。在有多个路由器连接的网络中，路由器需要进行复杂的配置才能发现到达目标网络的路径，把 IP 数据包从某个网络送达目标网络。对此我们将在后面的章节进行学习。但是在只有一个路由器的情况下，不需进行复杂的配置，路由器就能转发与自己的接口直接相连的不同网络的数据包。

---

*标记的内容为选学内容，下同。

而 VLAN 之间的路由，是在不同网络之间路由的基础上，经过进一步配置来实现的。

2）三层交换机

三层交换机与路由器一样，默认启用了路由功能，但其接口默认工作在第二层。当接口启用三层功能后可以配置 IP 地址，连接不同网段提供路由。在 3.1 节已经介绍了激活接口三层功能的命令是在接口配置模式下使用 no switchport。启用了第三层接口的交换机，配置路由的方法与路由器的相同。

但是，三层交换机还支持虚拟 VLAN 接口，在虚拟 VLAN 接口上配置 IP 地址，就能支持不同 VLAN 不同网段的数据转发。业已介绍配置虚拟接口的命令是是在全局配置模式下使用 interface vlan *vlan-id*。

2. 子接口配置

路由器和三层交换机的接口都支持子接口配置，即一个物理接口根据需要可视为多个逻辑接口，这些逻辑接口称为物理接口的子接口。每个逻辑接口可以配置不同子网的 IP 地址，以连接这些子网。即可以用一个物理接口来连接多个子网。配置以太网子接口的命令是在全局配置模式下使用

```
Interfere Interface-id.n    //n是 0-4294967295 之间的数字
```

例如

```
Interface f0/1.1            //给接口 f0/1 配置一个子接口
```

3. VLAN 之间路由配置要点

1）使用第三层交换机

三层交换机除了具有第二层交换机的全部功能外，还具有第三层路由的功能。它能自动识别交换帧和路由帧。对于同一子网或网段的帧，只进行交换处理，直接转发到相应的端口；对于不同子网或网段的帧，则先路由到相应子网或网段后，再转发到相应端口。由于交换和路由均在同一设备中进行，便于整合交换和路由技术的优点，从而能够实现线速交换和线速路由。在 VLAN 之间路由时，各个 VLAN 视为一种逻辑接口，对各个 VLAN 设置不同网段的 IP 地址，这些 VLAN 位于相应的网段。而各 VLAN 内的计算机的 IP 地址与相应 VLAN 的网络号相同，默认网关就是所属 VLAN 的逻辑地址。这样 VLAN 间的路由也就成了不同网段之间的路由了。

2）使用路由器

在使用路由器时，为了节约端口的使用，通常在路由器的一个端口上对应每一个 VLAN 建立相应的逻辑子接口，每个子接口配置 IP 地址，封装协议 802.1Q（或 ISL）和 VLAN 号；在交换机上则定义一个 VLAN Trunk 口，封装同样的协议 802.1Q（或 ISL）。把路由器的这个端口与交换机的这个端口连接起来，就可实现不同 VLAN 之间成员的通信。由于该路由器只使用一个端口连接到交换机网络中，所以称为单臂路由器。

实际实施 VLAN 时要注意：

（1）不同 VLAN 中的计算机 IP 地址应该在不同的网段，同一 VLAN 中的 IP 地址则应该在同一网段。

（2）某 VLAN 计算机的默认网关就是单臂路由器相应子接口的 IP 地址或三层交换机的 VLAN 虚拟接口 IP 地址。

实例 4-1　使用 3 层交换机实现不同 VLAN 之间的访问。

如图 4-8 所示的网络中，如果有一台交换机是三层交换机（比如把 C2950A 换成 C3550A），则可实现 VLAN2 和 VLAN3 之间的访问。注意在设置各 PC 的 IP 地址时，PC1 和 PC4 应该在设置一个网段，PC2 和 PC3 应该设置在另一个网段。

设 VLAN2 中的 PC1 的 IP 地址为 192.168.1.2/24，PC4 的 IP 地址为 192.168.1.3/24；VLAN3 中的 PC2 的 IP 地址为 192.168.2.2/24，PC3 的 IP 地址为 192.168.2.3/24。

配置步骤：

1）第二层配置

把三层交换机 C3550A 配置为 VTP 服务器。

2）第三层配置

给 VLAN 2 配置逻辑接口 IP 地址为 192.168.1.1/24，给 VLAN3 配置逻辑接口 IP 地址为 192.168.2.1。

```
C3550A(config)# interface vlan 2
C3550A(config-if)# ip address 192.168.1.1 255.255.255.0
C3550A(config)#i nterface vlan 3
C3550A(config-if)# ip address 192.168.2.1 255.255.255.0
```

在各接入 VLAN 的计算机上设置默认网关为该 VLAN 的接口地址。

这样，所有的 VLAN 也可以互访了。

验证：在 PC1、PC4 和 PC2、PC3 之间互 ping，均能 ping 通。

若网络中无三层交换机，则要使用路由器实现 VLAN 之间的访问

实例 4-2　配置单臂路由器实现不同 VLAN 之间的相互访问。

如图 4-10 所示，路由器用一个端口与交换机 C2950B 的 f0/1 相连，用这一条连接链路实现多个 VLAN 之间的访问。

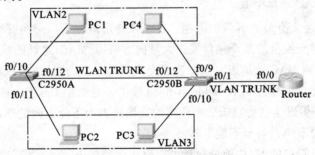

图 4-10　单臂路由器实现 VLAN 之间的访问

配置思路：连接路由器的交换机端口配置为 VLAN Trunk 口，而路由器的该端口配置多个子接口以实现 VLAN 之间的路由。每个子接口封装与 VLAN Trunk 口相同的帧标记协议。路由器的各个子接口配置的 IP 地址就是各个相应 VLAN 中计算机的默认网关。各个 VLAN 的数据即通过各自的网关路由到目标 VLAN，实现不同 VLAN 之间的访问。

1）交换机的配置

交换机的配置同 4.2.7，注意配置 C2950B 的 f0/1 为 Trunk 口。

2）路由器的配置

```
Router(config-if)#interface FastEthernet0/0
Router(config-if)#no ip address
```

```
Router(config-if)#interface FastEthernet0/0.1        //配置子接口
Router(config-if)#encapsulation dot1q 2
//封装802.1Q协议，书写为dot1q，2为VLAN号
Router(config-if)#ip address 192.168.1.1 255.255.255.0
Router(config-if)#interface FastEthernet0/0.2
Router(config-if)#encapsulation dot1q 3
Router(config-if)#ip address 192.168.2.1 255.255.255.0
```

默认网关在 VLAN2 的计算机上设置为 192.168.1.1，在 VLAN3 的计算机上设置为192.168.2.1。

这样，各个 VLAN 就可以互访了。

验证：在 PC1、PC4 和 PC2、PC3 之间互 ping，均能 ping 通。

4.3　配置交换机端口安全

交换机是整个企业内网最重要的组成部分，因此与之相关的安全问题关系到整个企业的信息系统是否正常。在一般的企业网络安全策略中，大部分会将注意力放在外网的安全威胁，而处于企业内部的二层安全问题其实也很重要。交换机端口安全，是指针对交换机的端口进行安全属性的配置，从而控制用户的安全接入。

4.3.1　限制和绑定 MAC 地址

交换机端口安全主要有两点：一是限制交换机端口的最大 MAC 地址个数，以控制交换机端口下连的主机数，可以防止 MAC-address flood 攻击；二是针对交换机端口进行 MAC 地址的绑定，防止用户进行恶意的 ARP 欺骗。

1. 限制端口 MAC 地址个数

交换机 MAC 地址表有最大容量的限制，在正常使用情况下，交换机的 MAC 地址表容量是够用的。但是如果向交换机的某个接口发送大量的虚假源 MAC 地址的帧，交换机会学习这些源 MAC 地址并记录到 MAC 地址表。这样造成交换机的 MAC 地址表被一些不存在的虚假 MAC 地址记录填满。这种攻击称为 MAC-address flood 攻击，是二层 Dos（Denial of Service，拒绝服务）攻击的一种。一但发生这种攻击，企业网的交换机因为不能有效的学习真正的客户端 MAC 地址，导致性能大幅下降，甚至不能工作。

通过限制交换机端口的 MAC 地址数量可以阻止此种攻击。通过将交换机端口的 MAC 地址数量设置为某一个合理值，可以避免客户端滥用 MAC 地址的情况发生。

一般这种安全策略的设置都是在直接连接到客户机的交换机上设置的，在本企业的网络拓扑中，应该在所有的接入层交换机上设置此策略，下面以 SW1-1 为例进行配置：

```
SW1-1(config-if)#switchport port-security maximum 1
```

此例配置交换机 SW1-1 在接口上的最大 MAC 地址数量是 1，因为接入层交换机的接口直接连接客户端 PC,所以正常情况下只需要 1 个 MAC 地址就够了。

2. 给端口绑定 MAC 地址

在局域网内，除了上节提到的 MAC 地址泛洪攻击外，还有一种比较常见的攻击：ARP（地址解析协议）欺骗攻击。这种攻击利用了 ARP 协议的弱点，攻击发生时，会导致客户端无法访

问到其他客户端，或者客户端无法连接到网关并访问互联网，或者客户端的数据被传递到攻击者的计算机上。

ARP 攻击的原理简介。ARP（地址解析协议）在以太网内帮助客户端找到已知 IP 地址的目标端 MAC 地址，当客户端想要将数据发送给已知 IP 的目标机时，会利用 ARP 协议向交换机发送一个 ARP 广播，在同一广播域内的具有目标 IP 地址的计算机，收到这个 ARP 广播，会向客户端回送一个自己的 MAC 地址，这样客户端就可以利用这个 MAC 地址，组装帧并向目标机发送数据了。

正常情况下，在同一广播域内的其他设备，收到客户端发来的 ARP 广播，通过查看请求的目标 IP 地址，确认不是发给自己的，并不会给客户机回复任何的数据。但是，当一个攻击者接收到了这样的 ARP 请求的时候，攻击者就向客户端发送一个 ARP 应答帧，伪造 MAC 地址（甚至攻击者不需收到 ARP 请求，他可以主动发送 ARP 应答帧给欲攻击的客户端）。这样客户端得到虚假的 MAC 地址，就会组装错误的帧，将数据发往错误的目标。

解决这种情况除了将交换机的接口 MAC 地址数量限制在一个合理的值以外，还需要通过把接口绑定（指定）客户端的 MAC 地址来避免伪造 MAC 地址的出现。绑定 MAC 地址的配置步骤如下。

1）设置端口为 access，激活端口安全
```
Switch(config)#int f0/1
Switch(config-if)#switchport port-security
Command rejected: Fa0/1 is a dynamic port.
```
//先启动端口安全会出现错误提示，说明该端口是动态协商端口
```
Switch(config-if)#switch mode access|trunk
```
//必须配置该端口为 access 口或者 trunk 口才能激活端口安全
```
Switch(config-if)#switchport port-security
```
//启动端口安全

2）设置端口最大 MAC 地址个数
```
Switch(config-if)#switchport port-security maximum ?
```
//端口可配置或学习的最大地址个数为 132 个，此项若不配置，默认值为 1。
```
<1-132>  Maximum addresses
swtichport port-security maximum 最大值数字
```

3）配置端口绑定静态 MAC 地址
```
Switch(config-if)#switchport port-security mac-address MAC 地址
```
如果需要把端口、设备的 MAC 地址与 IP 地址都绑定，则在端口绑定 mac 地址后，再用 arp 命令：
```
arp 172.1.1.1 0080.2222.3333 arpa f0/1        // f0/1 口上绑定 IP 与 MAC 地址
```
假如端口最大 MAC 地址个数设置为 3，则可以最多配置 3 个静态 MAC 地址，如果配置第 4 个，则系统会提示安全地址总数已经到达最大个数限制，如果只配置了 2 个静态地址，则该端口仍然可以学到 1 个动态 MAC 地址，但查看地址表时该动态地址表项也显示为静态 MAC 地址。

4）配置 sticky MAC 地址
```
Switch(config-if)#switchport port-security mac-address sticky
```
//交换机在端口动态学习 MAC 地址并固定下来，需要对多个端口配置并需要学到许多地址时
//用此可打大大提高管理员的工作效率。查看时，sticky MAC 地址也显示为静态 MA 地址

4.3.2 配置对违规访问的响应方式

1. 对违规访问的处理

配置了交换机的端口安全功能后，当实际应用超出配置的要求，将产生一个安全违例，对产生安全违例的处理方式有 3 种：

（1）Protect：保护，当安全 MAC 地址数量达到了端口所允许的最大 MAC 地址数的时候，交换机会继续工作，把来自新主机的数据帧丢弃。

（2）Restrict：限制，交换机继续工作，把来自新主机的数据帧丢弃，并发出一个 SNMP 陷阱 trap 通告。

（3）Shutdown：关闭，交换机将永久性或在特定时间周期内把端口标识为 err-disable 并关闭端口，并发出一个 SNMP 的 trap 陷阱通告。

配置命令格式如下：

```
Switch(config-if)#switchport port-secruity violation protect|restrict|
shutdown  //如果不配置，默认为 shutdown
```

2. 被 shutdown 端口的重新开启

如果端口被永久关闭的话，用 no shutdown 是开启不了的，需要：

（1）人工重新启动交换机开启。

（2）或者在全局配置模式下使用如下命令开启：

```
err-disable recovery cause secure-violation
```

（3）或者预先设置 err-disable 计时器，让端口在违例关闭后一定时间内自动开启：

```
err-disable recovery interval  //全局配置模式下设置计时器，设置违规后端口关闭的时间
```

4.3.3 实训 配置交换机端口安全

按照如图 4-11 所示拓扑连接网络。

任务要求：

（1）汇聚层交换机 Switch2 的 G0/1 口连接接入层交换机 Switch1 的 G 1/1 口，Switch1 为 Cisco 2960，余下端口数 25 个，均分配给最终用户（计算机），若有人私自把 F0/5 端口上的计算机 PC3 换成交换机 Sw-in 增加终端数，则关闭该端口并发送 SNMP trap 报告网管工作站。

（2）在汇聚层交换机的 G0/1 口配置最大连接数为 5，允许 PC0～PC3 四台计算机的正常访问，

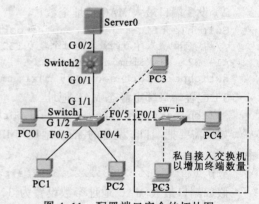

图 4-11 配置端口安全的拓扑图

阻止用户私自增加 PC4 的访问并发送 SNMP trap 报告网管工作站。

完成任务要求 1 的配置思路：在 Switch1 的连接终端的每个端口上激活端口安全配置，限制端口允许的 MAC 地址最大个数为 1，并用 sticky 动态学习并绑定端口所连终端的 MAC 地址，详细操作步骤如下：

1. 配置 Switch1 端口安全

```
Switch(config)#interface range fastethernet 0/1-24
```

```
//对 1～24 号快速以太网口进行配置
Switch(config-if-range)#switchport mode access
Switch(config-if-range)#switchport port-security
Switch(config-if-range)#switchport port-security maximum 1
// 配置端口的最大地址数为 1 Switch(config-if)#switchport port-security mac-
address sticky
//配置端口安全地址绑定
Switch(config-if-range)#switchport port-security violation shutdown
//配置安全违例的处理方式为 shutdown
interface GigabitEthernet1/2              //对千兆端口进行配置
Switch(config-if)#switchport mode access
Switch(config-if)#switchport port-security
Switch(config-if)#switchport port-security maximum 1
Switch(config-if)#switchport port-security mac-address sticky
Switch(config-if-range)#switchport port-secruity violation shutdown
```

2. 验证测试

查看 Switch1 的端口安全配置

（1）从连接 在 f0/4 接口的 pc2 ping 计算机 Server，正常 ping 通；从 Pc4 ping 计算机 Server，ping 不通,查看 f0/5 此时的端口信息：

```
Switch#show interfaces f0/5
FastEthernet0/5 is down, line protocol is down (err-disabled)
……
```

PC4 未访问 Server 前，F0/5 口已经学到交换机 Sw-in 相连接口的地址，端口地址数到达限制值 1，PC4 的访问使得端口 F0/5 的地址数量超限而发生安全违例，从而系统处置为 shudown 该端口并标记为 err-disabled。

（2）查看端口安全：

```
Switch#show port-security
Secure Port MaxSecureAddr CurrentAddr SecurityViolation Security Action
            (Count)       (Count)     (Count)
--------------------------------------------------------------------
      Fa0/1       1           0             0           Shutdown
      Fa0/2       1           0             0           Shutdown
      Fa0/3       1           0             0           Shutdown
      Fa0/4       1           1             0           Shutdown
      Fa0/5       1           1             1           Shutdown
      Fa0/6       1           0             0           Shutdown
      Fa0/7       1           0             0           Shutdown
      Fa0/8       1           0             0           Shutdown
      Fa0/9       1           0             0           Shutdown
      Fa0/10      1           0             0           Shutdown
      Fa0/11      1           0             0           Shutdown
      Fa0/12      1           0             0           Shutdown
      Fa0/13      1           0             0           Shutdown
      Fa0/14      1           0             0           Shutdown
      Fa0/15      1           0             0           Shutdown
      Fa0/16      1           0             0           Shutdown
      Fa0/17      1           0             0           Shutdown
```

```
Fa0/18        1        0                0              Shutdown
Fa0/19        1        0                0              Shutdown
Fa0/20        1        0                0              Shutdown
Fa0/21        1        0                0              Shutdown
Fa0/22        1        0                0              Shutdown
Fa0/23        1        0                0              Shutdown
Fa0/24        1        0                0              Shutdown
Gig1/2        1        0                0              Shutdown
--------------------------------------------------------------------------
```

注意该表的第 4 行和第 5 行，第 4 行第 3 列的值为 1，第 4 列的值为 0，表明有一个安全合规的访问。

第 5 行第 3 列和第 4 列的值都为 1，表明有一个安全违规的访问，表的最后一列表示对违规的处理方式。

（3）查看 MAC 地址表：

```
Switch#show mac-address-table
        Mac Address Table
-------------------------------------------

Vlan    Mac Address    Type      Ports
-------------------------------------------
   1    0090.0c49.1e01  DYNAMIC   Gig1/1      //Switch2 的 G0/1 口地址
   1    00d0.58a1.2a39  DYNAMIC   Gig1/1      //Server 的地址
   1    00d0.baa1.6662  STATIC    Fa0/4
```

表明在 Fa0/4 口上 Sticky 到 PC4 的 MAC 地址，G1/1 口上的动态地址是交换机 Switch2 的 G0/1 口的地址和计算机 Server 的地址。

地址表中无 F0/5 口的记录，是因为安全违规该端口已经关闭。违例发生前，F0/5 口上是有一条 MAC 地址记录的。

使用命令：

```
Switch(config)# err-disable recovery cause secure-violation
```

重启端口，或保存交换机配置后重启再查看：

```
Switch#show mac-address-table
    Mac Address Table
-------------------------------------------
Vlan    Mac Address    Type      Ports
----    -----------    --------  -----
   1    000c.8504.1401  STATIC    Fa0/5
   1    0090.0c49.1e01  DYNAMIC   Gig1/1
   1    00d0.baa1.6662  STATIC    Fa0/4
```

注意：G1/1 没有激活端口安全和 Sticky 地址配置，故 Type 显示为 DYNAMIC，并在重启后清除了计算机 Server 的地址表项。

完成任务要求 2 的配置思路： 在交换机 Switch2 的 G0/1 口激活端口安全，将端口最大地址数设置为 5，并用 sticky 动态学习并绑定端口所连终端的 MAC 地址。

详细操作步骤如下。

1. 配置 Switch2 的 G0/1 端口安全

```
Switch(config)#interface GigabitEthernet0/1
```

```
Switch(config-if)#switchport mode trunk|access
```
//配置 Trunk 或 Access 均可

因为 3560 交换机端口模式默认为 Dynamic Auto，是不能直接设置为 Trunk 模式的：

Switch(config-if)#switchport mode trunk

```
Command rejected: An interface whose trunk encapsulation is "Auto"（指 Dynamic
Auto）can not be configured to "trunk" mode.
```

可先设置 mode 为 Access 或 Dynamic desirable,再改成 Trunk。如

```
Switch(config-if)#switchport mode dynamic desirable
%LINEPROTO-5-UPDOWN: Line protocol on Interface FastEthernet0/1, changed
state to up
Switch(config-if)#
%LINEPROTO-5-UPDOWN: Line protocol on Interface FastEthernet0/1, changed
state to down
%LINEPROTO-5-UPDOWN: Line protocol on Interface FastEthernet0/1, changed
state to up
Switch(config-if)#switchport mode trunk
Switch(config-if)#switchport port-security
Switch(config-if)#switchport port-security maximum 5
Switch(config-if)#switchport port-security mac-address sticky
```
//对违规访问阻止,并发送 trap 报告
```
Switch(config-if-range)#switchport port-secruity violation restrict
```

2. 验证测试

（1）查看 MAC 地址表。从 PC0、PC1、PC2、PC3 分别 ping 计算机 Server 后查看 MAC 地址表。

```
 Switch#show mac-address-table
 Mac Address Table
---------------------------------------------------
Vlan    Mac Address       Type        Ports
----    -----------       --------    -----
  1     000c.4a4d.6201    STATIC      Gig0/1
  1     00d2.4a4d.6201    STATIC      Giga0/1
  1     0002.4a4d.6201    STATIC      Gig0/1
  1     0007.ecbb.5dcc    STATIC      Gig0/1
  1     00d0.58a1.2a39    DYNAMIC     Gig0/2
  1     00d0.baa1.6662    STATIC      Gig0/1
```

其中第 1、2、3、4、6 条记录中的 MAC 地址分别是交换机 Switch1 的 G1/1 口和计算机 PC0、pc1、PC3、PC2 的，第 5 条记录的地址是计算机 Server 的。注意，Gig0/1 口上已经有了 5 个地址，最大允许数是 5。根据配置判断，这时若 PC4 访问 Server,则会被拒绝。从 PC4 上 Ping Server,的确不通。再次查看 MAC 地址表：

```
Switch#show mac-address-table
Mac Address Table
---------------------------------------------------
Vlan    Mac Address       Type        Ports
----    -----------       --------    -----
  1     000c.4a4d.6201    STATIC      Gig0/1
  1     00d2.4a4d.6201    STATIC      Giga0/1
  1     0002.4a4d.6201    STATIC      Gig0/1
  1     0007.ecbb.5dcc    STATIC      Gig0/1
  1     00d0.58a1.2a39    DYNAMIC     Gig0/2
  1     00d0.baa1.6662    STATIC      Gig0/1
```

无变化，因为 Gig0/1 口被限制最大地址数为 5，不能学到更多地址。

（2）查看端口安全：

```
Switch#show port-security
SecurePort MaxSecureAddr  CurrentAddr SecurityViolation Security Action
           (Count)        (Count)     (Count)
---------------------------------------------------------------------
    Gig0/1 5              5           5              Restrict
---------------------------------------------------------------------
```

从此表的第 4 列可见，安全违例发生了 5 次，想一想，是哪 5 次？

4.3.4 802.1x 配置

交换机除了采用以上方式配置端口安全外，通常还使用 802.1x 认证来控制用户对端口的访问。

1. 802.1x 的用途

IEEE 802.1x 定义了基于端口的网络接入控制协议（Port Based Network Access Control），其中端口可以是物理端口，也可以是逻辑端口，对于无线局域网来说 "端口" 就是一个信道。

802.1x 认证的作用是对接入网络的客户端进行控制，确定其所接入的端口是否可用。对于一个端口，如果客户认证成功那么就 "打开" 这个端口，允许所有的报文通过；如果认证不成功就使这个端口（逻辑受控端口，未获得授权）保持 "关闭"，此时逻辑非受控端口继续保持开启允许 802.1x 的认证报文 EAPOL（Extensible Authentication Protocol over LANs）通过。

2. 802.1x 的体系结构

1）体系结构

802.1x 完整的体系结构包括认证客户端，设备端和认证服务器端（设备端与认证服务器的关系：设备端又是认证服务器的客户端）如图 4-12 所示。

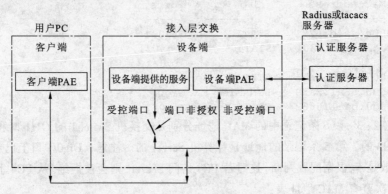

图 4-12 802.1x 的体系结构

其中 PAE(端口认证实体)是认证机制中负责处理算法和协议的实体。

2）各部分功能

客户端：客户端需要安装 802.1x 客户端软件，例如 Windows XP 的 802.1x 客户端或其他支持 802.1x 的客户端软件。

设备端：网络设备需要支持 802.1x 认证，与客户端进行交互并处理相关报文，与认证服务器端交互并处理相关报文，执行认证结果（开启或关闭控制端口）。按照采用的认证机制的不同，设备端具体处理报文的流程不同。

认证服务器端：认证服务器端一般是位于 ISP 的 AAA（Authentication，Authorization，Accounting，认证、授权和计费）中心或企业网数据中心，通常是 Radius 服务器或 tacacs 服务器，如 Windows Server 2003 自带的 Radius 服务器软件或其他远程认证服务器。认证服务器对认证客户端进行认证、授权和计费。

3．802.1x 认证机制

对客户端可以使用本地认证和认证服务器认证，本地认证即是由设备端进行认证；或者由认证服务器和设备端组合认证，如果认证服务器认证失败，再由设备端进行认证。

使用认证服务器进行认证时候，有如下两种实现机制。

1）设备端中继方式

这种方式是 802.1x 标准规定，将 EAP 承载在其他高层协议中，如 ERPOR（EAP over Radius），以便 EAP 报文穿越复杂的网络到达认证服务器，这种方式称为 EAP Relay（中继）方式。其优点是设备端的处理更简单，支持更多的认证方式；缺点是认证服务器必须支持 EAP（MD5-Challenge，EAP_TLS，PEAP）。

2）设备端终结方式

这种方式是由 VRP 平台（华为公司研发）802.1x 子系统扩展的，将 EAP 在设备端终结并映射到 Radius 报文，利用 Radius 协议完成认证和计费，这种方式称为 EAP 终结方式。优点是认证服务器无需升级，现有的不支持 EAP 的 Radius Server 可以继续使用；缺点是设备端处理更复杂，消耗更多计算资源。

实例 4-3　在如图 4-13 所示网络中配置 802.1x 使得 PC1 需要 Windows 2003 Server 的 Radius 服务器认证通过后才能接入局域网交换机 SW。

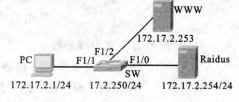

图 4-13　802.1x 配置网络拓扑

配置步骤：

1．配置 Radius（Internet 验证服务）

在 Windows 2003 Server 上安装 Internet 验证服务，安装完毕后，在如图 4-14 所示界面开启此服务。

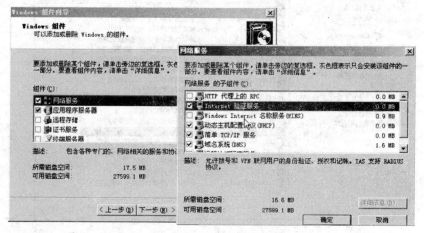

图 4-14　启用 Internet 验证服务

开启此服务后可以看到图 4-15 所示的界面。

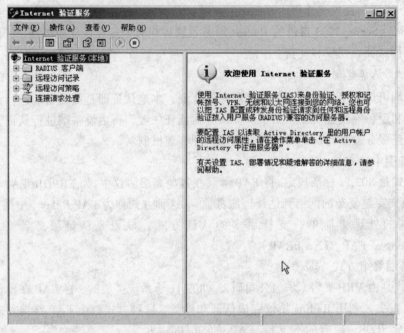

图 4-15　Internet 验证服务器

1）设置 802.1x 客户端参数

在 Radius 服务器上需要为 802.1x 客户端建立用户账号。

我们先去"计算机管理"设置用户组，然后再回到此界面配置。

在图 4-16 所示界面的本地用户和组里，创建一个 802.1x（为好记而命此名）组。

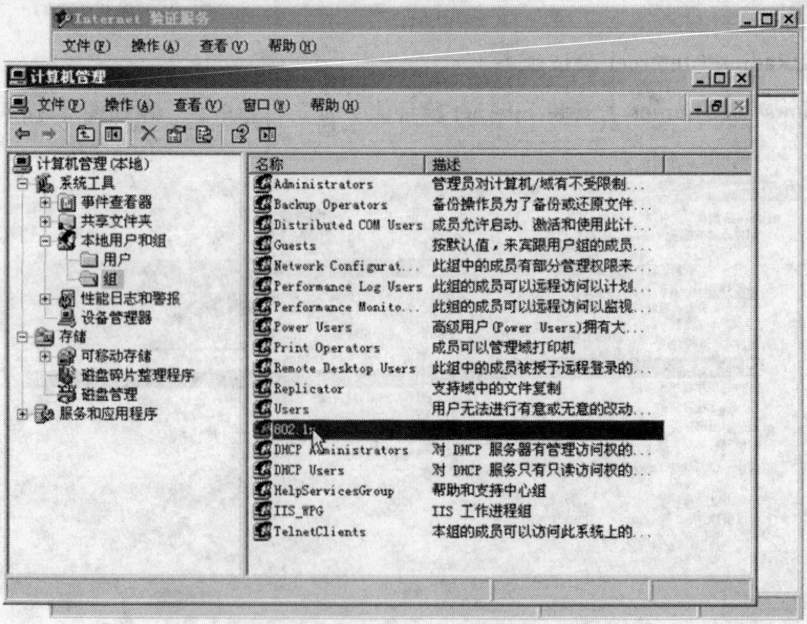

图 4-16　创建 802.1x 用户组

然后创建新用户 b，设置密码为 shi，并把新建的用户加入 802.1x 组，如图 4-17 所示。

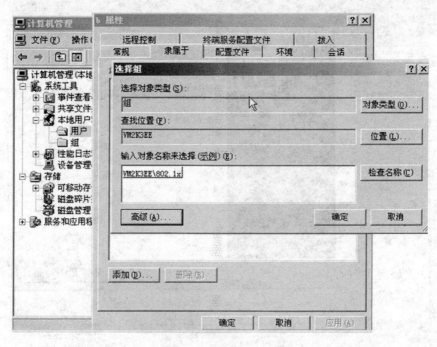

图 4-17   802.1x 用户

然后打开"控制面板"|"管理工具"|"本地安全策略"，依次选择"账户策略"|"密码策略"，启用"用可还原的加密来储存密码"，如图 4-18 所示。

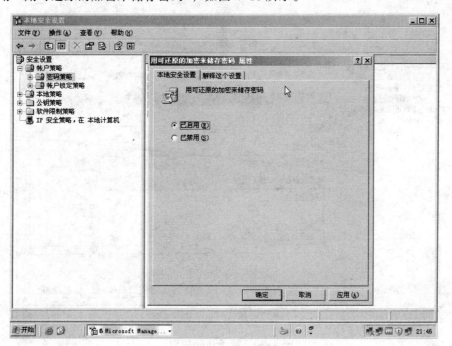

图 4-18   启用密码策略

回到"Internet 验证服务"界面，新建远程访问策略。若使用向导，则界面如图 4-19 所示。

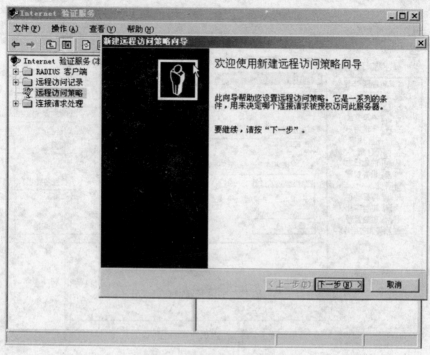

图 4-19　新建远程访问策略向导

　　根据向导提示，给策略命名，这里命名为 802.1x，选择策略访问方法为"以太网"，授予
802.1x 用户或组访问权限，如图 4-20 所示。

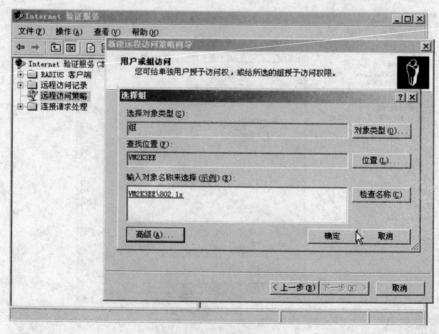

图 4-20　授予访问权限

接下来选择"身份认证方法"为"MD-5质询"，如图4-21所示。

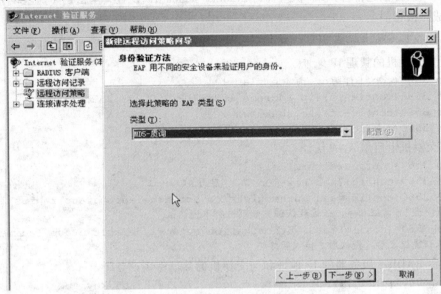

图4-21　选择身份验证方法

继续单击"下一步"按钮，最后向导显示远程访问策略汇总信息，单击"确定"完成策略设置。

2）设置Radius客户端

这里的Radius客户端指交换机SW，需要在Radius服务器上设置客户端域名、地址和共享密钥。

客户端无域名配置时只输入地址即可。这里注意其地址是172.16.2.250/24，如图4-22所示。

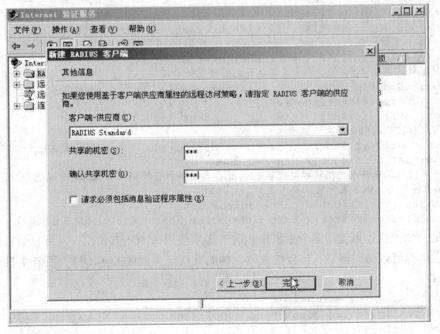

图4-22　设置Radius客户端

在接下来的界面选择客户端-供应商为 Radius-standard，设置共享密钥（这里设为 abc），单击"完成"按钮。

2. 在交换机 SW 上配置 802.1x 认证

1）设置交换机的管理 IP 地址
```
Cisco 3560(config)#interface vlan 1
Cisco 3560(config-if)#ip address 172.17.2.250 255.255.255.0
Cisco 3560(config-if)#no shutdown
Cisco 3560(config-if)#end
```

2）在交换机上启用 AAA 认证
```
Cisco 3560#configure terminal
Cisco 3560(config)#aaa new-model //启用 AAA 认证
Cisco 3560(config)#aaa authentication dot1x default group radius local
//设置 dot1x 认证顺序，若远程认证失败则进行本地认证
Cisco 3560 (config)#aaa authorization network default group radius local
//当认证通过之后，授权用户接入网络
```

3）指定 RADIUS 服务器的 IP 地址和与交换机的共享密钥
```
Cisco 3560(config)#radius-server host 172.17.2.254 key abc
//设置认证服务器 IP 地址和共享密钥，这里密钥要和在 Radius 服务器上所设置的一致
```

4）配置交换机的认证端口
```
Cisco 3560(config)#dot1x system-auth-control   //启用全局 dot1x 认证
Cisco 3560(config)#interface fastEthernet 0/2 //此端口接要认证的 PC
Cisco 3560(config-if)#switchport mode access   //设置端口模式为 access
Cisco 3560(config-if)#dot1x port-control auto
//设置端口自动要求授权或不要求授权
```

5）其他配置可选项
```
Cisco 3560 (config-if)#dot1x reauthentication        //开启此端口的重新认证
Cisco 3560 (config-if)#dot1x timeout reauth-period 1200
//1200s 后重新认证
Cisco 3560#dot1x re-authenticate interface f0/2
//现在重新认证接口 f0/2，此方式不断开已经建立的会话
Cisco 3560#dot1x initialize interface fa0/2          //初始化认证，此时断开会话
Switch(config)#interface fa0/2
Switch(config-if)#dot1x timeout quiet-period 45
//45s 之后才能发起下一次认证请求
Switch(config-if)#dot1x timeout tx-period 90         //默认是 30s
Switch(config-if)#dot1x max-req count 4
//客户端输入认证信息通过该端口应答 AAA 服务器，如果交换机没有收到用户的这个信息，就发给
客户端重传信息，90s 发一次，共 4 次
Switch(config-if)#dot1x port-control auto
Switch(config-if)#dot1x host-mode multi-host         //使用多主机模式
```
默认是一个主机，当使用多个主机模式时，必须使用 AUTO 方式授权，当一个主机成功授权，其他主机都可以访问网络；当授权失败，例如重认证失败或 LOG OFF，所有主机都不可以使用该端口
```
Switch#configure terminal
Switch(config)#dot1x guest-vlan supplicant
Switch(config)#interface fa0/2
Switch(config-if)#dot1x guest-vlan 2   //未得到授权的从 f0/2 进行的访问进入 VLAN2
Switch(config-if)#dot1x default         //恢复默认设置
```

3. 测试验证

1）在 PC 上开启 802.1x 客户端

Windows XP 系统自带的 802.1x 客户端默认是关闭的，打开"控制面板"|"管理工具"|"服务"，找到并双击 Wired AutoConfig，启动此服务，即开启 802.1x 客户端。这时再打开"本地连接"属性，可见如图 4-23 所示的界面。

勾选"启用 IEEE 802.1X 身份验证"复选框，选择网络身份验证方法为"MD5-质询"，然后单击"确定"按钮。

2）查看认证和网络连接

在交换机 SW 配置完启用 802.1x 认证后，就会发现"本地连接"图标提示"需要其他信息以连接到网络"，如图 4-24 所示。

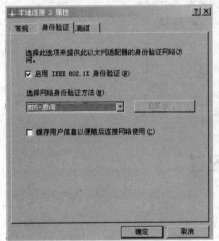

图 4-23　启用 802.1 客户端身份验证

图 4-24　被要求认证的网络连接状态

单击该图标，将弹出如图 4-25 所示的对话框，输入用户名 b，密码 shi 后单击"确定"按钮。

认证通过后，从如图 4-26 所示的界面的本地连接图标可见计算机 PC 已经连接网络，通过 ping 命令已经能够连通其他主机。

图 4-25　验证用户名和密码

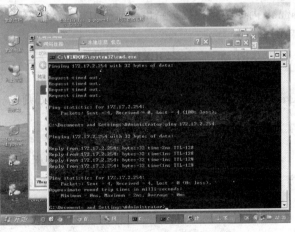

图 4-26　认证成功 PC 已经连通网络

第 4 章　进阶配置交换机

从"控制面板"丨"管理工具"丨"事件查看器"的事件属性中已能看到审核成功，如图 4-27 所示。

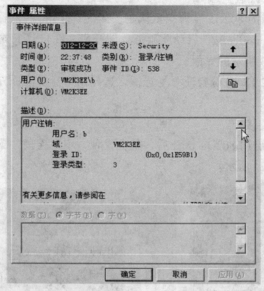

图 4-27　Radius 上的认证信息

4.4　端口聚合配置

端口聚合配置可以提高链路带宽、冗余和负载均衡。

4.4.1　EtherChannel 及其作用

交换机允许将多个端口聚合成一个逻辑端口，该逻辑端口与对端交换机对应的逻辑端口连接构成的逻辑链路称为 EtherChannel。

通过端口聚合，可大大提高端口间链路的通信速度。比如，当用 2 个 100 Mbit/s 的端口进行聚合时，所形成的逻辑端口的通信速度为 200 Mbit/s；若用 4 个，则为 400 Mbit/s。当 EtherChannel 内的某条物理链路出现故障时，该链路的流量将自动转移到其余链路上，自动提供冗余和负载均衡。

1 个 ARP 查询、4 个 ICMP 测试帧触发 5 次安全违例。

支持端口聚合的协议有两种，其中 PAgP 是 Cisco 专有的端口聚合协议，LACP(Link Aggregation Control Protocol，链路聚合控制协议)则是一种公用标准。

4.4.2　EtherChannel 配置

参与聚合的端口必须具备相同的属性，如相同的速度、单双工模式、trunk 模式、trunk 封装方式和相同的 VLAN 号等。 端口配置模式下使用命令：

```
channel-group number mode [active|auto|desirable |on|passive]
```

进行配置。

参数说明：

```
active      只使用 LACP 协议(Enable LACP unconditionally)
auto        使用 PAgP 仅当对端设备使用 PagP 时( Enable PAgP only if a PAgP device is
            detected)
desirable   只使用 PAgP(Enable PAgP unconditionally)
on          只进行端口聚合，默认使用 PAgP(Enable Etherchannel only)
passive     使用 LACP 仅当对端设备使用 LACP 时(Enable LACP only if a LACP device is
            detected)
```
两端设备对应端口聚合应该使用同样的协议，否则至少有一端的聚合不会成功。

1. EtherChannel 的配置

实例 4-4   在如图 4-28 所示的网络中，配置两交换机之间的
链路采用两个端口的 EtherChannel。

配置步骤：

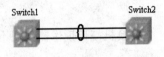

图 4-28   配置端口聚合

```
Switch1(config)#interface range G0/1-2
//配置 G0/1 和 G0/2 口
Switch1 (config-if)#channel-group 10 mode on
//为把 G0/1-2 加入 10 号逻辑端口组(通道组)
Switch1(config-if)#exit

Switch2(config)#interface range G0/1-2
Switch2(config-if)#channel-group 10 mode on
Switch2(config-if)#exit
```

测试验证：
```
SW1-1#show etherchannel summary
Flags: D - down          P - in port-channel
       I - stand-alone s - suspended
       H - Hot-standby (LACP only)
       R - Layer3        S - Layer2
       U - in use        f - failed to allocate aggregator
       u - unsuitable for bundling
       w - waiting to be aggregated
       d - default port
Number of channel-groups in use: 1
Number of aggregators:           1

Group  Port-channel  Protocol    Ports
------+-------------+-----------+-------------------------------------------
10     Po10(SU)      PAgP        Gig0/1(P)Gig0/2(P)
```
显示这两个接口已经捆绑成为一个通道组接口 Port-channel 10，Po10(SU)中的 "S" 说明这
个通道组接口工作在第二层，U 表示已在使用，使用的协议为 PAgP，通道组聚合了两个接口
Gig0/1 和 Gig0/2。

Cisco 3560 交换机支持 48 个 EtherChannel 配置，每组最多支持 8 个端口聚合。

2. EtherChannel 的负载均衡

EtherChannel 可以自动执行负载均衡，当 EtherChannel 执行负载均衡时，按照默认策略进行。

可以根据不同条件来决定和配置负载均衡策略。如 MAC 地址、IP 地址等都可以作为负载均
衡策略的参数。但是不是每种交换机都能支持所有这些参数，越高端的交换机支持的参数就越多。

例如，Cisco 3560 的负载均衡配置支持多种策略：

```
Switch(config)#port-channel load-balance ?
  dst-ip        Dst IP Addr
  dst-mac       Dst Mac Addr
  src-dst-ip    Src XOR Dst IP Addr
  src-dst-mac   Src XOR Dst Mac Addr
  src-ip        Src IP Addr
  src-mac       Src Mac Addr
```

4.5 配置端口镜像

交换机端口镜像能实现不同端口之间的流量复制。

4.5.1 端口镜像的作用

端口镜像，通常也称为端口监听或 SPAN（Switch Port Analyzer，交换端口分析），利用端口镜像，可将被监听的一个或多个端口的流量，复制到镜像端口（监听端口），镜像端口通常用于连接网络分析设备，比如 IDS（入侵检测系统）或运行 sniffer（嗅探器）的主机。网络分析设备通过捕获镜像端口上的数据包，从而实现对网络运行情况的监控。

监听端口（镜像端口）与被监听端口必须处于同一个 VLAN（虚拟局域网）中，处于被监听状态的端口，不允许变更为监听口。另外，监听端口也不能是 trunk 端口。监听端口不参与生成树运算，故配置时候要注意不能使网络形成环路。

4.5.2 SPAN 的三种模式及其配置

SPAN 的三种模式如下：

- SPAN：源端口和目标端口都处于同一交换机，并且源端口可以是一个或多个交换机端口。
- VSPAN（基于 VLAN 的交换式端口分析器）：源端口不是物理端口，而是 VLAN。
- RSPAN（远程交换式端口分析器）：源端口和目标端口处于不同的交换机。

Cisco 不同系列的交换机 SPAN 配置具体命令有所不同，下面分别以 Catalyst 3550、2900、3500 和 2950 系列为例说明。

1. Catalyst 3550 的 SPAN 和 VSPAN 的配置

配置步骤为：

1）定义 SPAN 会话的源端口（被监听端口）

```
Switch(config)#monitor session {session-number} source {interface
interface|vlan vlan-id} [rx|tx|both]
```

对于 Catalyst 3550 交换机，会话数只支持两条，即 1 和 2。还可以定义监听流量的方向，默认监听双向流量。如果需要监听多个源端口，重复该步骤。

2）定义 SPAN 会话的目标端口（监听端口）

```
Switch(config)#monitor session {session-number} destination {interface
interface} [encapsulation {dot1q|isl}]
```

要确保目标端口和源端口处于同一 VLAN，并且每条 SPAN 会话只能有一个目标端口，还可以定义封装方式。

3）限制要监视的 VLAN

可以定义多个 VLAN，以逗号或连字符相连。该项配置可选。

```
Switch(config)#monitor session {session-number} filter vlan {vlan-list}
```

2．Catalyst 3550 的 RSPAN 配置

配置步骤为：

1）创建 RSPAN 专用的 VLAN

```
Switch(config)#vlan {vlan-id}
```

2）定义该 VLAN 为 RSPAN VLAN

```
Switch(config-vlan)#remote-span
```

最好启用 VTP，在 VTP 服务器上定义该 VLAN，让其自动发布给其余交换机（VTP 客户端）否则所有交换机上都要定义该 VLAN。有关 VTP 配置参见本章最后一节。

3）定义源交换机的源端口（被监听端口）

```
Switch(config)#monitor session {session-number} source {interface
interface|vlan vlan-id} [rx|tx|both]
```

4）在源交换机上指定 RSPAN 远程 VLAN 和反射端口

反射端口仅用于所监控的数据复制到 Remote VLan，反射端口仅转发有关联的 RSPAN 源端口的数据，配置命令为

```
 Switch(config)# monitor session session-number destination remote vlan
rspan-vlan-id reflector-port interface-id
```

5）在目标交换机上定义源端口

该端口即是远程 RSPAN VLAN 号

```
Switch(config)#monitor session {session-number} source remote vlan
{rspan-vlan-id}
```

6）定义目标交换机的目标端口（监听端口）

```
Switch(config)#monitor session {session-number} destination {interface
interface|vlan vlan-id} [rx|tx|both]
```

3．配置实例

实例 4-5　网络拓扑如图 4-29 所示，3 台交换机的型号是 C3550。交换机 Switch3 的 F0/20 口上使用入侵检测系统 IDS 远程监听交换机 Switch1 连接路由器的端口 F0/1。

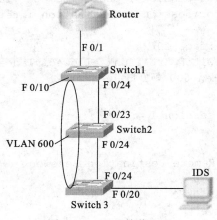

图 4-29　远程镜像配置

1）交换机 Switch1 配置

```
Switch(config)#vlan 600
Switch(config)#remote-span
Switch(config)#no monitor session all
Switch(config)#monitor session 1 source interface FastEthernet 0/1 both
```

//配置被监听端口
```
Switch(config)#monitor session 1 destination remote vlan 600 reflector-port
FastEthernet 0/10
```
//定义 F0/10 为复制数据到远程 vlan 的反射端口
```
Switch(config)# interface f0/24
Switch(config-if)# switchport trunk allowed vlan add 600
```
//配置为 trunk 口，允许 vlan 600 帧通过
```
Switch#show monitor session 1    //查看源会话
Session 1
---------
Type           : Remote Source Session
Source Ports   :
    Both       : Fa0/1
Reflector Port : Fa0/10
Dest RSPAN VLAN : 600
```

2）交换机 Switch2 配置

```
Switch(config)#vlan 600
Switch(config)#remote-span
Switch(config)# interface f0/23
Switch(config-if)# switchport trunk allowed vlan add 600 //配置为 trunk 口允
许 vlan 600 帧通过
Switch(config)# interface f0/24
Switch(config-if)# switchport trunk allowed vlan add 600 //配置为 trunk 口允
许 vlan 600 帧通过
```

3）交换机 Switch3 配置

```
Switch(config)#vlan 600
Switch(config)#remote-span
Switch(config)#no monitor session all
Switch(config)#monitor session 1 source remote vlan 600
Switch(config)#monitor session 1 destination interface Fastethernet 0/20
```
//监听端口
```
Switch(config)# interface f0/24
Switch(config-if)# switchport trunk allowed vlan add 600
```
//配置为 trunk 口允许 vlan 600 帧通过

4）查看镜像配置

```
Switch#show monitor session 1                          //查看目标会话
Session 1
---------
Type               : Remote Destination Session
Source RSPAN VLAN : 600
Destination Ports : Fa0/20
Encapsulation : Native
Ingress: Disabled
```

4. Catalyst 2900、2950 和 3500 系列交换机端口镜像配置举例

这三个系列的交换机使用同样的配置命令。

实例 4-6 假设将 Cisco 2950 交换机的第 1 端口和第 2 端口镜像到属于同一个 VLA 的第 8 号端口。

配置步骤为：

1）配置被监听端口

```
C2950(config-if)#port monitor fa 0/1
C2950(config-if)#port monitor fa 0/2
```

2）配置监听端口

```
C2950#config t
C2950(config)#interface fa 0/8
C2950(config-if)#
```

3）将交换机的管理接口配置成被监听模式

```
C2950(config-if)#port monitor vlan 1
//此处的 vlan 1 代表交换机的管理接口，监听 VLAN 1 中被监听端口
```

4）查看端口镜像配置信息

```
C2950#show port monitor
```

4.6 生成树协议配置进阶

在前一章向读者介绍了 STP 协议及其简单配置，本节将作进一步的讨论。

4.6.1 生成树协议标准

和 STP 相关的标准有：

IEEE 802.1D（STP）：STP 是最早关于 STP 的标准，是基于端口的单一生成树。

802.1W（RSTP）：RSTP（Rapid Spanning Tree Protocol，快速生成树）是 STP 的扩展和改进，其主要特点是增加了端口状态快速切换的机制，能够实现网络拓扑的快速转换。仍然是基于端口的单一生成树。

802.1（MSTP）：MSTP（Multiple Spanning Tree Protocol，多生成树）提出了多生成树的概念，可以把多个 VLAN 的集合映射到多个生成树，从而达到冗余设计更加有针对性、并且能实现网络负载均衡。

多生成树实际是基于实例的多个生成树。在 MSTP 之前，Cisco 弄了一个 rapid-pvst（快速每 VLAN 生成树），也就是基于 VLAN 的多生成树技术，即为每个 VLAN 分配和维护一个生成树实例，保证每个 VLAN 都不存在环路，每个实例参与负载均衡。如果网络中 VLAN 数很多时，交换机要维护的实例就很多，消耗 CPU 和网络带宽资源。

多实例生成树协议 MSTP 是 rapid-pvst 的直接改进，它是基于实例的。所谓实例就是多个 VLAN 的一个集合，由于一个实例包含多个 vlan，交换机按实例分配和维护生成树，使得维护的生成树个数减少，节省通信开销和资源占用率。

本节介绍网络工程与管理中使用最多的 MSTP 的配置。

4.6.2 配置 MSTP

MST（Multiple Spanning Tree，多生成树）是把多台交换机虚拟成一个 MST 域。在 MST 域内，把具有相同拓扑的多个 VLAN 映射到一个生成树实例，即 MSTI（Multiple Spanning Tree Instance），而不同 MSTI 则可以有不同的拓扑。MSTP 除了可以实现网络中的冗余链路外，还能够在实现网络冗余和可靠性的同时实现负载均衡，因为各实例的数据可以经由不同路径得以转发。而一个实例内的所有链路均可以既工作又备份，比如有两个 VLAN（VLAN1 和 VLAN2）和两条主干链路的网络，一条链路可以同时作为 VLAN1 的工作链路和 VLAN2 的备份链路，另一条链路则可同时作为 VlAN2 的工作链路和 VLAN1 的备份链路。这使得 MSTP 的效率远远高于STP，因为 STP 的备份链路总是闲置着的。

1. 配置 MST 的基本步骤

以下以 Cisco 3550 交换机为例说明配置 MST 的方法。

为了使两个或多个交换机在同一个 MST 区域，必须有相同的 VLAN 到实例 Instance 映射，相同的配置修订号 revision 和相同的名字 name。配置步骤如下：

全局配置模式下，使用命令

```
spanning-tree mst configuration          //进入 MST 配置模式
```

在 MST 配置模式下：

```
instance instance-id vlan vlan-range
```

映射一个或多个 VLAN 到一个 MST 实例；instance-id 取值从 1 到 15， vlan-range 取值从 1 到 4094。映射多个 vlan 可使用连字号或逗号。例如，instance 1 vlan 1-63 表示映射 VLAN1 至 63 到 MST 实例 1；而 instance 1 vlan 10, 20, 30 则表示映射 VLAN10,20,和 30 到 MST 实例 1。

```
name name               //指定配置名，该 name 为最大 32 个字符串并区分大小写。
revision version        //指定配置修订号数字，范围从 0 到 65535
show pending            //显示待定配置
exit                    //应用所有配置并返回到全局配置模式
spanning-tree mode mst  //起用 MSTP，同时 RSTP 也被启用
```

注意：改变生成树模式会中断流量，因为所有以前的生成树实例被停止，并启用一个新的生成树实例。

```
end                              //返回特权模式
copy running-config startup-config    // 保存配置
```

2. 配置操作举例

该例子显示怎样进入 MST 配置模式，映射 VLAN10-20 进入 MST 实例 1，命名区域 region1，设置配置修正号 1，显示待定的配置，应用变化，并且返回全局配置模式：

```
Switch(config)#spanning-tree mst configuration
Switch(config-mst)#instance 1 vlan 10-20
Switch(config-mst)#name region1
Switch(config-mst)#revision 1
Switch(config-mst)#show pending
Pending MST configuration
Name [region1]
Revision 1
```

```
Instance Vlans Mapped
------- --------------------
0 1-9,21-4094
1 10-20
------------------------------
Switch(config-mst)# exit
Switch(config)#
```

3. 配置根交换机

交换机为映射到它的 VLANs 组维护一个生成树实例。拥有最低桥 ID 的交换机成为 VLANs 组的根交换机。

要配置一台交换机成为根交换机，在支持支持扩展的系统 ID 的交换机上可使用 spanning-tree mst instance-idroot 全局配置命令来修改交换机默认优先级从 32768 到一个特定的低值，比如 24576，以便交换机成为特定生成树实例的根交换机。

如果针对指定实例的任何非根交换机有一个低于 24567 的优先级，交换机自动设置自己的优先级到比最低交换机优先级还要低 4096（4096 是一个 4 位交换机优先级值的最低有意义位），即是说，运行该命令的交换机保证能成为根。

注意：运行的软件比 Release 12.1(8)EA1 要早的 Catalyst3550 交换机不支持扩展的系统 ID。运行的软件比 Release 12.1(9)EA1 要早的 Catalyst3550 不支持 MSTP。

使用 diameter 关键字可指定二层网络直径（二层网络任何两个末端站点之间的交换机跳数），该关键字只对实例 0 的 MST 有效。当指派网络直径时，交换机为该网络自动设置一个最佳的 hello 时间、转发延迟时间和最大老化时间，这可以显著的减少收敛时间。

可以使用 hello 关键字配置来覆盖自动计算的 hello 时间，但一般不要配置，除非网管员对此有深入和专门的研究。

配置根交换机可在全局配置模式下使用命令

```
spanning-tree mst instance-id root primary [diameter net-diameter
[hello-time seconds]]              //配置一台交换机为根交换机，其中
```

net-diameter 在任何两个末端站点之间指定最大交换机数目，范围是 2 到 7。 这个关键字对实例 0 的 MST 可用；

```
hello-time seconds                 //由根交换机产生的配置消息之间用秒数指定间隔
end                                //返回特权模式
show spanning-tree mst instance-id //查看配置条目
```

若要撤消根交换机指定，使用命令：

```
no spanning-tree mst instance-id root
```

有时候，为了网络的健壮，还可以配置备用的根交换机。

配置一台备用根交换机（从交换机）：

配置一台作为备用根支持扩展系统 ID 的 catalyst3550 交换机，生成树交换机的优先级也是从默认的 32768 改变为 28672。如果主根交换机失效，从交换机紧接着成为根交换机。假定其他网络交换机使用默认交换机优先级 32768，因此不会成为根交换机。对于默认没有扩展系统 ID 支持的 catalyst3550 交换机，该从交换机优先级被变成 16384。

如果需要，可以配置多台备份根交换机。

全局配置模式下使用如下命令配置备用根交换机：

```
spanning-tree mst instance-id root secondary [diameter net-diameter
[hello-time seconds]]
```

4. 配置端口优先级和端口开销

1）配置端口优先级

当环路发生时，与 STP 一样，MSTP 也使用端口优先级来判断、选择应该让哪些端口处于转发、哪些端口处于阻塞状态。

有效的接口除了物理端口外，还可以是端口隧道。在接口配置模式下使用命令

```
spanning-tree mst instance-id port-priority priority    //为一个MST实例配置端口优先级
```

其中 *instance-id*，取值范围是 0～15；*priority*，取值范围 0～255，默认为 128。

当端口为线路启用状态，特权模式下使用命令

```
show spanning-tree mst interface interface-id          //显示优先级等信息
```

否则，用特权模式命令

```
show running-config interface                          //查看配置
```

2）配置端口开销

MSTP 路径开销的默认值由端口带宽决定。如果有回路发生，在选择一个接口进入转发模式时，MSTP 比较端口的开销值。如果所有接口有相同的开销值，MSTP 把最低接口号的接口放入转发模式，并且阻塞其他的接口。

有效的端口包括物理端口和端口隧道。在接口配置模式下使用命令

```
spanning-tree mst instance-id cost cost                // 配置一个MST实例开销
```

其中于 *instance-id* 的取值范围为 0～15；*cost* 的取值范围为 1～200 000 000。

3）查看有关信息

当端口为线路启用状态，特权模式下使用命令

```
show spanning-tree mst interface interface-id          //显示优先级、端口开销等信息
```

否则，用特权模式命令

```
show running-config interface                          //查看配置
```

5. 配置交换机优先级

除了用上面的方法配置根交换机外，还可以配置交换机优先级并使其为根交换机。全局配置模式下，使用命令

```
spanning-tree mst instance-id priority priority        //为一个MST实例配置交换机优先级
```

其中 *priority* 取值范围是 0～61 440 ，以 4 096 递增；默认为 32 768。

可用的优先级值是 0、4 096、8 192、12 288、16 384、20 480、24 576、28 672、32 768、36 864、40 960、45 056、49 152、53 248、57 344 和 61 440。

4.6.3　实训　配置多生成树协议 MSTP

按照图 4-30 所示连接网络。交换机 Switch1、Switch2 为 Cisco2960，Switch3、Switch4 为 Cisco 3560。

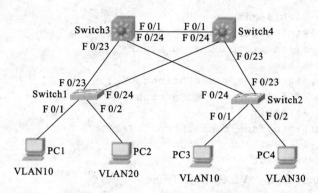

图 4-30　配置多生成树协议 MSTP 的网络

具体要求：配置 Switch3 为 vlan10 和 vlan1 的根交换机，Switch4 为 vlan20 和 Vlan 30 的根交换机。

详细操作步骤如下：

1. 在交换机 Switch1 上划分 VLAN 配置 Trunk

```
Switch1(config)#vlan 10
Switch1(config-vlan)#vlan 20
Switch1(config-vlan)#vlan 30
Switch1(config-vlan)#exit
Switch1(config)#interface fastethernet 0/1
Switch1(config-if)#switchport access vlan 10
Switch1(config-if)#exit
Switch1(config)#interface fastethernet 0/2
Switch1(config-if)#switchport access vlan 20
Switch1(config-if)#exit
Switch1(config)#interface fastethernet 0/23
Switch1(config-if)#switchport mode trunk
Switch1(config-if)#exit
Switch1(config)#interface fastethernet 0/24
Switch1(config-if)#switchport mode trunk
Switch1(config-if)#exit
```

2. 在交换机 Switch2 上划分 VLAN 配置 Trunk

```
Switch2(config)#vlan 10
Switch2(config-vlan)#vlan 20
Switch2(config-vlan)#vlan 30
Switch2(config-vlan)#exit
Switch2(config)#interface fastethernet 0/23
Switch2(config-if)#switchport mode trunk
Switch2(config-if)#exit
Switch2(config)#interface fastethernet 0/24
Switch2(config-if)#switchport mode trunk
Switch2(config-if)#exit
```

3. 在交换机 Switch3 上划分 VLAN 配置 Trunk

```
Switch3(config)#vlan 10
Switch3(config-vlan)#vlan 20
Switch3(config-vlan)#vlan 30
```

```
Switch2(config-vlan)#exit
Switch3(config)#interface fastethernet 0/1
Switch3(config-if)#switchport mode trunk
Switch3(config-if)#exit
Switch3(config)#interface fastethernet 0/23
Switch3(config-if)#switchport mode trunk
Switch3(config-if)#exit
Switch3(config)#interface fastethernet 0/24
Switch3(config-if)#switchport mode trunk
Switch3(config-if)#exit
```

4. 在交换机 Switch4 上划分 VLAN 配置 Trunk

```
Switch4(config)#vlan 10
Switch4(config-vlan)#vlan 20
Switch4(config-vlan)#vlan 30
Switch4(config-vlan)#exit
Switch4(config)#interface fastethernet 0/1
Switch4(config-if)#switchport mode trunk
Switch4(config-if)#exit
Switch4(config)#interface fastethernet 0/23
Switch4(config-if)#switchport mode trunk
Switch4(config-if)#exit
Switch4(config)#interface fastethernet 0/24
Switch4(config-if)#switchport mode trunk
Switch4(config-if)#exit
```

5. 在交换机 Switch1 上配置 MSTP

```
Switch1(config)#spanning-tree
Switch1(config)#spanning-tree mode mstp              //配置生成树模式为 MSTP
Switch1(config)#spanning-tree mst configuration     //进入 MSTP 配置模式
Switch1(config-mst)#instance 1 vlan 1,10
//配置 instance 1(实例 1)并关联 Vlan 1 和 10
```

```
Switch1(config-mst)#instance 2 vlan 20,30  //配置实例 2 并关联 Vlan 20 和 Vlan 30
Switch1(config-mst)#name region1                //配置域名称
Switch1(config-mst)#revision 1                  //配置修订号
```

验证测试: 验证 MSTP 配置

```
Switch1#show spanning-tree mst configuration
Multi spanning tree protocol : Enabled
Name : region1
Revision : 1
Instance Vlans Mapped
-------- -----------------------------------------------------------
0 2-9,11-19,21-39,41-4094
1 1,10
2 20,30
```

6. 在交换机 Switch2 上配置 MSTP

```
Switch2(config)#spanning-tree
Switch2 (config)#spanning-tree mode mstp
Switch2(config)#spanning-tree mst configuration     //进入 MSTP 配置模式
```

```
Switch2(config-mst)#instance 1 vlan 1,10
//配置 instance 1(实例 1)并关联 Vlan 1 和 10
Switch2(config-mst)#instance 2 vlan 20,30   //配置实例 2 并关联 Vlan 20 和 Vlan 30
Switch2(config-mst)#name region1            //配置域名称
Switch2(config-mst)#revision 1              //配置修订号
```

验证测试：验证 MSTP 配置

```
Switch2#show spanning-tree mst configuration
Multi spanning tree protocol : Enabled
Name : region1
Revision : 1
Instance Vlans Mapped
-------- --------------------------------------------------------------
0 2-9,11-19,21-39,41-4094
1 1,10
2 20,30
```

7. 在交换机 Switch3 上配置 MSTP

```
Switch3(config)#spanning-tree
Switch3 (config)#spanning-tree mode mstp
Switch3 (config)#spanning-tree mst 1 priority 4096
   //配置交换机 Switch3 在 instance1 中的优先级为 4096，使其成为 instance1 中的根
Switch3 (config)#spanning-tree mst configuration   //进入 MSTP 配置模式
Switch3 (config-mst)#instance 1 vlan 1,10          //配置实例 1 并关联 Vlan1 和 10
Switch3 (config-mst)#instance 2 vlan 20,30//配置实例 2 并关联 Vlan20 和 Vlan30
Switch3 (config-mst)#name region1                  //配置域名为 region1
Switch3 (config-mst)#revision 1                    //配置修订号
```

验证测试：验证 MSTP 配置。

```
Switch3#show spanning-tree mst configuration
Multi spanning tree protocol : Enabled
Name : region1
Revision : 1
Instance Vlans Mapped
-------- --------------------------------------------------------------
0 2-9,11-19,21-39,41-4094
1 1,10
2 20,30
```

8. 在交换机 Switch4 上配置 MSTP

```
Switch4(config)#spanning-tree
Switch4 (config)#spanning-tree mode mstp
Switch4(config)#spanning-tree mst 2 priority 4096
   //配置交换机 Switch4 在 instance 2 中的优先级为 4096，使其在 instance2 中成为根
Switch4(config)#spanning-tree mst configuration//进入 MSTP 配置模式
Switch4(config-mst)#instance 1 vlan 1,10           //配置实例 1 并关联 Vlan 1 和 10
Switch4(config-mst)#instance 2 vlan 20,30          //配置实例 2 并关联 Vlan 20 和
Vlan 30
Switch4(config-mst)#name region1                   //配置域名为 region1
Switch4(config-mst)#revision 1                      //配置修订号
```

验证测试：验证 MSTP 配置。

```
Switch4#show spanning-tree mst configuration
Multi spanning tree protocol : Enabled
Name : region1
Revision : 1
```

```
Instance Vlans Mapped
-------- -------------------------------------------------------------
0 2-9,11-19,21-39,41-4094
1 1,10
2 20,30
```

9. 查看交换机 MSTP 选举结果

```
Switch3#show spanning-tree mst 1
MST 1 vlans mapped : 1,10
BridgeAddr : 00d0.f8ff.4e3f
Priority : 4096
TimeSinceTopologyChange : 0d:7h:21m:17s
TopologyChanges : 0
DesignatedRoot : 100100D0F8FF4E3F          //Switch3 是 instance1 的生成树的根
RootCost : 0
RootPort : 0
```

从上述输出结果可以看出交换机 Switch3 为实例 1 中的根交换机。

```
Switch4#show spanning-tree mst 2
MST 2 vlans mapped : 20,40
BridgeAddr : 00d0.f8ff.4662
Priority : 4096
TimeSinceTopologyChange : 0d:7h:31m:0s
TopologyChanges : 0
DesignatedRoot : 100200D0F8FF4662         //Switch4 是 instance2 的生成树的根
RootCost : 0
RootPort : 0
```

从上述输出结果可以看出交换机 Switch4 为实例 2 中的根交换机。

```
Switch1#show spanning-tree mst 1
MST 1 vlans mapped : 1,10
BridgeAddr : 00d0.f8fe.1e49
Priority : 32768
TimeSinceTopologyChange : 7d:3h:19m:31s
TopologyChanges : 0
DesignatedRoot : 100100D0F8FF4E3F          //实例 1 的生成树的根交换机是 Switch3
RootCost : 200000
RootPort : Fa0/23
```

从上述输出结果可以看出，在实例 1 中，交换机 Switch1 的端口 F0/23 端口为根端口，因此 VLAN1 和 VLAN10 的数据经端口 F0/23 转发。

```
Switch1#show spanning-tree mst 2
MST 2 vlans mapped : 20,40
BridgeAddr : 00d0.f8fe.1e49
Priority : 32768
TimeSinceTopologyChange : 7d:3h:19m:31s
TopologyChanges : 0
DesignatedRoot : 100200D0F8FF4662          //实例 2 的生成树的根交换机是 Switch4
RootCost : 200000
RootPort : Fa0/24
```

从上述 show 命令输出结果可以看出，在实例 2 中，交换机 Switch1 的端口 F0/24 端口为根端口，因此 VLAN20 和 VLAN30 的数据包经端口 F0/24 转发。

MSTP 配置注意事项：

对规模很大的网络可以划分多个域，在每个域里可以创建多个实例。

划分在同一个域里的各台交换机须配置相同的域名（name）、相同的修订号（revision number）、相同的 instance-vlan 对应表。

实例 0 是默认实例，是强制存在的，其他实例可以创建和删除。

思考与动手

（1）试述第二层交换网络的特点。从冲突域、广播域的数量、安全性等方面进行回答。

（2）划分 VLAN 的好处有哪些?

（3）简述静态 VLAN 与动态 VLAN 的特点。

（4）何谓帧标记?

（5）简述 VLAN 之间的主机与 VLAN 之内的主机之间通信的差异。

（6）简述 VLAN Trunk 协议的作用。

（7）简述 VLAN 的配置步骤。

（8）重新完成实例 4-1，改为在全局模式下配置 VTP（书中是在 VLAN Database 模式下配置的，可在 Cisco 网络模拟软件上进行）。

（9）重新完成实例 4-3，其中 VLAN 的划分采用 VTP 协议进行。

第 **5** 章
初步认识路由器

【内容概要】

路由器用来连接网络号不同的网络。其典型的应用是连接远程的 Intranet 或把 Intranet 接入 Internet。从设备的角度看，Internet 也就是主要由路由器连接起来的 ISP 的网络。

路由器的接口分为三大类：局域网口、广域网口和配置口。

路由器内部由 CPU、各种存储器以及各种接口电路等组成。

路由器的功能依靠其系统软件来实现，Cisco 路由器的系统软件是 Cisco IOS。

【学习目标】

（1）学会路由器的物理接口和逻辑接口的配置；

（2）了解路由器的初始配置。

5.1　路由器的基本用途

路由器作为不同网络之间的互相连接的设备，通常用来连接局域网与广域网。广域网设施在我国主要由属于政府投资的中国电信运营，有时称为公用传输网络。对公用传输网络中网络设备的详细讨论超出了本书的定位，读者可以通过 Cisco 认证的服务提供商或服务提供商运营课程学习。

路由器的以太网电口与以太网交换机电口通过直通网线连接，广域网接口则通常通过 CSU/DSU 设备与广域网用户线相连，如图 5-1 所示。其中公用传输网络在中国主要是电信运营商的网络。

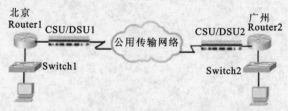

图 5-1　路由器在网络中的位置

5.1.1　广域网接口的物理连接

广域网物理层描述了数据终端设备（DTE）与数据电路终端设备（DCE）之间的接口。通常，DCE 是服务提供者，DTE 是连接的设备。为 DTE 提供的服务是通过数字调制解调器或 CSU/DSU 来实现的。

路由器通常是作为 DTE 设备连接到 CSU/DSU（即 DCE 设备）。CSU/DSU 用于把来自路由器的数据转换为广域网服务提供者可接受的格式；也还负责把来自广域网服务提供者的数据转换为路由器可接受的格式。同时，广域网用户线缆网络接口的规范通常与路由器广域网接口的规范不相同，也需要 CSU/DSU 来转接。路由器广域网接口一般通过串行 DTE 电缆连接到 CSU/DSU，也有的路由器以接口卡的形式集成 CSU/DSU。图 5-2 所示为一种外置 CSU/DSU 和一种集成 CSU/DSU 的广域网卡（插在模块化路由器的相应插槽中）。

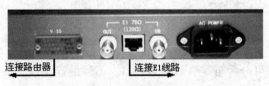

V.35/E1 转换的 CSU/DSU　　　　　　　　　　　Cisco WIC-1DSU-T1-V2 卡

图 5-2　CSU/DSU 设备

串行接口需要时钟信号来控制通信的时序。在大多数环境中，DCE 设备如 CSU/DSU 会提供时钟信号。默认情况下，Cisco 路由器为 DTE 设备。

但是在实验室环境中，不会使用任何 CSU/DSU，当然也不会有广域网服务提供者。

实验室环境通常使用串行电缆把两个路由器的广域网口直接连接起来。使用的串行电缆通常有以下两类：

（1）DTE/DCE 交叉电缆，一端为 DTE，另一端为 DCE；

（2）两条连接在一起的 DCE 电缆和 DTE 电缆。

在图 5-3 所示的网络拓扑中，Router1 上的 Serial 0/0 接口连接到电缆的 DTE 端，Router2 上的 Serial 0/0 接口连接到电缆的 DCE 端。电缆上标记有 DTE 或 DCE 的标记。

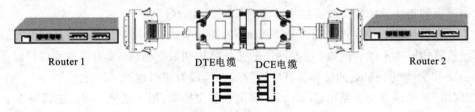

Router 1　　　　　　　　DTE电缆　　DCE电缆　　　　　　　Router 2

图 5-3　实验室环境路由器的广域网口连接

也可以通过查看两条电缆间的连接器来区分 DTE 和 DCE。DTE 电缆的连接器为插头型，而 DCE 电缆的连接器为插孔型。

使用 show controllers 命令可以确定路由器接口连接的是电缆的哪一端。在下面的命令输出中，可以看到 Router2 的串行接口 s0/0 连接的是 DCE 电缆端，并且未设置时钟频率。

```
Router2#show controllers serial 0/0
Interface Serial0/0
Hardware is PowerQUICC MPC860
DCE V.35, no clock
......<省略部分输出>
```

在实验室环境，我们必须在路由器 DCE 接口上配置时钟信号，在接口配置模式下使用 Clock rate 命令来配置并指定时钟速率。

Internet 中，大大小小的网络之间的相互连接，是通过路由器来实现的。路由器系统构成了基于 TCP/IP 的 Internet 的骨架。路由器的处理速度是网络通信的主要瓶颈之一，它的可靠性则直接影响着网络互连的质量。

在前面的章节提到过，路由器可以用来把局域网分段以限制广播范围。但路由器的带宽和局域网交换机比较起来，通常要低得多，因此也就成了局域网中的瓶颈。故在现在的局域网中，一般采用交换机虚拟局域网技术来分段网络，解决隔离广播域及其他问题，局域网之间的连接一般使用三层交换机而不使用路由器。

5.1.2 网络连接设备

网络连接设备以 OSI 参考模型为参照，可分为五类，详见表 5-1。不同的连接设备在网络中处于不同的功能层次，路由器属于第三层即网络层的设备。

表 5-1　不同层次的网络连接设备

OSI 七层模型	对应的网络设备
第七层：应用层	计算机
第六层：表示层	计算机
第五层：会话层	计算机
第四层：传输层	交换机
第三层：网络层	路由器、交换机
第二层：数据链路层	网桥、交换机
第一层：物理层	中继器、集线器

（1）物理层。该层设备为中继器（Repeater）和集线器（Hub），用于连接物理特性相同的网段。中继器和集线器的接口没有物理和逻辑地址。

（2）数据链路层。该层设备为网桥（Bridge）和交换机（Switch），用于连接同一逻辑网络中物理层规范相同或不同的网段，这些网段的拓扑结构和数据帧格式，可以相同也可以不相同。网桥 Bridge 和交换机 Bridge 的接口具有物理地址，但没有逻辑地址（IP 地址）。

（3）网络层。该层设备为路由器（Router）和第三层交换机，用于连接不同的逻辑网络。Router 的每一个接口都有唯一的物理地址和逻辑地址。而第三层交换机可做到"一次路由，多次交换，交换时实现比路由更快的数据传输速率。"

（4）传输层。该层设备为第四层交换机。第四层交换机可以解释第四层的传输控制协议（TCP）和用户数据报协议（UDP）信息，能够为不同的应用（使用接口号区分）分配各自的优先级。第四层交换机可以"智能化"地处理网络中的数据，最大限度地避免拥塞，提高带宽利用率。

（5）应用层及其下两层。使用软件在计算机上实现基于网络的应用。

路由器属于网络层设备，它一方面能够跨越不同类型的物理网络（如 Ethernet、DDN、FDDI 等）屏蔽网络层以下的细节，另一方面又将整个互连网络分割成逻辑上相互独立的网络单位，使网络具有一定的逻辑结构。在互连网络中，路由器处于关键的地位，是最重要的设备。

5.1.3 路由器的组成和功能

1. 路由器的基本组成

1）路由器的外观

Cisco 2621XM 路由器的前面板如图 5-4 所示，其上可见有若干接口。

图 5-4　路由器前面板

2）路由器的物理接口

路由器接口提供了路由器与特定类型的网络介质之间的物理连接。根据接口的配置情况，路由器可分为固定式路由器和模块化路由器两大类。每种固定式路由器采用不同的接口组合，这些接口不能升级，也不能进行局部变动。而模块化路由器上有若干插槽，可插入不同的接口卡，可根据实际需要灵活地进行升级或变动。

固定式配置路由器上通常有下述全部或部分接口。低端产品的接口数较高端产品的一般要少一些。

（1）配置口。通过该接口使用 Console 线缆对路由器进行本地配置，接口工作在异步模式下，数据传输速率为 9 600bit/s。

（2）局域网接口。局域网接口包括以太网口、令牌环网口和光纤分布式数据接口 FDDI 等，用于连接局域网。以太网口的数据传输速率通常为 10 Mbit/s 或 10/100Mbit/s 自适应，而用做核心路由器的高端设备，其以太网接口的速率则在 1Gbit/s 甚至更高。

（3）广域网接口。广域网接口在同步串行连接时，要求使用时钟设备以提供收发之间传输的精确时钟；而异步连接则使用起始位来保证数据被目的接口完整准确地接收。广域网接口类型通常包括以下几种：

- 同/异步串口使用不同的接口标准，在不同的工作方式下，具有不同的数据传输速率。在同步模式下，如果使用 V.35 接口标准，路由器作 DTE 设备，最大速率为 4.096Mbit/s；在异步模式下，如果使用 V.24 接口，最大速率为 114.2 kbit/s。此外，还有使用其他接口标准的广域网串口。
- ISDN 之 BRI 口与 CE1/PRI 口　BRI(2B + D)数据传输速率为 2 × 64Kbit/s + 16Kbit/s，CE1/PRI 口可配置成支持 ISDN PRI（30B+D）或分时隙 E1。最大数据传输速率 2.048Mbit/s。
- 备份口或辅助口（AUX 口）通过 Modem 连接广域网，用作专线连接的备份或实现对路由器的远程管理。工作在异步模式下，最大传输速率为 114.2kbit/s。

高端路由器通常做成插槽/模块的结构，使得扩展灵活，方便用户升级。

3）路由器的内部组成

路由器内部由以下组件组成：

（1）CPU　路由器的中央处理器。

（2）RAM/DRAM　路由器的主存储器，存储当前配置文件（Running Config）、路由表、ARP 缓存、数据报等。

（3）NVRAM（非易失性 RAM）存储启动配置文件（Startup–Config）等。

（4）Flash ROM（快闪存储器）存储系统软件映像（路由器的操作系统），启动配置文件等，是可擦可编程的 ROM。ROM 存储开机诊断程序、引导程序和操作系统软件的备份。

（5）Shared Packet Memory（共享式内存）存储缓冲用数据包。

（6）接口电路：路由器的各种接口的内部电路。

通常，Cisco 路由器的内存具有以上大部或全部种类的内存。

4）路由器的操作系统

Cisco 公司的路由器（和交换机）专用的操作系统为 Internetwork Operating System，简称 IOS，Cisco IOS 采用模块化结构，可移植性及扩展性好。目前，Cisco IOS 软件的定制已经简化为对特性集的要求。对于大多数情况来说，所有路由器共享相同的特性集。也就是说，对于 IOS 的大多数配置命令，在整个 Cisco 系列产品中（包括交换机和路由器中）都是通用的，特殊要求和功能增强则要求专门的特性集。特性集可分为以下三类：

（1）基本特性集 硬件平台使用的基本软件特性集。

（2）加强特性集 基本特性集再加上与硬件平台相关的一些特性。

（3）加密特性集 40 bit 或 56 bit 的数据加密特性集。

本书着重介绍 Cisco IOS 的基本特性集，也对个别系列的路由器的一些加强特性集作一些讨论。

不同公司的路由器，其操作系统软件有不同的命名。不过都可笼统地称为路由器操作系统、路由器系统软件或路由器网络操作系统。

掌握了 Cisco IOS，就不仅会配置 Cisco 的产品，配置国内其他一些公司的产品也十分容易，读者只要接触其产品就会知道，许多配置命令基本上相同。

2．路由器的基本功能

路由器的基本功能是把数据包（Packets，或称 IP 报文）正确、高效地传送到目标网络，包括：

（1）IP 数据报的转发：与其他路由器交换路由信息，进行数据报传送的路径选择和数据报传送，维护路由表。

（2）子网隔离，限制广播范围。

（3）IP 数据报的差错处理及简单的拥塞控制。

（4）实现对 IP 数据报的访问控制。

（5）安全验证、授权和记账等。

5.1.4 路由器的分类

可以按照多种方式对路由器进行分类。

1）按性能档次分

按性能档次可分为高、中、低档（端）路由器。

大致将路由器背板吞吐量大于 40 Gbit/s 的路由器称为高档（端）路由器，背板吞吐量在 25 Gbit/s～40 Gbit/s 之间的路由器称为中档（端）路由器，而将低于 25 Gbit/s 的看作低档（端）路由器。对 Csico 路由器而言，7500 系列以上的路由器可称为高档路由器。

2）按结构分

从结构分为模块化路由器和非模块化路由器。

模块化结构可以灵活地配置路由器，以适应企业不断增加的业务需求，非模块化的就只能提供固定的端口。通常中、高端路由器为模块化结构，低端路由器为非模块化结构。

3）按网络位置或使用对象分

从网络位置或使用对象分，可将路由器分为骨干（核心）级路由器，企业（分布）级路由器和接入(访问)级路由器。

骨干级路由器是实现 Internet 互联、企业级网络互联的关键设备，典型应用于电信运营商或大 ISP。它数据吞吐量较大。对骨干级路由器的基本性能要求是高速度和高可靠性。为了获得高可靠性，网络系统普遍采用诸如热备份、双电源、双数据通路等传统冗余技术，从而使得骨干路由器的可靠性不成问题。Cisco 7500 系列以上的路由器可算是骨干级。

企业级路由器连接许多终端系统，连接对象较多，典型应用于大企业或园区（校园）网络。但系统相对简单，数据流量相对较小，对这类路由器的要求是以尽量便宜的方法实现尽可能多的端点互连，同时还要求能够支持不同的服务质量。Cisco 2800 到 Cisco 4500 系列可算是企业级路由器。其中 Cisco 2800 和 2900 系列路由器属于新的系列，Cisco 称是是集成多业务路由器，用于大、中型企业分支机构网络。

接入级路由器主要是把小型局域网进行远程互连或接入 Internet，主要应用于小型企业客户。 Cisco 2600 系列以下基本上算是接入级的路由器。

Cisco 2900 系列和 Cisco 7600 系列路由器的外观如图 5-5 所示。

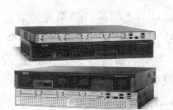

图 5-5 路由器的外观

4）按性能分

从性能上可分为线速路由器以及非线速路由器。

所谓线速路由器就是完全可以按传输介质带宽进行通畅传输，基本上没有间断和延时。通常线速路由器是高端路由器，具有非常高的端口带宽和数据转发能力，以介质允许的速率转发数据包；中低端路由器是非线速路由器。

5）从功能上分

从功能上路由器可分为通用路由器与专用路由器。一般所说的路由器为通用路由器。专用路由器通常为实现某种特定功能对路由器接口、硬件等作专门优化。例如：接入服务器用作接入拨号用户，增强拨号接口以及信令能力；宽带接入路由器强调宽带接口数量及种类；无线路由器则专用于无线网络的路由连接。

5.2　Cisco 路由器的接口信息及其配置环境的搭建

本节将讨论 Cisco 路由器的接口编号方式及配置路由器时应做的准备工作。

5.2.1　路由器的物理接口与接口标识

路由器的物理接口如前节所述，固定配置式路由器的接口由连接类型和编号进行标识。

例如：Cisco 2500 系列路由器上第一个 Ethernet 接口标识为 Ethernet0 ，第二个 Ethernet 接口的编号为 Ethernet1，依次类推，可简称为 E0、E1。串口也以相同的方式编号，如第一个高速同步串口的编号由 0 开始，标识为 Serial0，简称 S0。有专用的异步接口的路由器如 2509、2511，其 AUX 口标识为 async0，其他所有 Cisco 2500 系列路由器上编号为 async1。其他系列的路由器专用的异步口由 1 开始编号。Console 口的标识为 con。

模块化路由器的各种接口通常由接口类型加上插槽号和单元号进行标识。

Cisco 2600 系列是模块化路由器，其上配置有一个或两个固定以太网 LAN 接口，两个 Cisco WAN 接口卡插槽，一个 Cisco 网络模块插槽和一个新的高级集成模块（AIM）插槽。Cisco 2600 系列拥有 3 种性能级别和 8 个型号：Cisco 2650/2651 、Cisco 2620/2621 以及 Cisco 2610/2611/ 2612/2613。Cisco 2600 系列的模块化体系结构可使用 50 多种网络模块和接口卡，能容易地升级接口来适应网络扩展。

1. 插槽和单元编号规则

在 Cisco 2600 系列路由器上，每一独立的物理接口由一个插槽号和单元号进行标识。

插槽号通常从 0 开始，从右到左，或者（如果有的话）从下到上进行编号。但广域网插槽 W0 和 W1 的插槽编号总是 0 。

单元号用来标识安装在路由器上的模块和接口卡上的接口。单元号通常从 0 开始，从右到左，或者（如果有的话）从底部到顶部进行编号。

网络模块和 WAN 接口卡的接口标识由接口类型、插槽号加上右斜杠（/）以及单元编号组成。例如：Ethernet 0/0 即表示第一个 Ethernet 模块上的第一个接口。

在 Cisco 2600 路由器上，如果在其留下的 slot 1 插槽上插入一块 2E slot 模块，

在模块上安装一块 Serial 卡以及一块 ISDN BRI WAN 接口卡，则其各个接口的标识见表 5-2。

表 5-2　Cisco 2600 系列路由器的接口标识

接 口 类 型	插 槽 号	单 元 号	标 识
第 1 个 Ethernet /fast Ethernet 接口	0	0	Ethernet 0/0 或 fast Ethernet 0/0
Token Ring 接口	0	0	Token Ring 0/0
插槽 W 0，Serial 接口 0	0	0	Serial 0/0 (Serial 0)
插槽 W 1，Serial 接口 1	0	1	Serial 0/1 (serial 1)
插槽 1，Ethernet 接口 0	1	0	Ethernet 1/0
插槽 1，Ethernet 接口 1	1	1	Ethernet 1/1
插槽 1，Serial 接口 0	1	0	Serial 1/0
插槽 1，BRI 接口 0	1	0	BRI 1/0

2E Slot 模块提供了 AUI 和 10BaseT 两种接口。在某一时刻，只能使用一种接口。模块自动检测正在使用的是 AUI 还是 10BaseT。

2. 语音接口(Voice Interface)标识

在 Cisco 2600 系列路由器上的语音接口的标识与上面所述的类似,语音接口的编号方式如下:

`interface type classic slot/voice module slot/voice interface`

若路由器的 Slot 1 上插有一块 4 通道语音网络模块,各语音接口的标识详见表 5-3。

表 5-3 Cisco 2600 系列路由器的语音接口标识

接 口 类 型	插 槽 号	接 口 号	标　识
语音(Voice)	0	0	voice1/0/0（最接近机箱 slot 0 者）
语音(Voice)	0	1	voice1/0/1
语音(Voice)	1	0	voice1/1/0
语音(Voice)	1	1	voice1/1/1（离机箱 slot 0 最远者）

Cicso 2600 系列路由器的基本特性与端口组成详见表 5-4。

表 5-4 Cisco 2600 路由器的基本特性

路由器名称	基 本 特 性
Cisco 2600 系列	局域网到局域网路由，包括带宽管理 远程访问服务器（模拟和数字拨号服务） 多服务语音/传真/数据/集成 带有可选防火墙安全的 VPN /外部网（Extranet）访问 串行设备集中 广域网访问，包括 ATM 服务
Cisco 2610	一个以太网端口
Cisco 2611	两个用于局域网分割或局域网安全隔离的以太网端口
Cisco 2612	一个令牌环网端口和一个以太网端口，适合混合型局域网和从令牌环网迁移到以太网
Cisco 2613	一个令牌环网端口
Cisco 2620	一个带有 VLAN 支持的自适应 10/100 Mbit/s 以太网端口
Cisco 2621	二个带有 VLAN 支持的自适应 10/100 Mbit/s 以太网端口

2600 系列路由器的其他可选网络模块和插槽请参阅有关资料。

5.2.2 路由器的逻辑接口

路由器的逻辑接口是通过路由器操作系统软件创建的一种虚拟接口。这些虚拟接口可被网络设备当成物理接口来使用，以提供路由器与特定类型的网络介质之间的连接。通过路由器可配置不同的逻辑接口，如子接口、 Loopback 接口、Null 接口以及 Tunnel 接口等。

1. 子接口

子接口是一种特殊的逻辑接口，它绑定在物理接口上，并作为一个独立的接口来引用。子接口有自己的第 3 层属性，比如 IP 地址或 IPX 编号。

子接口名由其物理接口的类型、编号、英文句点和另一个编号所组成。例如:

F 0/1.0 是物理接口 F0/1 的一个子接口；

Serial 0/0.1 是 Serial 0/0 的一个子接口。

子接口的配置：

```
Router(config)#interface f 0/1.1      //定义子接口 f0/1.1 并进入子接口
Router(config-subif)#
Router(config)#interface s 0/0.1 point to point | multipoint
//定义广域网串口 s0/0 点到点或点到多点连接子接口 s 0/0.1
//物理接口要封装帧中继协议后才会激活该命令格式
```

2. Loopback 接口

Loopback 接口又称环回接口，是一种虚拟接口，交换机、路由器支持应用这种接口来模拟真正的接口。这样做的好处是虚拟接口不会像物理接口那样因为各种因素的影响而导致接口被关闭。

1）Loopback 接口的特点与配置

（1）Loopback 接口永远是 up 的。

（2）Loopback 接口可以配置地址，而且可以配置全 1 的掩码——这样做可以节省宝贵的地址空间。

（3）Loopback 接口不能封装任何链路层协议。

配置 loopback 接口地址，在全局模式下使用命令

```
interface lookback ?
<0-2147483647>  Loopback interface number      //设置 lookback 接口号
```

interface lookback 0，回车后提示接口和协议均为 UP:

```
%LINK-5-CHANGED: Interface Loopback0, changed state to up
%LINEPROTO-5-UPDOWN: Line protocol on Interface Loopback0, changed state to up
```

进入接口配置模式，然后用 ip address 命令配置 IP 地址：

```
ip address 172.16.1.10 255.255.255.255      //配置 32 位前缀的 lookback 口地址
```

2）Loopback 接口的用途

该地址与物理地址一样，可接收或发送 IP 数据包。比如可使用 Telnet 远程登录此接口访问路由器；或者从此接口始发报文 Telnet 登录其他网络设备，或者始发 SNMP 报文，进行有关测试。

如果从配置 Loopback 口的路由器远程登录其他网络设备，指定数据包从 lookback0 口始发的命令是：

```
ip telnet source-interface Loopback 0
```

如果要使用 Loopback 口发送 ICMP 包，可在特权模式下使用不带目标地址的 ping 命令

```
Router#ping
Protocol [ip]:
Target IP address: 172.17.2.110
Repeat count [5]:
Datagram size [100]:
Timeout in seconds [2]:
Extended commands [n]: y                //使用扩展的 ping 命令
Source address or interface: loopback0 //选择 loopback0 口为始发数据包的端口
Type of service [0]:
Set DF bit in IP header? [no]:
Validate reply data? [no]:
Data pattern [0xABCD]:
```

```
Loose, Strict, Record, Timestamp, Verbose[none]:
Sweep range of sizes [n]:
Type escape sequence to abort.
Sending 5, 100-byte ICMP Echos to 172.17.2.110, timeout is 2 seconds:
Packet sent with a source address of 172.16.1.10
!!!!!
Success rate is 100 percent (5/5), round-trip min/avg/max = 15/18/31 ms
```

或者，使用如下命令格式实现上述功能：

```
Ping ip 172.17.2.110 source 172.16.1.10 | loopback0
```

3. Null 接口

Null 接口又称清零接口，主要用来过滤某些网络数据。其特点是：

（1）Null 口是个伪接口（pseudo-interface），不能配置地址，也不能被封装。

（2）总是 up 的。

（3）从不转发或接受任何数据流量。

Null 的配置，在全局配置模式下应用下面命令：

```
interface null0  //null0 口默认存在
```

Null 接口模式下唯一一条配置命令是[no] ip unrechable，该命令的作用是设置是[否]从该接口发送 icmp 不可达报文。

Null 接口从不转发或接受任何报文，对于所有发到该接口的报文都直接丢弃。基于该特点，通常用它来防止路由环路。

例如，在路由器上配置 Null0 接口后，在全局模式下使用命令：

```
ip route 101.1.0.0 255.255.0.0 null 0
```

即可将发送目标是 101.1.0.0 的数据流量引到 Null0 口丢弃，即阻止通过本路由器向目标网络 101.1.0.0 发送数据。

4. Dialer 接口

Dialer 接口即拨号接口。路由器支持拨号的物理接口包括同步串口与异步串口。

路由器通过逻辑接口 Dialer 实现 DDR（按需拨号路由）功能。

```
Router(config)#interface dialer dialer-number
//进入 Dialer 接口配置模式
Router(config)#no interface dialer dialer-number
// 删除已创建的 Dialer 接口
```

5. Tunnel 接口

Tunnel 接口又称隧道或通道接口，用于支持某些物理接口本来不能直接支持的数据报的传输。Tunnel 接口不特别指定传输协议或者负载协议，它提供的是一个用来实现相关标准的点对点的传输模式。由于 Tunnel 实现的是点对点的传输链路，所以，对于每一链路必须设置一对 Tunnel 接口。

Tunnel 传输适用于以下情况：

第一、允许运行非 IP 协议的本地网络之间通过一个 IP 网络通讯，因为 Tunnel 支持多种不同的负载协议；第二、允许在广域网上提供 VPN（virtual private network）功能。

Tunnel 接口配置的创建与删除：

```
Router(config)#interface tunnel tunnel-number        //创建 Tunnel 接口并进入接
口配置模式
Router(config)#no interface tunnel tunnel-number  //删除创建的 tunnel 接口
```

5.3　路由器的初始配置*

第一次对路由器上电时，路由器会提示是否进入初始配置（setup）模式，以对话框形式提示用户完成基本的参数配置。在特权模式下，使用命令 setup 路由器也进入初始配置模式。

现以 Cisco 2611 路由器为例，介绍如何进行初始配置。

说明：本节教学建议放在第 8 章的教学完成之后。初始配置模式只能对路由器做一些基本的配置，实际意义不大。

5.3.1　建立配置环境，计划配置参数

使用 Cisco 2611 提供的一条 Console 线缆，将其一端的 RJ-45—DB-9 或 RJ-45—DB-25 转换头与计算机的 COM 1 或 COM 2 口连接，再将另一端的 RJ-45 头接入 Console 口中。

开启计算机，运行 Windows 超级终端程序。以 9 600Bd、8 位数据位、1 位停止位设置终端参数。

开启路由器的电源开关，路由器的启动过程就会在超级终端窗口显示出来，用户就可以对路由器进行配置了。

配置前，计划好如下内容：

（1）启用什么网络协议和路由协议；

（2）安排路由器各接口地址；

（3）封装什么广域网协议。

5.3.2　实训　路由器的初始配置

实训室路由器通常都已经配置过，故采用如下方法进行初始配置：

在特权模式下使用命令 Setup；或特权模式下使用 erase 命令删掉 startup-config 文件，重新启动路由器。

1. 配置全局参数

开启路由器的电源开关。在 Windows 终端窗口上将显示类似下面的信息：

```
System Bootstrap, Version 11.3 (2)XA,PLATFORM SPECIFIC RELEASE
SOFTWARE(fc1)
Copyright (c) 1998 by Cisco System, Inc.
C2600 platform with 32768 K bytes of main memory
Cisco Systems,Inc.
170 West Tasman Drive
San Jose,California 951341706

Cisco Internetwork Operating System Software
IOS TM C2600Software (C2600 JS M),Version 11.3 (2) XA,
```

```
PLATFORM SPECIFIC RELEASE SOFTWARE (fc1)
Copyright (c) 1986   1998 by Cisco Systems,Inc.
Compiled Tue 10  Mar  98 14:18 by rnapier
Image text base:0x80008084,data base: 0x809CD49C
Cisco 2611(MPC860) processor(revision 0x100) with 24576K/8192K bytes of
memory.
Processor board ID 04614954
M860 processor,part number 0 mask 32
Bridging software.
X.25 software,Version 3.0.0
2 Ethernet/IEEE802.3 interface(s)
3 Serial network interface(s)
32terminal line (s)
DRAM Configuration parity is disabled.
32K bytes of non volatile Configuration memory.
8192K bytes of processor board System flash  (Read/Write)
----System Configure Dialog----

At any point you may enter a question mark '?' for help.
Use ctrl-c to abort Configure dialog at any prompt.
Default settings are in square brackets '[]'.
```

以上显示了 Cisco IOS 软件的版本、CPU、内存和接口等信息。

当出现如下信息时，输入 yes 进入初始配置对话，输入 no 则进入命令行界面：

`would you like to enter initial configuration dialog? [yes/no]: yes`

在下面的信息出现时，按回车键观察当前接口的提要信息：

`first ,would you like to see current interface summary ? [yes]:`
`any interface listed with ok ? value "no" does not have a valid configuration`

下面显示的是 Cisco 2611 的接口信息：

```
Interface  ip address  ok ? method status protocol
ethernet 0/0 unassigned no  unset  up       up
serial 0/0 unassigned no  unset  up    down
bri 0/0  unassigned  no unset  up       up
serial 0/1 unassigned no  unset  up    down
serial 0/2 unassigned no  unset  up    down
```

输入路由器的名字，可输入字母、数字等字符串（本例输入 Cisco2611 ）：

```
configuring global parameters:
enter host name [router]: cisco2611
enable secret is a password used o protect access to privileged excc and
configuration modes. this password ,after entered ,becomes encrypted in
configuration.
```

输入加密的特权执行口令，该口令是加密的，在查看配置时不被显示：

`enter enable secret: xxxx`

输入特权执行口令，该口令是不加密的，在查看配置时可被显示：

`enter enable password : ciscop`

输入远程终端用户口令，该口令用于防止未经授权的用户通过 Consloe 口以外的接口进行
非法的访问。

```
enter virtual terminal password: ciscoq
```
回答下面的提示，根据网络的规划，回答包括启用何种网络协议、路由协议等提示。
```
configure snmp network management ?[yes]:
community string [public]:
configure lat?[no]:
configure appletalk?[no]:
configure decnet?[no]:
configure ip?[yes]:
configure igrp routing?[yes]: //若回答no，则将提示用户配置RIP
your igrp autonomous system number [1]:15
configure clns?[no]:
configure ipx?[no]:
configure vines?[no]:
configure xns?[no]:
configure apollo?[no]:
configure bridgring?[no]:
```
配置 ISDN BRI（Basic Rate Interface）模块使用的交换类型：
```
bri interface needs isdn switch type to be configured
valid switch types are:
[0] none……….only if you don't want to configure bri
[1] basic  1tr6….1tr6 switch type for germany
[2] basic  5ess….at&t 5ess switch type for us/canada
[3] basic  dms100..northern dms  100 switch type for us/canada
[4] basic  net3….net3 switch type for uk and europe
[5] basic  ni……national isdn switch type
[6] basic  ts013 switch type for australia
[7] ntt……….ntt switch type for japan
[8] vn3……….vn3 and vn4 switch types for france
choose isdn bri switch type [4]:
```
配置集成 Modem 模块的异步串行线路：

用户若想通过 Modem 拨入路由器，必须配置异步线路。
```
async lines accept incoming modems calls.if you will have
users dialing in via modems, configure these lines.
configure async lines?[yes]:
async line speed[115200]:
will you be using modems for inbound dialing?[yes]:
```
如果所用的异步接口都使用相同的基本配置参数，则可以把它们作为一个组，一次配置好。

否则，就需要分别对每个接口进行配置：
```
would you like to put all async interfaces in a group and configure them all
at one time?[yes]:
allow dial  in users to choose a static ip addresses?[no]:
configure for tcp header compression?[yes]:
configure for routing updates on saync links?[no]:
enter starting address of ip local pool?[x.x.x.x]:192.168.1.1
enter ending address of ip local pool?[x.x.x.x]:192.168.1.68
```
注意应保证 IP 的开始地址和结束地址位于同一个子网内。下面配置一个拨号测试用户：
```
you can configure a test user to verify that your
dial up service is working properly
```

```
what is username of test user? [user]:
what is password of test user? [passwd]:
will you be using modems for outbound dialing? [no]:
```

2. 配置接口参数

Ethernet Interface 配置

对以太网接口的配置，主要是配置 IP 地址及子网掩码。

```
do you want to configure ethernet0/0 interface [yes]:
configure ip on this interface? [yes]:
ip address for this interface:255.255.255.0
subnet mask for this interface [255.0.0.0]:
class a network is 1.0.0.0, 8 subnet bits, mask is/8
configure ipx on this interface? [no]:y
ipx network number [1]:
need to select encapsulation type
[0] sap (ieee 802.2)
[1] snap (ieee 802.2 SNAP)
[2] arpa (ethernet II)
[3] novell ether (novell ethernet 802.3)
enter encapsulation type [2]:
```

Fast Ethernet Interface 配置

下面是快速以太网（Fast-Ethernet）接口的配置。要回答是否采用全双工，是否配置 IP 和
IPX，以及选择封装等。

```
do you want to configure fastethernet0/0 interface [yes]:
use 100 base  tx (rj45) connector? [yes]:
operate in full duplex mode? [no]:
configure ip on this interface? [no]: yes
ip address for this interface:11.0.0.1
number of bits in subnet field [0]:
class a network is 11.0.0.0, 0 subnet bits, mask is/8
configure ipx on this interface? [yes]:
ipx network number [1]:
eed to select encapsulation type
[0] sap (ieee 802.2)
[1] snap (ieee 802.2 snap)
[2] arpa (ethernet-ii)
[3] novell-ether (novell ethernet-802.3)
 enter encapsulation type [2]:
```

串行接口（Serial Interface）配置：

同步串行口可与 X.25，DDN，帧中继等广域网连接。

```
do you want to configure serial0/0 interface? [yes]:
some encapsulations supported are
ppp/hdlc/frame-relay/labp/atm-dxi/smds/x25
choose encapsulation type [ppp]:
```

按提示选择封装的广域网协议类型。所谓"封装"，就是用特定协议头信息对数据打包的。
例如，以太网数据的封装就是数据放到以太网上之前，先用以太网头信息封装。当以太网信息
在 WAN 上传输时，整个帧又由广域网协议如 PPP 或 HDLC 封装。

第 5 章　初步认识路由器

Cisco 路由器广域网口默认是使用 HDLC 封装。

```
no serial cable seen.
choose mode from  (dce/dte)  [dte]:
```

若在路由器接口上没有插入电缆，则应说明该接口是用做 DTE 或 DCE。若已经插入电缆，Setup 程序将检测 DTE/DCE 状态。若串行电缆是 DCE，将出现下面的提示：

```
serial interface needs clock rate to be set in dce mode.
following clock rates are supported on serial interface 0
1 200, 2 400, 4 800, 9 600, 19 200, 38 400
56 000, 64 000, 72 000, 125 000, 148 000, 500 000
800 000, 1 000 000, 1 300 000, 2 000 000, 4 000 000, 8 000 000
choose clock rate from above:[2000000]:
configure ip on this interface ? [yes]:
ip address for this interface :2.0.0.1
subnet mask for this interface [255.0.0.0]:
class a network is 2.0.0.0 , 8 subnet bits; mask is /8
configure ipx on this interface ? [no]:yes
ipx network number [8]:
frame relay encapsulation
following lmi  types are available to be set,
when connected to a frame relay switch
 [0] none
 [1] ansi
 [2] cisco
 [3] q933a
enter lmi type [2]:
```

注意：若将本地管理接口（Local Management Interface，LMI）类型指定为 none，Setup 程序将只提示输入 DLCI（DataLink Connection Identifier）编号。若使用默认值或指定另外的 LMI 类型，DLCI 编号将由指定的协议提供。

```
enter dlci number for this interface [16]:
do you want to map a remote machine's ip address to dlci ? [yes]:
ip address for remote interface : 2.0.0.2
do you want to map a remote machine's ipx address to dlci ? [yes]:
ipx address for remote interface: 40.1234.5678
serial interface needs clock rate to be set in dce mode.
following clock rates are supported on serial interface0.
1 200, 2 400, 4 800, 9 600, 19 200, 38 400
56 000, 64 000, 72 000, 125 000, 148 000, 500 000
800 000, 1 000 000, 1 300 000, 2 000 000, 4 000 000, 8 000 000
choose speed rate from above: [2000000]: 1200
configure IP on this interface ?  [yes]:
ip address for this interface : 2.0.0.1
subnet mask for this interface [255.0.0.0]:
class A network is 2.0.0.0 , 8 subnet bits;  mask is /8
```

若已配置了 IPX 协议，Setup 命令将提示配置 IPX 映射（map）：

```
do you want to map a remote machine's ipx address to dlci? [yes]:
ipx address for remote interface: 40.0060.34c6.90ed
lapb encapsulation
```

```
lapb circuit can be either in dce/dte mode.
choose either from (dce/dte) [dte]:
x.25 encapsulation
x.25 circuit can be either in dce/dte mode.
choose form either dce/dte [dte]:
enter local x25 address :123
we will need to map remote x.25 station's x25 address
to remote station ip/ipx address
enter remote x25 address :132
do you want to map remote machine's x .25 address to ip address ? [yes]:
ip address for remote interface :2.0.0.2
do you want to map remote machine's x25 address to ipx address ? [yes]:
ipx address for remote interface :40.1234.5678
enter lowest 2  way channel [1]:
enter highest 2  way channel [64]:
enter frame window (k) [7]:
enter Packet window (w) [2]:
enter Packet size (must be powers of 2) [128]:
atm  dxi encapsulation
enter vpi number [1]:
enter vci number [1]:
do you want to map remote machine's ip address to vpi and vci's ? [yes]:
ip address for remote interface :2.0.0.2
do you want to map remote machine's ipx address to vpi and vci's ? [yes]:
ipx address for remote interface : 10.1234.5678
smds encapsulation
enter smds address for local interface :c123.6666.77a8
we will need to map remote smds station's address
to remote station ip/ipx address
enter smds address for remote interface :c123.6666.77a8
do you want to map remote machine's smds address to ip address ? [yes]:
ip address for remote interface :2.0.0.2
do you want to map remote machine's smds address to ipx address ? [yes]:
ipx address for remote interface :10.1234.5678
serial cisco ios commands generated

interface serial 0/0
encapsulation ppp   //在串口上封装 PPP 协议
clock rate 2000000
ip address 123.0.0.1255.0.0.0
```

3. 保存配置

当根据 Setup 命令解释程序的提示输入了所有的信息, 系统会显示所有的配置, 并询问是否采用本配置, 如果采用, 系统会将配置文件保存在 NVRAM 中。

```
use this configuration ? [yes/no]:yes
building configuration….
use enable mode 'configure' command to modify this configuration.
press return to get started
following configuration command script was created:
hostname 2600
```

```
enable secret 5 $1$zxxt$yzmzup1/wqvyln5cweypu.
line vty 0 4
password guessagain
snmp server community public
```
当屏幕上的信息显示停止滚动时，按回车键返回提示符：
```
Cisco2611>
```
表示回到了命令行界面并已经完成了路由器的基本配置。

思考与动手

（1）弄清路由器在网络中的作用。

（2）了解路由器的主要硬件构成和 Cisco 路由器的接口命名方式。

第 6 章
使用 CLI 配置路由器

【内容概要】

通过 CLI（命令行接口）配置路由器是一般的配置方法。

在不同的命令行模式下，能够使用的配置命令是不同的，即不同的命令行模式下能实现的配置功能是不同的。

对路由器进行新的配置或更改配置，需要进入全局模式。

对特权执行模式和使用终端通过 con、aux 或局域网口登录路由器，均可设置口令保护。

【学习目标】

（1）学会保存路由器配置的多种方法；

（2）学会查看邻居设备的信息；

（3）学会在忘记密码的情况下从控制台登录路由器。

6.1　路由器的基本配置

使用 Setup 模式可完成路由器的部分配置，但灵活性差，且有的配置无法实现。对路由器的一般配置方法，是使用其 IOS 提供的命令行接口(Command Line Interface, CLI)，通过输入 IOS 命令来进行。

6.1.1　命令模式与命令

前面在讨论交换机时，介绍了 Cisco IOS 的 CLI 的 6 种基本模式，现简单汇总并针对路由器做一些补充。

1. 普通用户模式（User EXEC）

普通用户模式用于查看路由器的基本信息，不能对路由器进行配置。在该模式下，只能够运行少数的命令。

该模式默认的提示符：router>。

进入方法：登录路由器后默认进入该模式。

退出命令为 logout。

2. 特权执行模式(Priviledged EXEC)

特权执行模式可以使用比普通用户模式下多得多的命令。特权执行模式用于查看路由器的各种状态，绝大多数命令用于测试网络、检查系统等。保存配置文件，重启路由器也在本模式下进行。

该模式默认的提示符：Router#。

进入方法：在普通用户模式下输入 enable 并回车。

退出方法：退到普通用户模式的命令为 disable，退出命令行模式则使用命令 exit。

3. 全局配置模式（Global Configuration）

全局配置模式用于配置路由器的全局性的参数，更改已有配置等。要进入全局配置模式，必须首先进入特权执行模式。

全局配置模式的默认提示符为 Router(config)#。

进入方法：输入命令 config terminal。

退出方法：可使用 exit 或 end 命令，也可按【Ctrl+Z】组合键退到特权模式。

4. 接口配置模式（Interface Configuration）

接口配置模式用于对指定端口进行相关的配置。该模式及后面的数种模式，均要在全局配置模式下方可进入。为便于分类记忆，都可把它们看成是全局配置模式下的子模式。

默认提示符：Router(config-if)#。

进入方法：在全局配置模式下，用 interface 命令进入具体的接口。

```
Router(config-if)#interface interface-id
```

退出方法：退到上一级模式，使用 exit 命令；直接退到特权执行模式，或按【Ctrl+Z】组合键。

例如，进入以太网接口配置模式：

```
Router (config)#interface ethernet 0
```

5. 子接口配置模式(Subinterface Configuration)

说明子接口是一种逻辑接口，其默认提示符为

```
Router(config-subif) #
```

进入方法：在全局配置模式下用 interface 命令定义和进入。

Router(*confi*)#interface *interface-id.subinterface-number* multipoint|point-to-point//定义并进入多点连接或点到点连接子接口（X.25 或帧中继网络接口）

退出方法：同接口配置模式。

例如，给 ethernet 0 配置子接口 0.0：

```
Router(config)#interface ethernet 0.0
// 以太网子接口无关键字 multipoint|point-to-point，专线连接广域网接口亦然
Router(config-subif)#
```

6. 控制器配置模式（Controller Configuration）

控制器配置模式用于配置 T1 或 E1 端口。

默认提示符：Router（config-controller）#

进入方法：在全局配置模式下，用 controller 命令指定 T1 或 E1 端口。

```
Router(config) #controller e1 slot/port or number
```

7. 终端线路配置模式（Line Configuration）

用于配置终端线路的登录权限。

默认提示符：Router（config-line）#。

进入方法：在全局配置模式下，用 line 命令指定具体的 line 端口。

```
Router(config)#line number or {vty|aux|con} number
```

退出方法：同上一模式。

例如，配置从 Console 口登录的口令：

```
Router(config)#line con 0
Router(config-line)#login
Router(config-line)#password sHi123  //设置口令为 sHi123
```

又如，配置 Telnet 登录的口令：

```
Router(config)#line vty 0 4
Router(config-line)#login
Router(config-line)#password password-string
```

Cisco 路由器允许 0~4 共 5 个虚拟终端用户同时登录。

8. 路由协议配置模式（Router Configuration）

用于对路由器进行动态路由配置。

默认提示符：Router(config-router)#。

进入方法：在全局配置模式下，用 router *protocol-name* 命令指定具体的路由协议。

```
Router(config)#router protocol-name [option]  //有的路由协议后面还必须带参数
```

退出方法：同前一模式。

例如，进入 RIP 路由协议配置：

```
Router(config)router rip
Router(config-router)#
```

又如，进入 IGRP 路由协议配置：

```
Router(config)#router igrp 60  //60 是假设的自治域系统号，需要带上
```

9. ROM 检测模式

如果路由器在启动时找不到一个合适的 IOS 映像时，就会自动进入 ROM 检测模式。在该模式中，路由器只能进行软件升级和手工引导。

默认提示符（视路由器型号而定）为

```
>
```

或者

```
rommon 1>
```

在忘记了路由器口令的时候，可以用该模式来解决。有两种方法可以人工进入该模式：

方法 1　在路由器加电 60s 内，在超级终端下，按【Ctrl+Break】组合键 3~5s；

方法 2　在全局配置模式下，键入

```
Config 0x0
```

然后关闭电源重新启动。

10. 初始配置模式（Setup Mode）

系统以对话框提示用户设置路由器，可完成一些基本配置，简单方便。

默认提示符：一系列提示对话，详见第 4 章。

进入方法：未保存配置文件到 NVRAM 的路由器启动时自动进入；在特权执行模式下用 setup 命令进入。

6.1.2 路由器的命令分类

在配置 Cisco 路由器时，根据不同的工作模式，为便于记忆，可把命令分为三类：

（1）全局命令；

（2）主命令；

（3）子命令。

1. 全局命令

全局命令是影响路由器整体功能的命令，通常在全局模式下使用。全局命令如：

Hostname：更改路由器的名字。

enable secret：设置或更改路由器的加密口令。

no ip domain lookup：禁止路由器进行域名解析。

2. 主命令与子命令

主命令是用于配置特定端口或进程的命令，通常在全局配置模式下使用后，会进入另一配置模式。每个主命令执行后必须至少有一个子命令（用来完成由主命令开始的有关配置）随着执行。例如：

主命令：interface s 0/0

子命令：ip address 123.45.45.45   255.0.0.0 //给接口 S0/0 配置 IP 地址 123.45.45.45

主命令：router RIP

子命令：network 192.168.1.0   //启用 RIP 路由通告路由器所在网络

主命令：line vty 0 4

子命令：password shi6shuo2   //配置虚拟终端登录密码 shi6shuo2

6.1.3 配置路由器主机名和几种口令

配置路由器的主机名和和口令是配置路由器的第一项工作。在网络中有多个路由器时，为其配置主机名以便于区分它们；配置口令则是为了防止非授权用户登录或修改路由器的配置。

1. 配置主机名

配置主机名的步骤如下：

1）进入特权执行模式

```
router> enable
password: //屏幕提示输入 password，输入并回车后，进入特权执行模式
router#
```

2）进入全局配置模式

```
router#config t
Router(config)#
```

3）修改主机名，如改为 Cisco

```
Router(config)#hostname cisco
cisco (config)#
```

2. 配置口令

1）配置特权模式加密口令（亦称使能加密口令）

```
cisco (config)#enable secret ciscopass        //设置该口令为 ciscopass
```
2）配置从 Console 端口登录口令

进入 Line 配置模式以配置 Console 端口：
```
cisco(config )#line con 0
```
终端在某段时间内没有输入时，会退出登录：
```
cisco(config-line)# exec timeout 0 20          //设置超时时间为20s
cisco(config-line)# exec timeout 0 0           //设置永不超时
```
设置登录口令 lopass123：
```
cisco(config-line)password lopass
```
启用口令配置：
```
cisco(config-line)#login
cisco(config-line)#
```

6.2   路由器接口配置注意事项

路由器有多种接口，这里说明其同步串口和以太网口的配置注意事项。

1）接口 IP 地址配置

每接口可以配置一个 IP 地址，也可以配置多个 IP 地址。

2）封装协议

Cisco 交换机以太网口封装以太网协议，不用显式配置；广域网同步串口默认封装的是 HDSL 协议，不用显式配置。但若要改用其他协议，就需要重新封装。

3）在 DCE 接口配置同步时钟

对点到点的广域网连接，需要在 DCE 电缆一端的设备提供同步时钟。实验室环境下常用一条 DTE 和一条 DCE 电缆直接相连来模拟广域网连接，两端连上路由器。连接 DCE 电缆一端的路由器作为 DCE 设备，需要在连接的接口上配置时钟速率。否则，两个路由器相连的广域网接口和协议都是开启不了的。

配置时钟。在接口配置模式下，使用如下命令：
```
 Clock rate clock-rate
```
4）配置子接口

配置支持多点连接的广域网接口的子接口时，需要指明子接口是点到点还是点到多点连接。全局模式下使用命令
```
Interface s 1/0.2  point-to-point|multipoint
```
配置广域网口点到点或点到多点连接子接口 s 1/0.2。

5）启用接口

Csico 路由器的接口（环回口和 Null 口除外）必须用命令开启。在接口（或子接口）配置模式下使用 No shutdown 命令开启相应的接口。物理接口开启后，其上的子接口才能开启。

6.3   配置的保存与查看

路由器与交换机一样，配置文件需要人工保存。

6.3.1 保存配置文件

对路由器进行配置时，所输入的命令（即时键入或由事先写好的文本文件导入）被执行且这些命令构成配置文件存储在路由器的内存（RAM）中，称为 running-config 配置文件。该配置文件掉电后就会马上消失。因此需要在特权模式下，把配置文件存放到掉电后不丢失的 NVRAM 或 TFTP 服务器中，存放到这些位置的配置文件称为 startup-config。

1）把配置文件保存在 NVRAM 中

在特权模式下，可用 copy 命令将配置文件从 RAM 复制到 NVRAM 中。
```
router#copy running-config startup-config
```
2）把配置文件保存在 TFTP 服务器中

在特权模式下，可用 copy 命令将配置文件从 RAM 复制到 TFTP 服务器中。
```
router#copy running-config tftp
```
3）把 TFTP 服务器保存的配置文件复制到 RAM 中

在特权模式下，使用 copy 命令：
```
router # copy tftp running-config
```
4）把 NVRAM 中的配置信息写入 RAM 中

在特权模式下，使用命令：
```
router # configure memory    //路由器启动时，这一过程是自动完成的
```
5）清除 NVRAM 中的配置文件

在特权模式下，使用命令：
```
router # erase startup-config
```

6.3.2 查看配置

1）查看主机名和口令

要查看所配置的主机名及口令，可输入 show config 命令：
```
Router(config )#show config
using 1888 out of 126968 bytes
version 11.0
hostname Router
enable secret 5 $            // $6014$x2jyowodc0.kqalloO/w8/
```
2）查看接口配置信息

在接口配置模式下可用以下命令查看路由器的接口配置信息等：

show version：显示路由器的硬件配置，接口信息，软件版本，配置文件的名称、来源及引导程序来源。

show process：显示当前进程的各种信息。

show interface [*type slot/port*]：显示接口及线路的协议状态、工作状态等。

show stacks：显示进程堆栈的使用情况，中断使用及系统本次重新启动的原因。

show buffers：提供缓冲区的统计信息。

show protocols：显示路由器的 IP 路由、所有接口及其协议的状态信息。

3）查看路由器内存中的配置及空间使用情况

在特权模式下，可使用 show 命令查看 RAM、NVRAM 和 Flash ROM 的内容：

show running-config：显示当前的配置。

show startup-config：显示存放在启动配置文件的内容。

show flash：显示存放在 flash 中的 IOS 文件名，flash RAM 所使用的空间和空闲的空间。

show mem：显示路由器内存的各种统计信息。

show terminal：显示终端的配置参数。

show config：显示 NVRAM 中保存的配置文件内容。

6.3.3 查看邻居的配置

在分析网络状态、优化使用网络时，收集和路由器相邻的其他路由器（交换机）的信息是很重要的，这些路由器通常称为邻居路由器（交换机）。Cisco 路由器有一个专门的协议，称为 Cisco 发现协议（Cisco Discover Protocol，CDP），可以在直连的 Cisco 设备之间交换信息。交换的信息包括对端操作系统版本、硬件平台、接口类型等。可以用它来发现和查看相邻设备的信息和接口的连接情况。

CDP 利用数据链路广播来发现那些也运行了 CDP 的邻近 Cisco 路由器（交换机）。使用 IOS 10.3 以后的版本的 Cisco 路由器系统，在启动后，CDP 是自动打开的。几个有关的命令介绍如下：

cdp enable：该命令在接口配置模式下使用，可启用某接口的 CDP。

cdp run：全局模式使用该命令可启用路由器所有接口上的 CDP。

show cdp interface：该命令检查路由器接口的状态是否正常，CDP 是否启用等。

show cdp neighbors：该命令显示邻居与自身相连的各个接口的名称、平台及协议信息。

show cdp neighbor details：该命令显示 CDP 邻居的有关细节。

大型企业网络中，网络设备及其接口众多，接口及其相互连接的状况也是网络管理一项繁杂的任务。使用功能强大的网管软件可以呈现包括设备接口连接状况的网络拓扑。但在无网管软件的情况下，有效地查看设备的连接情况就是使用 Cisco 发现协议，而不用管理员去到现场查看。

实例 相邻网络设备相连接口的查看。

在当前设备上执行特权命令 show cdp neighbors，即可看到当前设备和与当前设备直接相连的其他设备的连接接口。假如在某路由器 Router1 上执行如下命令得到如下输出显示：

```
Router1#show cdp neighbors
Capability Codes: R - Router, T - Trans Bridge, B - Source Route Bridge
                 S - Switch, H - Host, I - IGMP, r - Repeater
Device ID      Local Intrfce      Holdtme   Capability Platform   Port ID

Switch1        Eth 0/1            131       R S I      3640       Fas 0/13
Switch2        Eth 0/2            141       R S I      3640       Fas 0/13
```

就可以知道路由器 Router1 的 Eth0/1 接口是连接到交换机 Switch1 的 Fas0/13 接口，Eth0/2 接口是连接到交换机 Switch2 的 Fas0/13 接口的。

6.3.4 实训 绕过特权口令登录路由器并找回原 startup-config 文件

如果路由器在启动时找不到一个合适的 IOS 映像时，就会自动进入 ROMmon 模式。在该模式中，路由器只能进行软件升级和手工引导。

默认提示符为

```
rommon>
```

在忘记了路由器口令的时候，可以用该模式来解决。有两种方法可以人工进入该模式：

方法 1：在路由器加电 60s 内，按【Ctrl+Break】组合键。

方法 2：在全局配置模式下，键入 Config register 0x0，然后关闭电源重新启动。

1. 绕过 NVRAM 引导路由器

绕过 NVRAM 引导路由器的配置步骤如下：

1）普通用户模式下查看配置寄存器

```
R>#show version
……<省略部分输出>
Configuration register is 0x2102
```

配置寄存器的值一般为 0x2102 或 0x102，如果因为忘记了控制台登录口令而普通用户模式都不能进入，就假定为 0x2102。

2）设置路由器从 0x2142 寄存器引导系统

绕过正常时的 0x2102 寄存器（从 NVRAM)启动），从而绕过 NVROM 中的启动配置：

```
rommon 1>confreg 0x2142
rommon 2 >reset
```

回车后系统提示重新引导，也可以通通回答 no，完成初始化；或者，按【Ctrl+C】组合键终止初始化，进入普通用户模式。随后键入 enable 进入特权执行模式，此时已不需要口令。

```
router>enable
router#
```

2. 原 startup-config 文件的恢复

按照前面的步骤，路由器重启后，原启动配置文件仍然存在于 NVRAM 中，按如下步骤可以再合并到当前运行的配置文件里。

（1）键入 copy startup-config running-config，把 startup-config 从 NVRAM 复制合并到 RAM 的 running-config 中。小心勿键入 copy running-config startup-config，否则会擦除启动配置。这样我们就恢复了原来的配置文件。

（2）键入 show running-config。现在可以看到加密格式或未加密格式的口令（enable 口令、enable 加密口令、vty 口令、控制台口令等，如果都配置了）。可以重新使用未加密的口令。但已加密的口令没法看到原来的字符，必须更改为新口令。

在全局模式下键入 enable secret 更改加密口令。例如：

```
Router(config)# enable secret shisco
config-register configuration_register_setting
```

其中 configuration_register_setting 是启动寄存器的值如 0x2102。例如：

```
Router(config)#config-register 0x2102
```

特权模式下使用命令：

```
copy running-config startup-config
```

保存更改。

输入 show version 命令确认路由器是在下次重新启动时使用寄存器设置。

思考与动手

（1）如何查看、保存路由器的当前配置？

（2）如何配置路由器的主机名和口令？

（3）如何查看启动配置文件？

（4）弄清路由器的启动过程。

（5）掌握路由器接口配置要点，动手配置路由器的接口 IP 地址并激活接口。

第 7 章

IP 协议与 IP 路由

【内容概要】

在 IP 网络中，主机用 IP 地址来标识和区分。IP 地址由网络地址和主机地址（或称网络号和主机号）两部分组成。

IP 地址分为 A、B、C、D 和 E 五类。对前三类地址，还可划分子网。划分子网后，IP 地址可视为由网络地址、子网地址和主机地址三部分组成。划分子网是通过改变子网掩码的代表网络号的二进制位的长度（前缀长度）来实现的。

把若干个网络地址用一个统一的网络号来表示的编址方式称为超网编址，超网编址及其寻址方式称为无类域间路由。

路由是指对到达目标网络的路径做出选择，也指被选出的路径本身。路由器中的路由表就像一张"网络地图"，记录了到达各个目标网络的路径。

对路由表中"记录"的填写可以采用人工方式，也可以由路由协议自动进行，分别称之为静态路由配置和动态路由配置。

【学习目标】

（1）学会子网与超网的表示方法；

（2）学会静态路由和默认路由的配置；

（3）学会查看路由表。

7.1　TCP/IP

TCP/IP，作为 Internet 事实上的协议标准，在计算机网络领域中占有特别重要的地位。而 IP（Internet Protocal）则是其中最重要的一组协议。

7.1.1　TCP/IP 的结构

TCP/IP 指的是整个 TCP/IP 协议栈，它是一个具有 4 层结构的协议系统，由若干协议组成，这 4 个层次由高到低依次是：应用层、传输层、网际层和网络接口层。我们把这样的协议组合称为 TCP/IP 协议栈，也称之为 TCP/IP 模型。

由于 TCP/IP 在设计时就是要使得异种机型、异种网络能够互联，要与具体的物理传输媒体无关，故其没有对数据链路层和物理层做出规定，只是简单地把最低的一层命名为网络接口层。

除网络接口层外，其余各层都由多个协议组成。

在网际层，IP 协议封装的数据报文能够被路由器从一个子网传送到另一个子网，故称 IP 协议是可路由的协议；IP 数据报的路由称为 IP 路由。通过配置路由器，使 IP 数据报在路由器之间传送并到达目标网络，相关的配置称为 IP 路由配置。

7.1.2　TCP/IP 各层协议简介

TCP/IP 实际上是许多具体协议的总称。这些协议适用于连接不同的网络系统，包括局域网和广域网。下面就各层的主要协议做一简介。

1. 应用层

TCP/IP 的应用层与 OSI 参考模型的应用层、表示层、会话层相对应。除了 HTTP 外主要的协议还有：

（1）Telnet：远程登录协议，通过网络提供远程登录的终端仿真服务。

（2）FTP：文件传输协议，用以进行交互式文件传输。

（3）SMTP：简单邮件传输协议，用来在网络上传送电子邮件。

（4）DNS：域名服务，用来把主机域名解析成 IP 地址。

（5）NFS：网络文件系统，允许网络上的其他机器共享主机目录。

2. 传输层

传输层提供端到端的数据传送服务。TCP/IP 协议中的传输层协议包括传输控制协议（TCP）和用户数据报协议（UDP），其中 TCP 提供面向连接的服务，UDP 提供无连接数据报传输服务。该层与 OSI 参考模型的传输层相对应。

1）传输控制协议（TCP 协议）

TCP 面向高层应用提供了全双工的、确认重传的、带控制流的传输服务，它允许数据包无差错地、可靠地传到目标主机。TCP 可同时支持不同高层协议的应用。

2）用户数据报协议（UDP 协议）

UDP 协议在传输层上提供无连接的数据报传输，它不保证数据包一定能够到达目标主机，即不能解决诸如报文丢失、重复、失序和流控等问题。传输的可靠性靠应用层的协议来保证。UDP 本身忽略可靠性，而优先考虑传输速率的问题，因此其传输效率较 TCP 高。

3. 网际层（又称 Internet 层）

网际层由 IP 和 ICMP 等协议组成。网际层对应于 OSI 参考模型的网络层。IP 的主要功能是屏蔽所有低层的具体细节，向上层提供统一的通信服务。具体包括：网络编址、无连接数据报传送、数据报路由、差错处理、拥塞控制、点到点传输等，其中的核心是数据报路由。是使用 IP 地址用于标识计算机所属的网络及主机号，以确定计算机的位置，实现数据报路由寻址。

此外，地址解析协议（ARP）和逆向地址解析协议（RARP）也是该层两个较为重要的协议。前者用来把 IP 地址映射成主机的物理地址；即媒体访问控制地址 MAC，使得数据报能最终到达目标主机；后者则相反，用来把物理地址映射成 IP 地址，如无盘工作站的 IP 地址的获取，就是 RARP 的具体应用。

由于要与物理地址打交道，因此也可认为 ARP 和 RARP 协议是跨越网络接口层和网际层的协议。

4. 网络接口层

这一层在 TCP/IP 模型中没有实质性的内容，是该模型的一个缺陷。该层对应于 OSI 参考模型的物理层和数据链路层，可参考 OSI 参考模型中这两层的协议。物理层定义了数据传输设备的硬件特性，包括机械和电气特性等。数据链路层的作用是使得数据能在物理层提供的链路上可靠地传输，对该层的数据结构（帧）做了完整的定义。

TCP/IP 模型与 OSI 的七层模型的对比如表 7-1 所示。

表 7-1　TCP/IP 与 OSI 模型的对比

TCP/IP 模型	OSI 模型
应用层	第七层：应用层
FTP<文件传输协议>、Telnet<远程登录>、SMTP<简单邮件传输协议>、	第六层：表示层
SNMP<简单网管协议>、NFS<网络文件系统协议>等	第五层：会话层
传输层 TCP、UDP	第四层：传输层
网际层 IP、ICMP、路由协议（如 RIP 等）、ARP、RARP	第三层：网络层
网络接口层	第二层：链路层
	第一层：物理层

7.2　路由选择协议与 IP 路由配置

在网际层传输的数据报，欲到达不同网络的目标主机，首先得到达目标网络上的路由器。在数据报的起始位置和目标网络之间，可能相隔多个网络（多个路由器）。数据报通过不同的路径，都可能到达目标，如图 7-1 所示。具体路径的选择，则是由这些路由器作出的。路由器根据路由选择协议通告自己所在网络的消息并协商出到达目标网络的一条或多条最好的路径。

对于简单的网络，可以手工指定到达目标网络的路径，这称之为静态路由配置。对于复杂的网络，则必须要通过对路由器配置路由选择协议来实现路由选择，这称之为动态路由配置。在使用 IP 协议的网络中所做的静态和动态路由配置通称 IP 路由配置。需要注意的是，图 7-1 中标上数据报源和目标，纯粹是为了便于区分；对所有路由器而言，所有网络都是目标（路由表中只有目标没有源，详见 7.5 节）。

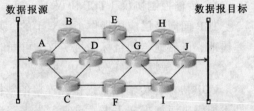

路径1：数据报源—A—B—E—H—J—数据报目标
路径2：数据报源—A—D—G—J—数据报目标
路径3：数据报源—A—D—C—F—I—J—数据报目标
路径n：…

图 7-1　数据报传输的路径选择

7.2.1　路由选择协议及其作用

路由选择协议简称路由协议，是指通过使用不同的路由算法来选择最优路由的协议。它使路由器相互交换网络上的路由信息，控制路由器的路由表的自动生成。常用的路由协议有 RIP、EIGRP、OSPF、BGP 和 EGP 等。

在 Internet 上，路由协议使路由器交换路由信息，及时动态更新路由表中的路由项，以保证路由表中的路由信息是最新的。线路故障、路由器设备故障或者新的路由器加入等网络环境的变化，路由协议都会及时地更新路由表，以保证路由表的正确。

1. 网络协议与路由协议的关系

网络协议是在网络中进行传输、通信和被路由的协议，如 TCP/IP 协议族中应用层、传输层和网际层的协议，有时则专指网际层的协议（如 IP）；路由协议是一些用来进行某种路由选择算法的协议（如上面提到的 RIP、EIGRP 等）。

Cisco 路由器上路由协议可路由的网络协议包括当今在 Internet 和局域网上使用得最广泛的协议 IP，以及 IPX、DECnet、AppleTalk 等。可路由 IP 的路由协议称为 IP 路由协议。

2. 内部路由与外部路由协议

因为 Internet 的规模巨大，如果要求所有的路由器都知道到达所有网络的路径，则将使得其路由表太大，处理所花的时间也太多，这样做是不现实的。现实的做法是将 Internet 划分为若干较小的单位，这些单位称为自治系统（Autonomous System，AS），一个 AS 也是一个互联网络，在 AS 内部的路由器，只要知道本 AS 中各目标网络怎样到达就可以了；而在 AS 之间，则通过 AS 边界上的路由器交换路由信息。这样就可提高路由的效率。用在 AS 内部的路由协议称为内部路由协议，而用在 AS 边界路由器上的路由协议称为外部路由协议。

1）内部路由协议（Interior Router Protocol）

内部路由协议在早期的 RFC 文档中称为内部网关协议（Interior Gateway Protocol），这里的网关指的就是路由器。内部路由协议是在一个自治系统内部使用的路由协议，如 RIP、OSPF 和 IGRP 协议。不同的自治系统可以随意选择不同或相同的内部路由协议。

2）外部路由协议（Internet Router Protocol）

外部路由协议在早期的 RFC 文档中称为外部网关协议（External Gateway Protocol），当数据报要跨越不同的自治系统传输时，在一个自治系统的边界上，需要使用某种路由协议把路由选择信息传递到另一自治系中，这种路由协议称为外部路由协议。现在使用最多的外部路由协议是 BGP。

Internet 的自治系统的划分和管理由 Internet NIC 统一进行，按 IP 地址范围划分许多自治系统并分给世界上不同的机构。

有关边界网关路由协议（Border Gateway Protocol，BGP）的详情请参阅有关 RFC 文档。本书主要详细讨论常用的内部路由协议。

内部路由协议按照其算法的不同，分为距离矢量（Distance Vector）算法、链路状态（Link State）算法和混合（Hybrid）算法三种。

路由信息协议（Routing Information Protocol，RIP）和内部网关路由协议（Interior Gateway Routing Protocol，IGRP）是采用距离矢量算法的路由协议。

RIP 只以跳数作为计算度量标准，数据报所经过每一个路由器称为"一跳"，到目标的跳数越少，就认为路径越优。

IGRP 则采用多个参数作为计算度量标准，如：带宽、延迟、负载、可靠性及最大传输单元（MTU）。该协议由 Cisco 公司开发。

开放最短路径优先（Open Shortest Path First，OSPF）协议则是典型的基于链路状态算法的路由协议。OSPF 可以将网络分成不同的区域并作用在这些区域中，这些区域也称为自治系统 AS（与对整个 Internet 划分自治系统的做法类似，这里是把自治系统再划分为更小的多个系统）。当源地址与目标地址在同一区域时，使用域内路由选择；在不同区域时，使用域间路由选择。

增强型内部网关路由协议（Enhanced IGRP，EIGRP）则同时吸收了距离矢量路由协议和链路状态路由协议的优点，对 IGRP 做了大量的改进，是 Cisco 公司于 20 世纪 90 年代初发布的。

7.2.2 选择路由协议的要点

配置路由器选择路由协议时，注意以下几点：

（1）在拨号网络上使用静态路由。

（2）在小型网络上数据量不大且不需要高可靠性的情况下，可使用静态路由或 RIP 路由。在大型网络上则应使用 OSPF、EIGRP。

（3）在含有变长子网掩码（VLSM）的网络且子网不连续（被其他网络隔开）的情况下，不能使用 RIP 版本 1 和 IGRP，可以使用 RIP 版本 2 、OSPF 或 EIGRP。

（4）在系统稳定后，使用 OSPF，EIGRP 所占的带宽比 RIP、IGRP 少得多，使用 IGRP 比 RIP 所占的带宽也少些。

在可靠性要求高的情况下，应综合使用动态路由、静态路由、默认路由，以保证路由的冗余。

7.3 IP 数据报的寻址与 IP 地址的规定

从 7.2 节的讨论中，业已知道 Internet 中对不同目标网络的寻址是通过路由器进行的，路由器通过路由表查找目标网络的地址。根据 OSI 参考模型，标识网络中的主机（计算机或其他网络设备）可使用两种地址：MAC 地址和网络地址。

（1）MAC 地址用于在数据链路层的通信，是网卡的物理地址，固化于网卡中，用于标识网络设备，控制对网络介质（双绞线、光纤等）的访问。每块网卡都具有唯一的 MAC 地址。在通过 ARP 完成目标 IP 地址与 MAC 地址的映射后，封装 MAC 地址在数据帧首部，数据帧根据 MAC 地址找到目标，最终完成数据通信。

（2）网络地址又称逻辑地址，用于确定主机在网络层的位置。不同网络层协议中，网络地址的表示不同，IPv4 协议使用 32 位二进制数表示网络地址，分为网络号和主机号两部分，从源主机发出的 IP 数据报根据所携带的目标主机的 IP 地址信息找（被路由）到目标网络。

7.3.1 MAC 地址、IPX 地址与 IP 地址的表示

1. MAC 地址

IEEE 802 标准规定 MAC 地址为 6 B（48 bit）或 2 B（16 bit）二进制数，实际通用的为 6 B。书写时常用十六进制表示，用两个十六进制数表示一个字节。例如：

00 00 F4 D6 C7 A2

或

00-00-F4-D6-C7-A2

都是 MAC 地址常见的表示方式。

2. IPX 地址

IPX 地址为 80 bit 二进制数，其中高 32 bit 用于识别网络，为网络号；低 48bit 用于标志结点（主机），为结点号。书写时通常用 20 个十六进制数来表示。

3. IP 地址

IP 地址为 4 B（32 bit）二进制数，通常用十进制数来表示，每字节间用句点"."分开，把这种表示方法称为点分十进制表示法。如 192.168.53.125 就是一个 IP 地址。

一个 IP 地址分为网络号和主机号两部分。网络号表示主机所在的网络编号，主机号则表示主机在所在网络中的地址编号。

7.3.2 IP 地址与子网掩码

本节简介 IP 协议中有关 IP 地址规定及其完善的内容。

1. IP 地址的分类

为了便于管理和合理利用资源，适应不同大小的网络需求，最先由美国国防部数据网络信息中心把 IP 地址分为五类，Class A、B、C、D 和 E。其中 D 类用于多点广播（组播），E 类保留研究用。其中 A，B，C 三类 IP 地址的规定如表 7-2 所示。

表 7-2　IP 地址的分类

类别	网络号 N，主机号 H	N1 取值		N2/N3/H2/H3 取值		H4 取值	
		二进制	十进制	二进制	十进制	二进制	十进制
A	N1.H2.H3.H4	00000000 ～ 01111111	0～127	00000001～ 11111111	0～255	000000000～ 11111110	1～254
B	N1.N2.H3.H4	10000000～ 10111111	128～191	00000001～ 11111111	0～255	000000000～ 11111110	1～254
C	N1.N2.N3.H4	11000000～ 11011111	192～223	00000001～ 11111111	0～255	000000000～ 11111110	1～254

2. 特殊的 IP 地址

在 IP 地址中，有的被保留作为内部网络专用，有的具有特殊的含义，有的有着特殊的用途。

1）保留地址

Internet 的保留地址主要作为内部网络使用，包括：

A 类地址：10.0.0.0。

B 类地址：172.16.0.0～172.31.0.0。

169.254.0.0～169.254.255.254（微软保留地址块）。

C 类地址：192.168.0.0～192.168.255.0。

2）网络地址（"0"地址）

主机号全为 0 的 IP 地址表示某网络号的网络本身，例如：

IP 地址 123.23.23.0 表示 A 类网络 123.23.23.0。

网络号全为 0 的 IP 地址则表示"本网络"。若主机试图在本网内通信，但又不知道本网的网络号，就可以用"0"网络号代替。

3）广播地址

主机号各位全为 1 的 IP 地址表示广播地址。广播是指同时向网上所有的主机发送报文，如 123.23.23.255 就是 C 类地址中的一个广播地址，代表网络 123.23.23 中的所有主机。

地址 255.255.255.255 代表本网广播或称本地广播。规定 32 bit 全为 1 的 IP 地址用于本网广播，代表本网中的所有主机。

4）环回地址

A 类网络地址的最高 8 位为 0111111，即十进制数值为 127 的地址是保留地址，如 127.1.11.13，127.0.0.1 等，用于环路反馈测试、网络是否拥塞判断以及本地机进程间的通信等。

5）全"0"地址

整个 IP 地址全为 0 代表一个未知的网络。在路由器的配置中，用于默认路由的配置。

3. 子网掩码

为了确定 IP 地址的哪部分代表网络号，哪部分代表主机号以及判断两个 IP 地址是否属于同一网络，就产生了子网掩码的概念。

子网掩码也采用 32 bit 的二进制位来表示。当掩码为 1 时，该位对应的 IP 地址位为网络地址位，当掩码为 0 时，该位对应的 IP 地址位为主机地址位。子网掩码给出了整个 IP 地址的位模式，其中的 1 对应网络号部分，0 对应主机号部分，应用中也采用点分十进制来表示。

例如，某 B 类地址子网掩码为 16 位 1。该子网掩码用二进制表示为：

11111111 11111111 00000000 00000000 或用点分十进制表示为 255.255.0.0。

假如 IP 地址是 172.16.1.100，与子网掩码合写在一起的两种十进制表示方法分别是：

（1）172.16.1.100　255.255.0.0。

（2）172.16.1.100 /16 。/16 是子网掩码的另外一种表示方法，称为网络前缀或前缀长度，表示 IP 地址中前 16 位为网络号，亦表示子网掩码中前 16 位为 1。

原始的按 A、B、C 分类使用 IP 地址的方式称为有类编址，有类 IP 地址意味着网络地址可由第一组二进制八位数的值来确定，或者更准确地说，网络地址可由 IP 地址的前三个位来确定，不使用子网掩码就能确定：

（1）第一位为 0 的是 A 类，前 8 位代表网络地址（子网掩码为 11111111 00000000 00000000 00000000）；

（2）前两位为 10 的是 B 类，前 16 位代表网络地址（子网掩码为 11111111 11111111 00000000　　　　　　00000000）；

（3）前三位为 110 的是 C 类，前 24 位代表网络地址（子网掩码为 11111111 11111111 11111111 00000000）。

有类编址从 IP 地址中就能够知道网络地址和子网掩码。路由器在处理时不必附带子网掩码信息，称为有类路由。在有类路由中，子网掩码的作用未得以体现。

有类编址缺乏灵活性，A 类、B 类网络包含的 IP 地址数太多，而 C 类网络包含的 IP 地址数又可能过少。

使用子网掩码的好处在下一节的变长子网掩码中得到充分体现。

7.3.3　无类域间路由与变长子网掩码

1993 年，IETF 引入了无类域间路由（Classless Inter Domain Routing，CIDR）这一概念。CIDR 有以下作用：

（1）允许更灵活地使用 IPv4 地址空间。

（2）允许前缀聚合，以减小路由表。

对于采用 CIDR 概念的路由器来讲，地址类别就变得没什么意义了。因为该概念涉及子网掩码或者说网络前缀的长度（子网掩码中"1"的个数，通常在 IP 地址后用"/数字"表示，如 /8、/20）是可以改变的，而不再是固定的 8、16、24；IP 地址的网络部分由子网掩码或者说前缀长度来确定，不再由地址所属的类来确定。

这样，我们就可通过使用任意前缀长度（如/8，/9，/10，…，/28 等）更加有效地分配地址空间，而不必局限于 /8、/16 或 /24 个"1"的子网掩码。网络的 IP 地址段可以针对用户的具体需要加以分配：小到只有两台主机，使用前缀/30；大到拥有数千、上万台主机，如使用前缀/17，则该地址段可配置的主机地址数为 32 767 个。

这种使用任意前缀长度的子网掩码或者改变子网掩码的前缀长度的操作，称为可变长子网掩码（Variable Length Subnet Masking，VLSM）。

1. 子网与超网

A、B、C 类地址的前缀长度分别为 8、16、24，我们增加前缀长度，就会把一个网络分成多个更小的网络；反之，就会把多个网络汇聚为一个更大的网络。

1）子网

所谓子网，就是一个网络所分成的若干较小的网络。比如，把一个 C 类网络划分为 30 个较小的网络，每一个较小的网络就是一个子网。

划分子网后，可以提高 IP 地址的利用率，可以减少在每个子网上的网络广播信息量，可以使互联网络更加易于管理。

划分子网后，网络中数据报的寻址就变成了分级寻址的情况：先由干路上的 Internet 路由器根据网络号定位到目的网络，再由连接子网的路由器根据扩展网络号进一步定位到目的网络中的子网络。而子网间的通信则不经过干路上的路由器，使得干路上的路由器的路由表（详见本章后面的内容）能得到简化，提高工作效率。

划分子网后，可以认为 IP 地址分为网络地址、子网地址及主机地址三部分；当网络不使用子网的时候，不使用子网地址，只有网络地址和主机地址两部分。

创建子网时，可用主机地址的总数目会减少。要确定子网掩码，首先应确定传输 IP 信息流的子网的个数，然后再确定能够容纳子网个数的最小子网掩码长度，在确定子网个数时，一般不使用包含全 0 或全 1 的这两个子网地址，因前者的网络地址的形式与未划分子网时的原网络地址形式相同；后者的广播地址的形式与与未划分子网时的原网络的广播地址形式相同。但实际使用时，比如在路由器上配置地址时，是可以使用这两个子网的。

例如，某 B 类地址在未划分子网时，前缀长度为 16 bit。该掩码用二进制表示为

11111111 11111111 00000000 00000000，或用点分十进制表示为 255.255.0.0。

若要划分为 254 个子网，则前缀长度变为为 24 bit。表示为 11111111　11111111　11111111

00000000 或 255.255.255.0，即把原代表 8 bit 主机号的 8 个 0 改成了 8 个 1。

为便于参照说明，下面先仍然使用有类编址的说法，对某个 B 类和 C 类网络划分子网，则其前缀长度、子网掩码、子网的个数、每个子网的主机数等关系详见表 7-3。

表 7-3　B 类和 C 类网络的子网

前 缀 长 度	子 网 掩 码	有效子网数	主 机 位 数	主 机 数
16（B 类地址）	255.255.0.0　（B 类掩码）	0	16	65 534
18	255.255.192.0	2	14	16 382
19	255.255.224.0	6	13	8 190
20	255.255.240.0	14	12	4 094
21	255.255.248.0	30	11	2 046
22	255.255.252.0	62	10	1 022
23	255.255.254.0	126	9	510
24	255.255.255.0	254	8	254
25	255.255.255.128	510	7	126
26	255.255.255.192	1022	6	62
27	255.255.255.224	2046	5	30
28	255.255.255.240	4094	4	14
29	255.255.255.248	8190	3	6
30	255.255.255.252	16382	2	2
24（C 类地址）	255.255.255.0（C 类掩码）	0	8	254
26	255.255.255.192	2	6	62
27	255.255.255.224	6	5	30
28	255.255.255.240	14	4	14
29	255.255.255.248	30	3	6
30	255.255.255.252	62	2	2

从此表可以看出，只要前缀长度相同，则每个子网的主机数（IP 地址个数）就相同，与"父"网的类别（B、C 或 A）无关。

（1）有效子网个数的计算：

有效子网个数 = $2^{\text{网络前缀}-\text{父网前缀}}-2$

实际上，第一个子网和最后一个子网也是可用的，即子网个数就是 $2^{\text{网络前缀}-\text{父网前缀}}$。

比如 202.1.1.0/30 和 202.1.1.252/30，前一子网可用地址为 200.10.10.1/30、200.10.10.2/30，后一子网可用地址为 200.10.10.253/30、200.10.10.254/30。

（2）每个子网有效 IP 地址个数的计算：

有效 IP 地址个数 = $2^{32-\text{网络前缀}}-2$

减 2 是减去子网中代表子网号的 IP 地址和代表广播地址的 IP 地址。比如 202.1.1.0/30 中，地址 202.1.1.0 和 202.1.1.3 分别是该子网的网络地址和广播地址，不能配置给主机或网络设备使用。

（3）网络地址的表示。

下面举例说明网络地址的表示：

192.16.136.8 /18

网络前缀为/18，即是说该 IP 地址中，前 18 位为网络地址，后 14 位为主机地址。用二进制表示该 IP 地址为

11000000 00010000 10001000 00001000

其网络地址用二进制表示为

11000000 00010000 10000000 00000000

用十进制表示为

192.16.128.0

2）超网

超网是与子网相反的概念，IP 地址根据子网掩码被分为网络地址和主机地址。划分子网，则是在某类网络中，"借"用主机地址的位数作为子网的位数，把某个网络分为若干较小的网络；相反，超网则是把一些较小的网络组合成一个大网络。

例如，8 个网络，网络地址从 199.99.168.0/24 递增到 199.99.175.0/24，可以表示为网络 199.99.168.0/21，即 199.99.168.0/21 就是一个超网，这种 IP 地址的编址方式称为超网编址。

2. 路由总结与无类域间路由

1）路由总结（汇总）

路由总结即是把多个连续或不连续的目标网络汇聚为一个大的网络（超网），作为路由信息发布。采用超网编址后，网络对外部路由的数量就可减少。比如说，把 256 个网络地址 193.1.0.0 /24～193.1.255.0/24 分配给一个 Internet 服务供应商（ISP），ISP 再把其分配给 256 个最终用户（包括 ISP 自身）。这 256 个最终用户属于超网（域）的内部。该超网的全部地址构成一个域，该 ISP 到内部最终用户的路由有 255 条，是域内路由；该 ISP 作为一个整体，与其他域之间通信时，其路由称为域间路由，这时路由器可以把这 256 条路由（网络地址）总结为一条路由（网络地址）193.1.0.0/16 发送给其他的 ISP，这样其他 ISP 的路由器到本网的路由表就只有一个路由表条目，这样就简化了其他 ISP 的路由表。

2）无类域间路由

从子网和超网编址的表示方式上就可以看出，最初的 A，B，C 类地址分类界线已不存在，是一种不区分类型的编址方式，故称为"无类型"；把超网作为一个整体（域）来完成不同超网之间的寻址，是为"域间路由"，合起来称为无类域间路由。

3. 可变长子网掩码

按类划分 IP 地址时，默认的子网掩码长度为 A 类 8 bit，B 类 16 bit，C 类 24 bit。使用子网或超网后，子网掩码的长度就改变了，在使用这类 IP 地址的网络之间路由数据包时，就需要启用支持可变长子网掩码的路由协议，如 RIP 版本 2、OSPF、EIGRP 等。

例如，通过广域网线路连接两个路由器的两个串口时，每一串口上要分配一个相同网络号的 IP 地址，如图 7-2 所示。

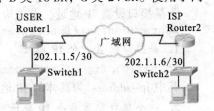

图 7-2 两路由器连接时的 IP 地址

该 IP 地址由服务商 ISP 提供给用户 USER。如果不使用变长子网掩码，比如使用 C 类掩码，则分配给一个用户就占去一个网络号，浪费掉大量 IP 地址。使用可变长子网掩码后，则可把一个 C 类网络号的 IP 地址分配给 62 个用户使用。

例如，若 ISP 把 C 类网络号 202.1.1.0（默认子网掩码前缀长度 24 bit）中的 IP 地址 202.1.1.5 分配给用户路由器 Router1 的广域网串口使用，把 IP 地址 202.1.1.6 分配给自己路由器 Router2 的广域网串口使用，则该网络号中其余 252 个 IP 地址就浪费掉了。

但若使用 30 bit 前缀，则该 C 类网络就被分成了 62 个子网，子网号分别为
```
202.1.1.4
202.1.1.8
...
202.1.1.248
```
子网掩码均为
```
255.255.255.252
```
每个子网中有两个可用的 IP 地址，正好供两个路由器的串口使用。例如：

子网 202.1.1.4 中，可用的 IP 地址为 202.1.1.5 和 202.1.1.6；

子网 202.1.1.8 中，可用的 IP 地址为 202.1.1.9 和 202.1.1.10。

7.4　路由器的 IP 地址配置

一般情况下，路由器的接口需要配置 IP 地址。

7.4.1　IP 地址配置规则

路由器的接口连接着某个网络。路由器是网络层的设备，其接口通常要用网络地址来标识；在 IP 网络中，就用 IP 地址来标识。路由器的某接口连接到某网络上，则其 IP 地址的网络号和所连接网络的网络号应该相同。具体要遵循如下规则：

（1）一般地，路由器的物理网络接口通常要有一个 IP 地址（无编号网络除外）。

（2）相邻路由器的相邻接口地址必须在同一子网上。

（3）同一路由器的不同接口的 IP 地址在不同的子网上。

（4）除了相邻路由器的相邻接口外，相邻路由器的非相邻接口的地址通常不在同一个子网上，若在同一子网，称为网络重叠，需要配置重叠地址转换才能相互访问。

7.4.2　三种 IP 地址配置

在路由器的诸多配置中，最多和首先遇到的就是对其接口配置 IP 地址。无论是局域网还是广域网接口，IP 地址的配置方式都是相同的。

为某接口设置 IP 地址，首先应进入接口配置模式：
```
Router(config)#interface type slot/number
```
1. 每接口配置一个 IP 地址
```
Router(config-if)#ip address ip-address mask
```
其中 ip-address 为具体的 IP 地址。mask 为子网掩码，用来识别 IP 地址中的网络地址位数。

2. 一个接口配置多个 IP 地址
```
Router(config-if)#ip address ip-address mask secondary
```

其中，secondary 参数使每一个接口可以支持多个不同子网的 IP 地址。

可以重复使用该命令指定多个 Secondary 地址，Secondary IP 地址可以用在多种情况下。例如在同一接口上配置两个以上的子网的 IP 地址，可以用路由器的一个接口来实现连接在同一个局域网上的不同子网之间的通信。

Cisco 路由器默认不允许从某一物理接口进来的同一 IP 报文又从原接口出去，即 IP 数据报的重定向功能是禁用的。如果要实现连在路由器同一接口的不同子网的通信，必须再启用 IP 重定向功能，在接口配置模式下使用命令 IP redirect：

```
Router(config-if)# ip redirect
```

该命令表示允许由同一接口进入路由器的 IP 报文由原接口发送出去。

3. 无编号 IP 地址 （IP unnumber Address）

若使用专线或者虚拟专用网络成对连接路由器串口，则可使用匿名连网技术，无须给路由器串口配置 IP 地址。

在 Cisco 路由器上实现时，按如下步骤配置：

（1）先指定一接口的 IP 地址，如 loopback 口的 IP 地址。

```
Router(config)# interface l 0
Router(config)# ip address 198.88.4. 4  255.255.255.255
```

（2）在广域网串口 Serial 0 上使用无编号 IP 地址。

```
Router(config)# interface serial 0/0
Router(config-if)#ip unnumbered l0
```

本例可以理解为，使用无编号 IP 地址时，路由器上的串口 Serial0 从另一个接口 Ethetnet0 "借" 了一个 IP 地址来进行点对点链路的通信。因此，在指定 unnumbered 接口时，路由器的另一接口不能也是 unnumbered 接口，而必须是一个配置了 IP 地址的接口。

7.5　IP 路由配置与路由表

IP 路由，是指在 IP 网络中，选择一条或数条从原地址到目标地址的最佳路径的方式或过程，有时也指这路径本身。IP 路由配置，就是在路由器上进行某些操作，使其能够完成在网络中选择路径的工作。

配置路由的方式有三种，分别为：

（1）静态路由配置；

（2）动态路由配置；

（3）默认路由。

7.5.1　静态路由、动态路由与默认路由

1. 静态路由

通过手工配置路由表项，指定每条路由线路而得到的路由称为静态路由。

静态路由的特点：

（1）安全性高：每条路由均由管理员指定，不会 "节外生枝"，因而具有较高的安全性。

（2）静态路由不向外广播路由信息，路由不能自动更新。

（3）默认情况下，静态路由所选路径与动态路由所选路径相比，路由器会优先采用前者。

（4）由于要配置到达所有目标的路径，对规模较大、较为复杂或者易变化的网络环境，使用静态路由配置是不行的。

2. 动态路由

通过路由器按指定路由协议在网上广播和接收路由信息，通过路由器之间不断交换的路由信息动态地更新和确定路由表项，这种获取目标路径的方式称为动态路由。

动态路由的特点：

（1）路由表项自动生成。路由器由所配置的路由协议自动选择寻址路径。

（2）路由表项自动更新。如果网络的拓扑发生了变化，路由器能自动对路由进行更新，选择出新的最优路径。

（3）安全性靠相关协议的加密认证来保证。由于路由动态生成，如无其他安全措施，易被"路由欺诈"。故通常得采取安全认证措施。

由于是自动、动态生成路由表项，动态路由配置适合复杂的网络环境。

3. 默认路由

为了进一步简化路由表，或者在目标网络地址不知道的情况下，可以配置默认路由。在某路由器上配置默认路由，是告诉到达该路由器上的数据包，去往任何目标，下一跳目标该去到哪里或者该从当前路由器的哪个接口出去。即默认路由会送出到达该路由器的任何数据包。

静态路由、动态路由和默认路由这三种可以单独或综合配置使用。路由配置完成后，默认情况下静态路由和默认路由会同时出现在路由表中。但是只有在去到某目标网络无静态路由和动态路由时，默认路由才被执行。

7.5.2 静态路由配置

在全局配置模式下，建立静态路由的命令格式为

```
Router(config) # ip route network netmask {address | interface-id}[distance]
```

其中：

network：所要到达的目标网络(子网)地址。

netmask：子网掩码。

address：下一个跳的 IP 地址，即相邻路由器的相邻接口地址。

Interface-id：本路由器连接下一跳相邻路由器的接口，即数据包的送出接口。

distance：管理距离，默认值为 1。

注意：配置静态路由的时候，输入本路由器的送出接口名或下一跳路由器的 IP 地址均可，在输入的是下一跳地址的情况下，路由器会据此地址的网络号查出本路由器的送出接口，即静态路由必须具有活动的送出接口才会被添加到路由表中。

7.5.3 实训 配置静态路由

主要设备有 Cisco 2800 路由器 3 台，2960 交换机 3 台，计算机 3 台；

按照图 7-3 所示连接网络。

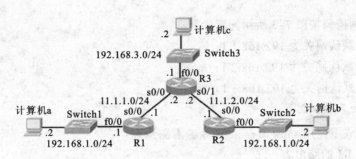

图 7-3　配置静态路由的网络

具体要求：通过配置静态路由，使任意两台计算机或路由器任意接口之间都能连通。

具体操作步骤：

1. 配置路由器各接口 IP 地址并激活接口

以对路由器 R1 的 s0/0 接口的配置为例：

```
Router(config)#hostname R1
R1(config)#
R1(config)#interface s0/0
R1(config-if)#ip address 11.1.1.1 255.255.255.0
R1(config-if)#no shutdown
```

其余接口配置请读者自己完成。

2. 在 DCE 接口上配置时钟

注意在实验室环境下必须在 DCE 电缆一端的路由器接口上配置时钟，本实验需要在两个接口上配置（比如假定 R1 的 S0/0 口为 DCE 端，R3 的 S0/1 口为 DCE 端，则这两个接口需要配置时钟）。

```
R1(config-if)#clock rate ?
Speed (bits per second)
1200   2400   4800   9600   19200  38400  56000  64000  72000  125000
128000 148000 250000 500000 800000 1000000 1300000 2000000 4000000
```

从以上数字中选择其一作为时钟速率。

其余路由器的时钟配置请读者自己完成。

3. 配置静态路由

配置路由器 R1 的静态路由：

```
R1(config)#ip route 11.1.2.0 255.255.255.0 s0/0 | 11.1.1.2
//分别使用送出接口或下一跳地址两种方式配置静态路由
R1(config)#ip route 192.168.2.0 255.255.255.0 s0/0 | 11.1.1.2
R1(config)#ip route 192.168.3.0 255.255.255.0 s0/0 | 11.1.1.2
```

配置路由器 R2 的静态路由：

```
R2(config)#ip route 11.1.1.0 255.255.255.0 s0/0 | 11.1.2.2
R2(config)#ip route 192.168.1.0 255.255.255.0 s0/0 | 11.1.2.2
R2(config)#ip route 192.168.3.0 255.255.255.0 s0/0 | 11.1.2.2
```

配置路由器 R3 的静态路由：

```
R3(config)#ip route 192.168.1.0 255.255.255.0 s0/0 | 11.1.1.1
R3(config)#ip route 192.168.2.0 255.255.255.0 s0/1 | 11.1.2.1
```

配置计算机 IP 地址/子网掩码和默认网关：

IP 地址/子网掩码按图 7-3 所示配置参数。

计算机 a 的默认网关为 192.168.1.1；

计算机 b 的默认网关为 192.168.2.1；

计算机 c 的默认网关为 192.168.3.1。

4. 查看路由表验证配置

（1）特权模式下使用 show ip route 命令查看路由表：

例如，查看 R1 的路由表：

```
R1#show ip route
```

使用转发接口方式配置静态路的路由表是：

```
Codes: C - connected, S - static, I - IGRP, R - RIP, M - mobile, B - BGP
       D - EIGRP, EX - EIGRP external, O - OSPF, IA - OSPF inter area
       N1 - OSPF NSSA external type 1, N2 - OSPF NSSA external type 2
       E1 - OSPF external type 1, E2 - OSPF external type 2, E - EGP
       i - IS-IS, L1 - IS-IS level-1, L2 - IS-IS level-2, ia - IS-IS inter area
       * - candidate default, U - per-user static route, o - ODR
       P - periodic downloaded static route
Gateway of last resort is not set


     11.0.0.0/24 is subnetted, 2 subnets
C       11.1.1.0 is directly connected, Serial0/0
S       11.1.2.0 is directly connected, Serial0/0
C    192.168.1.0/24 is directly connected, FastEthernet0/0
S    192.168.2.0/24 is directly connected, Serial0/0
S    192.168.3.0/24 is directly connected, Serial0/0
```

使用下一跳地址方式配置静态路由的路由表则是（注意与上一表对照）：

```
Codes: C - connected, S - static, I - IGRP, R - RIP, M - mobile, B - BGP
       D - EIGRP, EX - EIGRP external, O - OSPF, IA - OSPF inter area
       N1 - OSPF NSSA external type 1, N2 - OSPF NSSA external type 2
       E1 - OSPF external type 1, E2 - OSPF external type 2, E - EGP
       i - IS-IS, L1 - IS-IS level-1, L2 - IS-IS level-2, ia - IS-IS inter area
       * - candidate default, U - per-user static route, o - ODR
       P - periodic downloaded static route
Gateway of last resort is not set   //没有配置默认路由


     11.0.0.0/24 is subnetted, 2 subnets
C       11.1.1.0 is directly connected, Serial0/0
S       11.1.2.0 [1/0] via 11.1.1.2
C    192.168.1.0/24 is directly connected, FastEthernet0/0
S    192.168.2.0/24 [1/0] via 11.1.1.2
S    192.168.3.0/24 [1/0] via 11.1.1.2
```

通过路由表可以发现：

- 静态路由条目由"S"标记，目标网络、下一跳地址或送出接口都是配置时候指定的参数，下一跳地址前的 via 是"通过"或"经由"的意思。

- 直接连接条目标记"C"，连接在同一路由器上的不同网络，路由器能自动识别，称为直接连接或直连路由。注意用指定送出接口生成的静态路由表条目也显示为 is directly connected（直接连接），其实不是，只是说明数据包经由此接口能够到达目标。

故静态路由条目"S 192.168.2.0/24 [1/0] via 11.1.1.2"与"S 192.168.2.0/24 is directly connected, Serial0/0"可分别解读成：

目标网络 192.168.2.0 经由下一跳地址 11.1.1.2 到达；

目标网络 192.168.2.0 经由送出接口 S0/0 到达。

注意"S"条目里的"[1/0]"分别代表静态路由的管理距离值和度量值。直连路由"C"的管理距离和度量值都是"0"，直连路由不可手动删除或添加。管理距离和度量的意义在讨论路由协议 RIP 及其配置后介绍。

有时候我们只想查看主要的路由信息，比如只看静态路由，则可使用命令 show ip route static：

```
R1#show ip route static
11.0.0.0/24 is subnetted, 2 subnets
S      11.1.2.0 [1/0] via 11.1.1.2
S    192.168.2.0/24 [1/0] via 11.1.1.2
S    192.168.3.0/24 [1/0] via 11.1.1.2
```

（2）从任一计算机 ping 其他计算机的 IP 地址，或 ping 任意路由器任意接口的 IP 地址，应能 ping 通。

（3）列出路由器 R1 的配置文件供读者参考，注意每个"!"下的主命令均是在全局模式下输入。

```
R1#show running-config
Building configuration...
Current configuration : 781 bytes
!
version 12.2
no service timestamps log datetime msec
no service timestamps debug datetime msec
no service password-encryption
!
hostname R1
!
interface FastEthernet0/0
 ip address 192.168.1.1 255.255.255.0
 duplex auto
 speed auto
interface FastEthernet0/1
 no ip address
 duplex auto
 speed auto
 shutdown
!
interface Serial0/0
 ip address 11.1.1.1 255.255.255.0
 clock rate 1000000
!
interface Serial0/1
 no ip address
```

```
  shutdown
!
ip classless
ip route 11.1.2.0 255.255.255.0 Serial0/0
ip route 192.168.2.0 255.255.255.0 Serial0/0
ip route 192.168.3.0 255.255.255.0 Serial0/0
!
line con 0
line vty 0 4
 login
!
end
```

7.5.4 默认路由配置

在全局配置模式下建立默认路由的命令格式为：

`Router(config) # ip route 0.0.0.0 0.0.0.0{address |interface}`

其中，address 与interface 任选其一，address 为下一跳 IP 地址，即相邻路由器相邻接口的 IP 地址，interface 为本路由器（连接下一跳路由器）的接口。

在上面的例子中，配置路由器 R1 的这两行：

```
R1(config)#ip route 192.168.2.0 255.255.255.0 s0/0
R1(config)#ip route 192.168.3.0 255.255.255.0 s0/0
```

可用如下的默认路由配置来代替：

`Router(config)#ip route 0.0.0.0 0.0.0.0 11.1.1.2。`

配置路由器 R2 的这三行：

```
R2(config)#ip route 11.1.1.0 255.255.255.0 s0/0
R2(config)#ip route 192.168.1.0 255.255.255.0 s0/0
R2(config)#ip route 192.168.3.0 255.255.255.0 s0/0
```

可用如下的默认路由配置来取代：

`R2(config)#ip route 0.0.0.0 0.0.0.0 11.1.2.2`

注意：路由器 R3 上的的静态路由就不要用默认路由配置去取代了，也就是至少要保留一个静态路由配置。

静态路由和默认路由如果都配置了，则同时作为路由条目添加到路由表中。如下即是在配置了静态路由的 R1 又配置默认路由后生成的路由表，S*代表默认路由。

```
R1#show ip route
......<省略部分信息>
Gateway of last resort is 11.1.1.2 to network 0.0.0.0
//默认路由的网关。注意与没有配置默认路由的路由表对照
     11.0.0.0/24 is subnetted, 2 subnets
C       11.1.1.0 is directly connected, Serial0/0
S       11.1.2.0 is directly connected, Serial0/0
C    192.168.1.0/24 is directly connected, FastEthernet0/0
S    192.168.2.0/24 is directly connected, Serial0/0
S    192.168.3.0/24 is directly connected, Serial0/0
S*   0.0.0.0/0 [1/0] via 11.1.1.2
```

路由器会优先按照静态路由转发数据包，如果静态路由失效，则执行默认路由。

在大型网络中，因为目标网络太多，配置静态路由将变得十分困难。而动态路由配置不需

要人工配置目标网络地址，只需要启用动态路由协议和指定本路由器接口所连网络地址（通告该网络）就可以了，动态路由配置又称路由协议配置。动态路由的配置详见下一章。

7.5.5 最长前缀匹配

从上一节的描述可知 IP 数据报在网络被路由的情景为：路由器根据数据报首部的目标地址查找路由表，找出"匹配"的路由表项，按照该表项所指的下一跳地址（或送出接口）转发该数据报。下面介绍匹配的含义和细节，说明有多个路由表项都匹配目标地址时路由器如何选择。

1. 最长前缀匹配

最长前缀匹配是指路由器用于在路由表中进行在 IP 路由选择的一个算法。

因为路由表中的每个表项都指定了一个网络，所以一个目的地址可能与多个表项匹配。

其中最明确的一个表项，即子网掩码 1 的位数最长的一个，就称为最长前缀匹配表项。之所以这样称呼它，是因为这个表项是路由表中与所路由的数据报的目的地址匹配位数最多的表项。

例如，考虑包含下面这 3 个网络地址的的路由表项：
192.168.2.0/24；
192.168.1.0/24；
192.168.0.0/16。

（1）**不匹配**：如果要查找目标地址 192.168.1.254，第一个表项显然只有"192.168"即前 16 位与目标地址相同，而前缀指定是 24 位，路由表项地址在前缀指定的位数上与目标地址不相同，就叫做不匹配。不匹配的路由表项不会被采用。

（2）**匹配**：而后两个路由表项地址在前缀指定的位数上与目标地址都相同，这称为匹配。"匹配"即表明这两个表项都包含着要查找的地址。

（3）**最长前缀匹配**：前缀最长的路由表项是 192.168.1.0/24，路由器会选择它来路由目标地址为 192.168.1.254 的数据报，因为它的子网掩码（/24）比 192.168.0.0/16 的掩码（/16）要长，使得它更加明确，它与目标地址匹配了 24 位而 192.168.0.0/16 只匹配了 16 位。

（4）**默认路由**：路由表中常常配置一个默认路由表项。该表项在所有其他表项都不匹配的时候有着最短的前缀匹配（就是零位匹配，不匹配），路由器选择它来路由这些不匹配的数据报。

2. 最长前缀匹配举例说明

在图 7-4 所示的网络中，路由器 R2 的路由表共有 6 个表项且启用了路由汇总，路由器 R1 上共有 3 个表项。

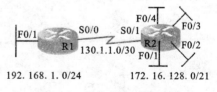

图 7-4 最长前缀匹配示例

R2 的路由表：

目标网络	送出接口
172.16.129.0/24	F0/1
172.16.130.0/24	F0/2
172.16.131.0/24	F0/3
172.16.132.0/24	F0/4
192.168.1.0/24	S0/1
130.1.1.0/30	S0/1

前面四个表项汇总为 172.16.128/21 通告给 R1。

R1 的路由表：

```
172.16.128.0/21      S0/0
192.168.1.0/24       F0/1
130.1.1.0/30         S0/0
```

如果从 192.168.1.0 网络访问地址为 172.16.129.1/24 的主机，则请求数据报在 R1 上被执行第一个路由表项，从 R1 的 S0/0 口送往 R2。因为 172.16.129.1 与 172.16.128.0 能匹配到前 21 位（与第二、三两个路由表项均不匹配），是最长前缀匹配。

该请求数据报到达 R2 后，R2 查找路由表，发现目标网络 172.16.129.0/24 的表项与该请求数据报目标地址能匹配的位数为 24 位（与 172.16.130.0/24～172.16.132..0/24 只匹配 21 位），是最长前缀匹配。于是执行该表项，把该数据报从接口 F0/1 送出。

思考与动手

（1）弄清网络协议与路由协议的关系。

（2）弄清静态路由与动态路由的异同。

（3）理解默认路由的含义，在图 7-2 所示的网络中，给每个路由器上全都配置默认路由，然后测试各个网段的连通性，结果如何？

（4）弄清子网编址与超网编址方法。

（5）在一个 C 类网络中，掩码前缀使用 27 bit，试回答：

● 分成了多少个子网？

● 每个子网有多少个可用的 IP 地址？

● 第一个子网的子网号是什么？

（6）在一个 B 类网络中，掩码仍使用 27 bit，试回答与上题相同的问题。

（7）写出如下的 IP 地址的网络号：

192.12.5.2 255.255.252.0

（8）保留的内部专用地址是哪些？

第8章 动态路由协议配置

【内容概要】

在 IP 网络中使用动态路由配置时，路由器使用路由协议自动完成路径的选择。

不同的路由协议采用不同的路由算法来完成选路工作。采用距离矢量算法的路由协议称为距离矢量路由协议；采用链路状态算法的称为链路状态路由协议。

引入自治域系统的概念可使路由表得以简化。在自治域系统内使用的路由协议称为内部路由协议，在自治域系统之间使用的称为外部路由协议。

常用的路由协议有 RIP，IGRP，EIGRP，OSPF 和 EGP 等，其中前四个是内部路由协议，后一个是外部路由协议。

配置路由协议时，需要在全局模式下指定所用的协议及相关参数，进入相应的路由协议配置模式，然后再进行进一步的配置工作。

本章还介绍了热备份路由协议及其配置和应用。

【学习目标】

（1）学会常用路由协议的配置；

（2）学会路由重分布配置；

（3）学会消除路由环路的方法。

8.1 常用的路由协议

路由器的路由表记录着到达目标网络的路径。路由表中的路由项可人工指定，为静态路由和默认路由。若要自动生成并维护路由表项，则需对路由器配置路由协议。由路由协议来给网络中的所有路由器提供网络拓扑结构图，生成并更新路由表。常用的路由协议有：

（1）路由信息协议（RIP）；

（2）内部网关路由协议（IGRP）；

（3）开放最短路径优先协议（OSPF）；

（4）增强型内部网关路由协议（EIGRP）；

（5）边界网关路由协议（BGP）。

8.1.1 路由协议的分类

1. 自治域系统

自治域系统（Autonomous System，AS）是指共享同一路由策略的网络的集合，自治域有时也称区域。在 Internet 上，使用自治域系统可以简化路由表。在自治域系统内的路由器只须知道本系统内的路由信息就可以了，不必了解其他自治域的情况。各个自治域之间的通信则通过位于自治域边界的路由器 Ra、Rb 和 Rc 来完成。在自治域内部路由器上运行的路由协议称为内部网关协议（Interior Gateway Protocol，IGP），在连接各自治域之间的路由器（边界路由器）上运行的路由协议称为外部网关协议（Exterior Gateway Protocol，EGP）。

2. 路由协议的分类

按路由协议作用的范围，把其分为：

（1）内部网关协议（内部路由协议）：在自治域内部的路由器使用的路由协议。

（2）外部网关协议（外部路由协议）：在连接各自治域之间的路由器上使用的路由协议。

这里的网关（Gateway）是以往对路由器的称呼，内部网关协议也就是内部路由协议，外部网关协议也就是外部路由协议。

以下协议属于内部网关协议：

（1）路由信息协议 RIP；

（2）内部网关路由协议 IGRP；

（3）开放最短路径优先协议 OSPF；

（4）增强型内部网关路由协议 EIGRP；

（5）而外部网关协议则使用边界网关协议（Border Gateway Protocol，BGP）。

当然了，自治域系统的划分也是相对的，整个 Internet 可划分为若干个自治域系统。

按路由协议使用的路由算法，把其分为：

（1）距离矢量路由协议；

（2）链路状态路由协议。

1）距离矢量路由协议

距离矢量路由协议（Distance Vector Routing Protocol）通过计算所连接的所有目标网络地址（其他路由器）的距离矢量值（以跳数做计算标准）来完成路由表的生成，在路由表中记下所有可到达的目标地址及其距离矢量。并且，定时把本路由表的副本传送到相邻的路由器，启用该协议的所有的路由器都如此做，使得路由信息在整个网络沟通。如果网络的拓扑结构发生了变化，在该协议的作用下，各个路由器的路由表都能自动更新。距离矢量路由协议所用的路由算法为 Bellman-Ford，某路由器只了解与之直接相连的路由器和同步直接相邻的路由器的路由信息。某路由项变化时，整张路由表都被更新。以下协议属于距离矢量路由协议：

（1）路由信息协议（RIP）；

（2）内部网关路由协议（IGRP）或其增强型（EIGRP）。

2）链路状态路由协议

链路状态路由协议（Link State Routing Protocol）使用链路状态通告（LSA）获得网络中所有路由器的信息，如路由器的名称、到达目标的路由开销等，各个路由器均拥有整个网络的拓扑结构信息。这与距离矢量路由协议不同，距离矢量路由协议只获取相邻路由器的网络信息。链路状态路由协议所用的算法为最短路径优先（SPT）算法，也称 Dikjstra 算法。链路状态路由协议在更新路由表时，只更新其变化的路由项部分而不是整体都更新，故能节约带宽；该协议还支持无类域间寻址和路由聚合等。以下协议属于链路状态路由协议：

（1）开放最短路径优先协议 OSPF；

（2）中间系统到中间系统协议 IS-IS。

8.1.2 不同路由协议的特点

1. 路由信息协议 RIP

路由信息协议（Routing Information Protocol，RIP）是第一个出现的内部网关协议，纯粹采用距离矢量算法，目前仍在广泛使用，适用于比较简单的小型同类网络环境。

RIP 通过广播 UDP 报文来交换路由信息，定时发送路由信息更新。RIP 提供跳数（Hop Count）作为度量（Metric）来衡量路由的优劣。跳数是指一个数据包到达目标所必须经过的路由器的个数。跳数最少的路径，RIP 就认为是最优的路径。RIP 最多支持的跳数为 15，即在源和目的网间所要经过的最多路由器的数目为 15，跳数 16 视为不可到达。

RIP 的缺点很明显，路由的度量标准过于简单，只考虑了跳数一个因素。如果有到相同目标的两个不等速或不同带宽的路由，但跳数相同，则 RIP 认为两个路由是等距离的。

而其他因素，如链路带宽、拥塞程度等，对路径优劣的影响甚至大于跳数。因此 RIP 是一个比较简单"粗糙"的路由协议。

在规模较大的网络中，只支持 15 跳是远远不够的。因此 RIP 只适用于较为简单的网络环境。

定期更新：RIP 通过广播 UDP 数据段来实现路由信息的更新，默认为每 30 s 进行一次。某路由器如果在 180 s 内没有收到目标路由器的响应信息，则认为该目标路由器当前不可到达，在 240 s 若仍无响应，则到达该目标路由器的路由信息就会从路由表中删除。

触发更新：当网络拓扑发生变化时，RIP 即时发出更新路由信息，以反映网络的变化。

RIP 路由协议有两个版本，称为版本 1 和版本 2，版本 2 是对版本 1 的改进。版本 1 不支持变长子网掩码，版本 2 则支持。

RIP 可以在 6 条相同开销的路径上进行负载均衡。这里的相同开销是指所选路径的优劣程度相同，即要求跳数相同；负载均衡又叫流量均衡，是指在两条或两条以上的路径上分流路由器之间的通信量，以避免在单一路径上传送数据的拥塞。RIP 要求参与负载均衡的路径必须是开销相同的，条件比较苛刻。

2. 内部网关路由协议 IGRP 及其改进型 EIGRP

内部网关路由协议（Interior Gateway Routing Protocol，IGRP）是 Cisco 公司开发的路由协议，它以路由信息协议 RIP 为基础，但做了重大的改进。它使用由带宽、延迟、可靠性、负载和最大传输单元（Mtu）五个参数作为路由选择的度量（Metric）标准。IGRP 的主要特点如下：

（1）路由度量标准复杂化，合理性提高；

（2）在网络拓扑变化时能快速地响应；

（3）带宽占用和 CPU 开销降低。

（4）可达目标距离大于 RIP，默认跳数为 100 跳，最大可支持 255 跳。

支持在 6 条路径上进行负载均衡，且不要求这些路径的开销相同。

以上特点也是 IGRP 的优点。IGRP 不使用跳数作为度量标准，但可提供最大 255 跳的路由信息，故其当时在大型网络中得到了较为广泛的应用。

定期更新： 默认情况下，使用 IGRP 的路由器每隔 90 s 广播一次路由更新信息，若在 270 s 后未收到目标路由器的响应，则认为该目标路由器不可到达，若在 280 s 后仍无响应，就会禁用到达该目标路由器的路由，若在 630 s 后仍无响应，该路由器就会删除有关目标路由器的路由信息。

触发更新： 当网络拓扑发生变化时，IGRP 即时发出更新路由信息，以反映网络的变化。

IGRP 使用自治域系统来划分网络，配置 IGRP 协议时需要指明路由器所在地自治域系统号。

IGRP 的缺点之一是不支持可变长子网掩码。因此，目前已被其改进版增强型内部网关路由协议 EIGRP 取代。

3. 开放最短路径优先路由协议 OSPF

开放最短路径优先（Open Shortest Path First，OSPF）路由协议是由 Internet 工程任务组 (Internet Engineering Task Force，IETF)于 20 世纪 80 年代中期提出的，目的也是为了改进 RIP 协议的不足，开发一种新的协议来适应复杂的大型异种网络互联的需求。

OSPF 是典型的链路状态路由协议，采用最短路径优先（Shortest Path First，SPF）算法来进行最佳路由的计算选择。

OSPF 目前已成为 Internet 和 Intranet 采用最多、应用最广泛的路由协议之一。现在使用的是 OSPF 协议的第二版。

OSPF 可以把网络划分为不同层次的区域，称为一个路由域。一个路由域也可看成是一个自治系统，在同一路由域中，所有的 OSPF 路由器都维护一个相同的描述这个域结构的数据库，该数据库中存放的是该域中相应链路的状态信息，路由器正是通过这个数据库计算出 OSPF 路由表。

作为一种链路状态的路由协议，OSPF 将链路状态通告（Link State Advertisement，LSA）传送给在某一区域内的所有路由器，这一点与距离矢量路由协议不同。运行距离矢量路由协议的路由器是将部分或全部的路由表传递给与其相邻的路由器。

当源地址和目标地址在同一区域之内时，OSPF 路由器之间的路由选择称为域内路由选择；当源地址和目标地址在不同区域之内时，OSPF 路由器之间的路由选择称为域间路由选择。

通常，使用区域边界上的高性能路由器来作为域间路由选择的路由器。这些路由器构成的网络称为骨干网，图 8-1 中的区域 area0 就是一个骨干网。

OSPF 路由协议提供了不同的网络通过同一种 TCP/IP 协议交换网络信息的途径。作为一种链路状态的路由协议，OSPF 协议的主要特点如下：

（1）路由器拥有整个网络的拓扑结构信息，路由收敛快速；

（2）用增量方式更新路由表，即只更新变化的路由表项，节约带宽资源；

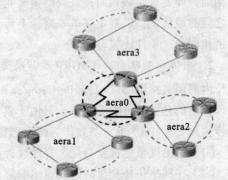

图 8-1 由边界路由器组成的骨干区域 area0

（3）支持可变长子网掩码；

（4）支持 CIDR 以及路由总结（Routing Summary）；

（5）支持路由信息验证。

所有这些优点保证了 OSPF 路由协议能够被应用到大型的、复杂的网络环境中。

有关术语解释如下：

1）路由器 ID（router ID）

在 OSPF 里，路由器 ID 用来标识一台路由器。Cisco 的路由器 ID 可以通过以下标准选择：

（1）router-id 命令配置：这种路由器 ID 拥有最高的优先选择权。

（2）loopback 接口地址：如果没有使用命令 router-id 配置路由器 ID，OSPF 路由器就会选择所有 loopback 接口上 IP 地址最大的那个作为路由器 ID。

物理接口地址：如果既没有配置 router-id 命令，也没有 loopback 接口地址，路由器会选择所有物理接口地址中，IP 地址数值最大的作为路由器 ID。

2）指定路由器（Designated Router，DR）

如果运行 OSPF 路由器的某个接口连接到多路访问的网络中，如以太网接口，路由器为了让 LSA 的转发更有效率，会在所有连接到同一个多路访问网络的接口中，选择一个作为 DR，其他的非 DR 路由器都会先把 LSA 发送到 DR，再由 DR 转发这些 LSA 给其他路由器。这种转发 LSA 的方法可以节省网络资源，更有效率。

3）备份指定路由器（Backup Designated Router，BDR）

备份指定路由器就像它的名字一样，是当前 DR 的备份，当当前多路访问网络中的 DR 失效时，由 BDR 接替 DR 工作，这样可以防止因为 DR 的失效，造成网络的 LSA 更新失败。

4）路由器优先级（Router Priority）

路由器优先级是用来选择 DR 和 BDR 的，默认所有的 OSPF 路由器的优先级是 1，数值越大越优先。如果两个路由器的优先级相同，需要通过比较路由器 ID 的大小来选举 DR 和 BDR。

5）LSA 泛洪

形成邻接关系的路由器之间会交换 LSA，LSA 主要用来告知其他路由器本地的链路及状态。因为 OSPF 定义了很多链路类型，所以 LSA 的类型也很多。

路由器收到一个邻居的 LSA 之后，会将这个 LSA 再转发给它其他的邻居，所以最终这个 LSA 会被整个 OSPF 区域内的所有路由器收到，这个过程就称为 LSA 的泛洪。

6）链路状态数据库（LSDB）

路由器会将所有符合条件的 LSA 保存在 LSA 数据库里。当一个区域内的网络稳定后，区域内的每个 OSPF 路由器所保存的链路状态数据库（LSDB）都是相同的。这个链路状态数据库，对路由器来说就是当前区域的完整网络拓扑图，同时拓扑里的链路代价也都包含在数据库里。

OSPF 协议用链路开销 COST（Cisco 路由器的 cost 由链路所经接口带宽决定）作为路由优劣的度量（Metric）。

7）计算路由表

当路由器拥有了完整了 LSDB，它就会使用 SPF（最短路径优先）算法，以自己为根计算到达每个目标网络的最短路径。这就好像一个人站在广州，拿着一张广东省地图去计算从到达省内每个城市的最短路径一样。这里的地图就相当于路由器的链路状态数据库。

当目标网络的最短路径计算出来后，就会将此目标网络放入路由表，这样 OSPF 的路由表就形成了

4. 增强型内部网关路由协议 EIGRP

增强型内部网关路由协议（Enhanced Interior Gateway Routing Protocol，EIGRP）即增强型的 IGRP，也是 Cisco 专用的路由协议。它使用了 IGRP 的距离矢量作为度量计算的基础，但采用增量方式更新路由表。因此 EIGRP 可称为混合型的路由协议，它兼有距离矢量路由协议和链路状态路由协议的优点。

EIGRP 采用的路由算法名为弥补修正算法，或称 DUAL 算法，它使用相邻路由器发送的 Hello 数据报中的维持时间来了解网络拓扑结构的变化。该协议增强了网络的扩展能力，最大跳数可支持 224 跳。EIGRP 的主要特点如下：

（1）支持可变长子网掩码。

（2）支持触发式路由表更新，在路由表发生变化才广播路由信息。

（3）支持路由的自动重新分配，EIGRP 和 IGRP 发现的路由可以彼此自动重新分配给对方。

（4）增强了网络的可扩展能力，到目标网络的距离 EIGRP 最大支持 224 跳。

（5）支持多种网络协议。

（6）EIGRP 也是使用自治域系统来划分网络，配置 EIGRP 协议时需要指明路由器所在的自治域系统。

（7）EIGRP 除了生成和维护路由表外，还生成和维护拓扑表。拓扑表中可以有一条或多条备用路径。

5. 边界网关协议 BGP

以上介绍了内部网关协议的特点，内部网关协议主要用于自治域系统内部的路由。而外部网关协议则用于自治系统之间的路由。边界网关协议（BGP）是常用外部网关协议，是 Internet 上标准的外部网关协议。

在 BGP 出现之前，有一个名叫 EGP（Exterior Gateway Protocol）的外部路由协议。BGP 改进了 EGP，使用了可靠的传输协议，这样，BGP 工作起来更为稳定可靠。

BGP 用来处理两个或多个自治系统边界路由器之间的路由，这些边界路由器又称核心路由器（Core Route）。通常，这些核心路由器彼此作为邻居，共享路由表信息。

BGP 使用单一度量来决定通往某一网络的最佳路径。每个网络连接都分配一个数值来标识该连接的优先级。

BGP 主要用于 ISP 之间的路由。

8.2 路由协议的配置

配置路由协议，是路由器配置中最重要的项目之一。通过启用某种路由协议，完成相应的配置项目，路由器就能自动生成和维护路由表。

8.2.1 RIP 的配置

1. RIP 路由协议配置步骤

1）在全局配置模式下，指定使用 RIP 协议，进入路由协议配置模式

```
Router(config)#router rip
Router(config-router)#
```

2）指定参与 RIP 路由的子网

```
Router(config-router)#network network
```

其中 network 为子网地址,路由器直接连接了多少个子网（网段），就配置多少行。

3）配置 RIP 的版本，启用版本 2

```
Router(config-router)# version 2
```

RIP 路由协议有 2 个版本，版本 1 和版本 2。RIP 版本 2 支持验证、密钥管理、路由汇总、无类域间路由（CIDR）和变长子网掩码（VLSM）。

Cisco 路由器在与其他厂商的路由器相连时，RIP 版本必须一致。在默认状态下，Cisco 路由器接收 RIP 版本 1 和版本 2 的路由信息，但只发送版本 1 的路由信息。

4）配置被动接口，以停止不需要的更新广播

```
Router(config-router)#passive-interface interface-id
```

该命令会停止从指定接口发送路由更新。但是，从其他接口发出的路由更新中仍将通告该指定接口所属的网络。所有的路由协议都支持被动接口，用以停止不需要的路由更新广播，减少网络流量。

5）相关查看命令，在特权模式下使用

```
show ip route        //查看路由表
show ip protocols    //查看路由协议进程参数
```

2. 配置举例

实例 8-1 在 DDN 专线连接的两路由器上配置 RIP 协议，连通图 8-2 所示的网络 1 和网络 2。若在实验室中进行，则把两路由器的广域网串口用 DTE 和 DCE 电缆直接连接起来。

1）路由器 Router1 的配置

（1）配置局域网口和广域网口的 IP 地址（读者自己完成，注意图中指定的广域网口网络前缀的位数及地址所属的子网）。

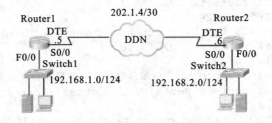

图 8-2 配置 RIP 的网络

（2）启用 RIP 协议，指定版本号，本例中指定版本 2。

```
Router1(config)# router rip
Router1(config-router)#version 2
```

（3）指定 Router1 各接口直接相连网络的网络号。

```
Router1(config-router) # network 192.168.1.0
Router1(config-router) # network 202.1.1.4
```

2）路由器 Router2 的配置

请读者参照路由器 Router1 的配置自己完成。注意在实验室环境下必须在 DCE 路由器上配置时钟，在软件 Boson 模拟路由器环境下也是如此。否则广域网接口和协议状态都会是关闭的。

3）测试验证

（1）在各计算机上配置 IP 参数后，相互应该能够 ping 通。

（2）使用命令 show route 查看路由表，应该看到有"R"标记的路由表项：

```
R1#show ip route
Codes: C - connected, S - static, I - IGRP, R - RIP, M - mobile, B - BGP
       D - EIGRP, EX - EIGRP external, O - OSPF, IA - OSPF inter area
       N1 - OSPF NSSA external type 1, N2 - OSPF NSSA external type 2
       E1 - OSPF external type 1, E2 - OSPF external type 2, E - EGP
       i - IS-IS, L1 - IS-IS level-1, L2 - IS-IS level-2, ia - IS-IS inter area
       * - candidate default, U - per-user static route, o - ODR
       P - periodic downloaded static route
Gateway of last resort is not set
C    192.168.1.0/24 is directly connected, FastEthernet0/0
R    192.168.2.0/24 [120/1] via 202.1.1.6, 00:00:08, Serial0/0
C    202.1.1.0/24 is directly connected, Serial0/0
```

（3）使用调试命令 debug ip routing，查看 RIP 协议生成路由表的过程。

debug 是调试命令，用于查看路由器的动态工作过程，如路由表的建立过程、各种协议的执行过程等等，查看的是"过程"。而使用 show 命令，查看的则是"结果"。

```
R2#debug ip routing
IP routing debugging is on        //路由调试开启
R2#
R2(config)#interface s0/0
R2(config-if)#shutdown
%LINK-5-CHANGED: Interface Serial0/0, changed state to administratively down
%LINEPROTO-5-UPDOWN: Line protocol on Interface Serial0/0, changed state to
down
//以下显示的是关掉 R2 的 S0/0 接口后，R2 的路由表条目的删除过程:
RT: interface Serial0/0 removed from routing table
RT: del 192.168.1.0 via 202.1.1.1, rip metric [120/1]
RT: delete network route to 192.168.1.0
RT: NET-RED 192.168.1.0/24
RT: del 202.1.1.0 via 0.0.0.0, connected metric [0/0]
RT: delete network route to 202.1.1.0
RT: NET-RED 202.1.1.0/24
Router(config-if)#no shutdown   //激活该接口，观察路由表的变化
%LINK-5-CHANGED: Interface Serial0/0, changed state to up
Router(config-if)#
%LINEPROTO-5-UPDOWN: Line protocol on Interface Serial0/0, changed state to up
//以下是路由表条目的建立过程:
RT: interface Serial2/0 added to routing table
RT: SET_LAST_RDB for 202.1.1.0/24
   NEW rdb: is directly connected
RT: add 202.1.1.0/24 via 0.0.0.0, connected metric [0/0]
RT: NET-RED 202.1.1.0/24
```

```
RT: SET_LAST_RDB for 192.168.1.0/24
    NEW rdb: via 202.1.1.1
RT: add 192.168.1.0/24 via 202.1.1.1, rip metric [120/1]
RT: NET-RED 192.168.1.0/24
```

（4）注意路由表中 RIP 路由条目里的[120/1]，120 是 RIP 管理距离的默认值，1 是度量值。对比 8.5.3 节实训，静态路由条目中的[管理距离/度量值]则是[1/0]。所有的路由协议以及静态路由、默认路由和直连路由都有相应的管理距离和度量值。它们的意义是什么呢？

8.2.2 管理距离与度量值

路由器使用管理距离和度量值来共同量度路由的优劣并确定是否放入路由表。

1. 管理距离（Administrative Distance）

1）管理距离的意义

管理距离是路由协议可信度或优先级的量度。

路由器可能从多种途径获得到达同一目标网络的路由，例如，我们除了配置 RIP 外，在实例 8-1 中的路由器 Router1 上再配置一条到达目标网络 192.168.2.0/24 的静态路由或配置其他路由协议，在 Router2 上亦做相应的配置。这里假定在 Router1 和 Router2 上各配置了一条到达对方以太网的静态路由。

从不同途径获得的路由可能采取相同或不同的路径到达目标网络（本例网络只有一条路径可选）。那么，路由器会依据什么来选取路由呢，即会把何种路由协议的路由放入路由表让其成为路由表条目呢？我们查看路由表：
```
Router1#show ip route
...<省略部分输出>
C    192.168.1.0/24 is directly connected, FastEthernet0/0
S    192.168.2.0/24 [1/0] via 202.1.1.6
C    202.1.1.0/24 is directly connected, Serial0/0
```
发现原来的 RIP 条目不见了，取而代之的是静态路由条目。

路由器是依据管理距离值来判断不同路由协议的可信度，值越小可信度越高，被选为路由表条目的优先级就越高。静态路由的管理距离值为 1，小于 RIP 的 120，所以路由器会选取静态路由放入路由表，此时 RIP 发现的路径只能等候使用，不能成为路由表条目。不同路由协议的管理距离默认值见表 8-1。

表 8-1　不同路由协议的管理距离默认值

路 由 协 议	管 理 距 离
直连路由（直连网络）	0
静态路由	1
BGP（外部）	20
EIRRP（内部）	90
IGRP	100
OSPF	110
RIP	120
EIGRP（外部）	170
BGP（内部）	200

2）默认管理距离数值的修改

管理距离的数值是可以修改的。例如在实例 8-1 中配置了静态路由后，要想 RIP 路由条目进入路由表，办法有二：

一是删除静态路由；二是保留静态路由但修改其管理距离值使其大于 RIP 的。

（1）静态路由管理距离值的修改：

```
Router1(config)#ip route 192.168.2.0 255.255.255.0 202.1.1.6 121
//121 为指定的新的管理距离值，原静态路由默认的值为 1，管理距离的取值范围为 1~255
```

然后查看路由表，就可又可看到 RIP 路由条目了：

```
Router1#show ip route
...<省略部分输出>
Gateway of last resort is not set
C    192.168.1.0/24 is directly connected, FastEthernet0/0
R    192.168.2.0/24 [120/1] via 202.1.1.6, 00:00:08, Serial0/0
C    202.1.1.0/24 is directly connected, Serial0/0
```

注意：此时路由器 Router2 如果没有修改静态路由的管理距离值，则其路由表中出现的仍是静态路由条目：

```
Router2#show ip route
...<省略部分输出>
C    192.168.1.0/24 is directly connected, FastEthernet0/0
S    192.168.1.0/24 [1/0] via 202.1.1.5
C    202.1.1.0/24 is directly connected, Serial0/0
```

从两端计算机上进行连通性测试，网络仍是连通的。

（2）RIP 和 ospf 路由协议的管理距离值，是在路由协议配置模式下使用如下命令修改：

```
Router(config-router)#distance ?
  <1-255>  Administrative distance
```

（3）EIGRP 路由协议则是使用命令：

```
distance eigrp distance-for-interna-routes  distance-for-externa-l routes
```

分别修改内部和外部路由管理距离值。

BGP 的管理距离值修改比较烦琐，请读者参阅相关资料。

2. 度量值(Metric)

当路由器有多条路径可到达某一目标网络时，路由协议必须判断其中哪一条是最优路径并把它放到路由表中。路由协议会给每一条路由计算出一个数值用它来度量路由的好坏，这个数值就是度量值。

度量值和管理距离在路由表条目中表示为"[*管理距离/度量值*]"。选择路由条目放入路由表时，路由器是先比较管理距离值，把管理距离值小的路由协议发现的路由选中；然后比较这些路由的度量值，度量值越小的某条路由就越会被优先选中放入路由表。

一般在同一种路由协议选择的路径中比较度量值。因为不同路由协议定义度量值的方法不是一样的，计算出的数值不同，没有直接可比性。

但如果硬要比较，可以采用如下方法做一实验。

在前面的实例 7-1 中，把 RIP 的管理距离值改为 1，这样，RIP 路由条目的管理距离就与静态路由的默认值一样了，路由器会把哪条路由放入路由表呢？我们查看一下：

```
Router1#show ip route
```

```
...<省略部分输出>
C    192.168.1.0/24 is directly connected, FastEthernet0/0
S    192.168.2.0/24 [1/0] via 202.1.1.6
C    202.1.1.0/24 is directly connected, Serial0/0
```
出现的还是静态路由，为什么呢？因为本例中 RIP 的度量值是 1 而静态路由的是 0。

修改静态路由的管理距离为大于 1 的数值，再查看：
```
Router1#show ip route
...<省略部分输出>
C    192.168.1.0/24 is directly connected, FastEthernet0/0
R    192.168.2.0/24 [1/1] via 202.1.1.6, 00:00:04, Serial0/0
C    202.1.1.0/24 is directly connected, Serial0/0
```
也就是说，在管理距离值相同时候，路由器会选择度量值小的路由，而不管其哪种路由协议计算出的；管理距离值不同的时候，路由器会选择管理距离值小的路由，而不管其度量值是多少。

常见路由度量值或其计算依据见表 8-2。

表 8-2　路由度量值或其计算依据

路由协议	度量值或其计算依据（参数）
直连路由(直连网络)	0
静态路由/默认路由(用下一跳地址配置的)	1
BGP	人工指定
EIRRP	带宽、时延、可信度和负载
IGRP	默认为带宽和时延，可信度、负载和 MTU 也可选择
OSPF	路径开销
RIP	跳数

其中：RIP 协议的路由度量值就等于到达目标网络的跳数，其他动态路由协议的路由度量值需要依据参数按照一定的公式计算得出。

实例 8-2　把 8.5.3 节配置静态路由的拓扑重画于图 8-3 中，使用 RIP 协议配置路由，连通网络。查看路由表并与 8.5.3 节的静态路由表进行对比。

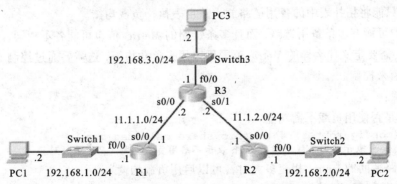

图 8-3　实例 8-2 网络中配置 RIP

请读者参照实例 8-1 完成配置。

8.2.3　EIGRP 的配置

1. EIGRP 基本配置步骤

1）启动 EIGRP 路由协议

```
Router(config) # router Eigrp autonomous-system-number
//使用 EIGRP 协议，指定自治域系统号
Router(config-router) #
```

其中 *autonomous-system-number* 为自治域号，简称 AS 号。为了交换路由更新信息，运行 EIGRP 的路由器使用相同的 *autonomous-system-number*，属于同一个自治域系统，这样才能彼此交换路由信息。

不同的 AS 号的路由器之间若要相互通信，必须在连接两个 AS 的路由器上配置不同 AS 之间的路由重分布。

2）指定本路由器参加动态路由的子网

```
Router(config-router)# network network  //network 为网络地址
```

在只使用一种路由协议的情况下，通常把本路由器全部接口所连的子网都加以指定。EIGRP 只将由 network 指定的子网在各接口中进行传送以交换路由信息，如果不指定子网，则路由器不会将该子网信息广播给其他路由器。

3）不允许某个接口发送 EIGRP 路由广播信息

在接口配置模式下，使用命令：

```
Router(config-outer) #passive interface interface-id
```

假如在 f0/0 口连接的以太网中没有别的路由器，此接口再发送 EIGRP 广播就没有意义且浪费带宽，可用此命令将其禁用：

```
Router(config-outer) #passive-interface f0/0  //禁止路由器 f0/0 口广播路由信息
```

2. 负载均衡配置

EIGRP 可以在两个进行 IP 通信的设备间最多同时启用 6 条路径，让 6 条路径分担流量，任何一条路径断掉都不会影响其他路径的传输。其特点是：

EIGRP 可以支持非等价负载均衡，最多支持 6 条，默认为 4 条。

非等价负载均衡功能默认为关闭状态，等价负载均衡默认开启。

EIGRP 只能将拓扑表中的备用链路放入路由表执行负载均衡。

拓扑表中可能有多条备用链路，而且多条链路的 Metric 值也可能各不相同，当启用非等价负载均衡时，需要定义什么样的 Metric 范围可以用来负载均衡，这需要通过控制 Metric 的变量（Variance）值来控制。

配置步骤：

1）配置是否使用负载平衡功能

```
Router(config-router) # traffic share balanced|min
//balanced 表示启用负载平衡，min 表示不启用负载均衡，只走最佳路径
```

2）配置路径间的 metric 相差多大时，可以启用负载均衡。

```
Router(config-router) # variance variance
variance 默认值为 1，表示只有每条路径的 metric 相同时才能启用负载均衡
```

3. 基本配置举例

实例 8-3　在如图 8-2 所示的网络中，配置 EIGRP 路由协议，连通网络。

Router 1 的配置:

1)配置路由器 Router1 的各接口 IP 地址(请读者自己完成)

2)启用 EIGRP 路由协议,进入路由协议配置模式

```
Router1(config) # router eigrp 100    //100为自治域系统AS号
```

3)指定参与动态路由的子网号

```
Router1(config-router) # network 192.168.1.0
Router1(config-router)# network 202.1.1.4
```

Router2 的配置:

请读者参照 Router1 的配置自己完成,注意实验时要在 DEC 路由器上配置时钟。

验证配置:在特权模式下使用命令 show route 查看路由表,应该有"D"标记的路由表项出现;在各计算机上配置 IP 参数后,相互应该能够 ping 通。

8.2.4 实训 配置 EIGRP 协议

主要设备:使用 Cisco 2800 路由器 3 台,2960 交换机 3 台,计算机 3 台。按照图 8-4 所示拓扑连接网络。

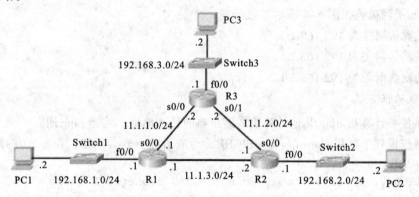

图 8-4 配置 EIGRP 协议的网络

实训要求:通过配置 EIGRP 路由协议,使任意两台计算机或路由器任意接口之间都能连通。

配置步骤如下:

1. 配置路由器各接口 IP 地址,在 DCE 接口上配置时钟、激活接口

以对路由器 R1 的 s0/0 接口的配置为例

```
Router(config)#hostname R1
R1(config)#
R1(config)#interface s0/0
R1(config-if)#ip address 11.1.1.1 255.255.255.0
R1(config-if)#no shutdown
R1(config-if)#clock rate 1000000
```

其余各接口以及其他路由器的配置请读者自己完成。

2. 配置 EIGRP

配置路由器 R1:

```
R1(config)# router eigrp 100
R1(config-router)#
```

```
R1(config-router) # network 192.168.1.0
R1(config-router)# network 11.1.1.0
R1(config-router)# network 11.1.3.0
```

配置路由器 R2：

```
R2(config)# router eigrp 100
R2(config-router)#
R2(config-router) # network 192.168.2.0
R2(config-router)# network 11.1.2.0
R2(config-router)# network 11.1.3.0
```

配置路由器 R3：

```
R3(config)# router eigrp 100
R3(config-router)#
R3(config-router) # network 192.168.3.0
R3(config-router)# network 11.1.1.0
R3(config-router)# network 11.1.2.0
```

配置计算机 IP 地址/子网掩码和默认网关：

IP 地址/子网掩码按图 8-4 所示参数配置。

PC1 的默认网关为 192.168.1.1。

PC2 的默认网关为 192.168.2.1。

PC3 的默认网关为 192.168.3.1。

3. 测试验证

（1）从任一计算机 ping 其他计算机或路由器的任一地址，均能 ping 通。

（2）特权模式下使用 show ip route EIGRP 命令查看路由表。例如，查看 R1 的路由表：

```
R1#sh ip route eigrp
     11.0.0.0/8 is variably subnetted, 3 subnets, 2 masks
D       11.0.0.0/8 is a summary, 00:06:52, Null0
D       11.1.2.0/24 [90/2681856] via 11.1.1.2, 00:06:45, Serial0/0
D       11.1.2.0/24 [90/2681856] via 11.1.3.2, 00:06:45, Serial0/0
D    192.168.2.0/24 [90/2684416] via 11.1.3.2, 00:06:45, Serial0/0
D    192.168.3.0/24 [90/2172416] via 11.1.1.2, 00:06:45, Serial0/0
```

8.2.5　OSPF 协议的配置

1. OSPF 配置步骤

1）启用 OSPF 协议

```
Router(config)# router ospf process-number
```

其中：process-number 为 OSPF 路由进程编号。该编号的范围在 1～65 535 之间。*process-number* 只在路由器内部起作用，不同路由器的 *process-number* 可以不同。

2）指定参与 OSPF 路由的子网

指定参与 OSPF 路由的子网号和通配符掩码，并指定该子网属于哪一个 OSPF 路由信息交换区域：

```
Router(config-router)# network network-address wildcard-mask area area-number
```

其中 *network-address* 是 IP 子网号；*wildcard-mask* 是通配符掩码，解释详见第 12 章，这里可暂时视其为子网掩码的反码；*area-number* 为网络区域号，是一个在 0～4 294 967 295 之间的十进制数，也可以用点分十进制的 IP 地址格式来表示。网络区域号为 0 或 0.0.0.0 时为主干区域。

不同网络区域边界的路由器通过主干区域学习路由信息，不同区域交换路由信息必须经过区域 0。某一区域要接入 OSPF0 区域，该区域必须至少有一台路由器为区域边缘路由器，该路由器既参与本区域路由又参与区域 0 路由。

3）路由信息总结配置

如果区域中的子网是连续的，则本区域边缘路由器向外传播路由信息时，启用路由汇总功能后，路由器就会将所有这些连续的子网路由总结为一条路由传播给其他区域，则在其他区域内的路由器看到这个区域的路由就只有一条。这样可以节省路由时所需的网络带宽。对某一区域的子网(多个子网)进行总结，在路由配置模式下，命令格式为：

```
area area-id range netwoek-id netmask
```

其中 *area-id* 是区域号；*network-id* 是总结后的网络号；*netmask* 是总结后网络的掩码。

4）查看配置

特权执行模式下使用命令 show ip ospf 显示有关 OSPF 路由进程的一般信息；show ip route 查看路由表。

2. OSPF 配置举例

OSPF 的配置较为复杂，这里举一个基本的配置例子加以说明。

实例 8-4 在图 8-5 所示的网络上，配置 OSPF 协议连通网络。

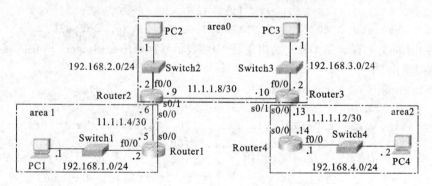

图 8-5 配置 OSPF 的网络

Router1 的配置：

（1）配置各接口 IP 地址和广域网 DCE 口时钟。

```
Router1(config)#interface f0/0
Router1(config-if)#ip address 192.168.1.2  255.255.255.0
Router1(config-if)#ino shutdown
Router1(config-if)#interface serial 0/0
Router1(config-if)#ip address 11.1.1.5.  255.255.255.252
Router1(config-if)# no shutdown
Router1(config-if)#clock rate 1000000
```

（2）在全局配置模式下配置 OSPF 协议并指定进程号。

```
router ospf 100
```

（3）在路由协议配置模式下指定与 Router1 接口相连的网络号及区域以通告该网络。

```
network 192.168.1.0  0.0.0.255 area 1
network 11.1.1.4  0.0.0.3 area 1
```

注意：通配符掩码的得来，是对子网掩码取"反"。

Router 2 的配置：

（1）配置各接口 IP 地址。请读者自己完成，配置时注意掩码的位数。

（2）在全局配置模式下配置 OSPF 协议并指定进程，以及指定网络号和区域。

```
router ospf 101
network 192.168.1.0  0.0.0.15 area 1
network 11.1.1.4  0.0.0.3 area 1
network 11.1.1.8  0.0.0.3 area 0
```

Router3 和 Router4 的配置请参照 Router1 和 Router2，由读者自己完成。别忘记需要在 DCE 口配置时钟。

测试验证配置：

使用 show ip route ospf 命令查看路由表：

```
Router1#show ip route ospf
  11.0.0.0/30 is subnetted, 3 subnets
O IA    11.1.1.8 [110/128] via 11.1.1.6, 00:12:36, Serial0/0
O IA    11.1.1.12 [110/192] via 11.1.1.6, 00:12:26, Serial0/0
O IA 192.168.2.0 [110/65] via 11.1.1.6, 00:12:36, Serial0/0
O IA 192.168.3.0 [110/129] via 11.1.1.6, 00:12:26, Serial0/0
O IA 192.168.4.0 [110/193] via 11.1.1.6, 00:12:26, Serial0/0
```

路由器 Router1 上有 5 条 OSPF 路由条目，IA 表示目标网络在 Router1 所在区域（area1）之外，是域间路由。

```
Router2#show ip route ospf
     11.0.0.0/30 is subnetted, 3 subnets
O IA    11.1.1.12 [110/128] via 11.1.1.10, 00:13:10, Serial0/1
O    192.168.1.0 [110/65] via 11.1.1.5, 00:13:20, Serial0/0   //在 area 1
O    192.168.3.0 [110/65] via 11.1.1.10, 00:13:10, Serial0/1  //在 area 0
O IA 192.168.4.0 [110/129] via 11.1.1.10, 00:13:10, Serial0/1
```

路由器 Router2 上有 4 条 OSPF 路由条目，其中两条无 IA 标记，表示目标网络在 Router2 所在区域（area 0 和 area 1）之内，是域内路由。

Router3 和 Router4 的路由表请读者自己查看。

8.2.6　在企业网总部和分支机构配置 OSPF 协议

本书涉及的典型企业网络拓扑可简化为图 8-6，按图连接网络。其中路由器 R1 和 R2 之间用背靠背 V.35 电缆连接模拟广域网连接。

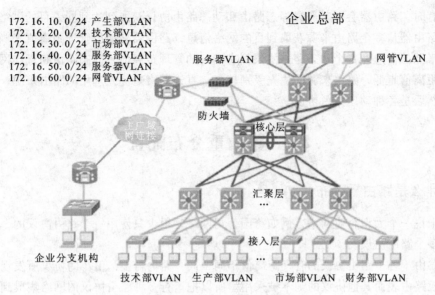

172. 16. 10. 0/24 产生部VLAN
172. 16. 20. 0/24 技术部VLAN
172. 16. 30. 0/24 市场部VLAN
172. 16. 40. 0/24 服务部VLAN
172. 16. 50. 0/24 服务器VLAN
172. 16. 60. 0/24 网管VLAN

企业总部

服务器VLAN   网管VLAN

广域网连接

防火墙

核心层

汇聚层
...

接入层
...

企业分支机构

技术部VLAN   生产部VLAN   市场部VLAN   财务部VLAN

图 8-6   企业网络拓扑

配置分析：

按图示规划好内部 IP 地址段，按照部门划分 VLAN，VTP 域服务器可设置在汇聚层某交换机上。按照 VLAN 划分子网，各个 VLAN 需要设置虚拟接口地址，也在汇聚层交换机上配置。

核心交换机 C4500 启用三层接口；规划好交换机 C4500 和路由器 R1、R2 各个接口的 IP 地址。

总部各个 VLAN 之间路由通告频繁，故把汇聚层的 4 台三层交换机 C3560 的 VLAN 虚拟接口和两台 C4500 与 C3560 连接的接口配置为 OSPF 的同一个 Area，设为 Area2。

把两台 C4500 和 R1 的以太网接口间网络作为 Area0，R2 的全部接口和 R1 的广域网接口作为 Area1。

总部网络配置 MSTP，核心层交换机之间配置链路聚合。

防火墙假定工作在透明模式（桥接模式），可视为是路由器 R1 和核心交换机之间的二层设备，这样路由器 R1 和核心交换机之间的连接就在同一个网段，即对网络做路由配置时可视防火墙为"透明的"，不考虑其存在。至于透明模式下防火墙本身的配置本书没有论及，读者可参阅相关资料。

8.2.7   路由协议小结

（1）路由协议的作用除了发现远程网络之外，还要维护准确的网络信息。当网络拓扑结构发生变化时，路由协议会将此变化告知其他路由器。在路由域内传播这一变化信息时，某些路由协议可能比其他路由协议的传播速度快，比如 OSPF 和 EIGRP 就是传播速度最快的路由协议。

（2）所有路由器的路由表达到协调一致的过程称为收敛。当同一路由域内的所有路由器都获取到完整而准确的网络信息时，即称完成收敛。配置不同路由协议的网络，收敛的快慢可能有所不同。

（3）路由协议使用度量来确定到达目的网络的最佳路径（又叫最优路径或最短路径）。不同的路由协议可能会使用不同的度量。通常，度量值越低表示路径越佳。比如，就 RIP 路由协议而言，到达某个目标网络的路径，是 4 跳的路径就要优于是 5 跳的路径。

（4）有时，路由器会同时通过静态路由和动态路由协议获取到达到同一目的网络的多个路由。如果路由器从多个路由来源获取到目的网络信息，路由器会使用管理距离值来确定使用哪一个路由来源的信息。每个动态路由协议都有唯一的管理距离值，静态路由和直连网络也不例外。管理距离值越低，路由来源的优先级别越高。直连网络是优先选用的路由来源，其次是静态路由，然后是各种动态路由协议。

8.3　路由重分布配置

8.3.1　什么是路由重分布

一般来说一个大型企业网络，例如跨国公司网络是很少只使用一个路由协议的，往往是同时运行了多个路由协议。

但是，由于各个路由协议的管理距离值不同，同一路由器上，值小的协议所发现的路由条目会被写入路由表而其他协议的则不被采用。所以把运行多种路由协议的网络集成到一起时，必须采取一种方式来在这些不同的路由协议之间共享路由信息。

1. 路由重分布

在路由协议之间交换路由信息的技术称为路由重分布（Route Redisbution）技术，用来将一个路由协议的路由信息发布布到另外的一个路由协议里面去。

重分布只能在针对同一种第三层协议的路由选择进程之间进行，也就是说，OSPF，RIP，IGRP 等之间可以重分布，因为他们都属于 TCP/IP 协议栈的协议，而 AppleTalk 或者 IPX 协议栈的协议与 TCP/IP 协议栈的路由选择协议就不能相互重分布路由了。

执行路由重分布的路由器被称为边界路由器，它们位于两个或多个自治系统的边界上。

2. 种子度量值

种子度量值（Seed Metric）是定义在路由重分布里的，它是一条从外部重分布进来的路由的初始度量值。路由协议默认的种子度量值见表 8-3。

表 8-3　默认种子度量值

路由协议	默认种子度量值
RIP	无限大
EIGRP/IGRP	无限大
OSPF	对 BGP 为 1，其他为 20
IS-IS	0
BGP	同 IGP（RIP、OSPF、IGRP、EIGRP、IS-IS 等）的度量值

8.3.2　路由重分布配置

1. 重分布配置命令

路由协议配置模式下使用命令

```
Router(config-router)#redistribute protocol [protocol-id] { level-1 |
level-2 | level-1-2 } {metric metric-value} {metric-type type-value} {match
```

```
( internal | external 1 | external 2 ) } {tag Tag-value} {route-map map-tag}
{weight weight } {subnets}
```

对此命令的参数就不详细介绍了，下面举例说明并强调注意事项。

2. 路由重分布的实例以及注意事项

1）RIP 协议中使用重分布

```
Router(config)#router rip
Router(config-router)#redistribute static
Router(config-router)#redistribute ospf 100
Router(config-router)#default-metric 5  //定义RIP默认的种子度量值
```

在这个例子里，我们看到了将静态路由以及 ospf 分布到了 RIP 的进程里面。我们把 RIP 默认的种子度量值重新定义为5，这样的话分布进来的其他路由选择协议（此处是静态路由和OSPF路由）的度量值默认也就是 5 了。这里要注意，因为 RIP 路由协议重分布默认的度量值是无穷大（实际为 16，16 即为无限大目标不可达），如果不重新定义度量值，重分布的路由协议所学习到的路由条目就不会分布到 RIP 里面去。距离矢量路由协议都如此，故配置 EIGRP 的时候一定也不要忘了修改默认的度量值。还要注意 EIGRP 的度量值并不是简单的由跳数来决定，而是由带宽、延迟、可信度、负载以及最大传输单元决定的，所以在配置 EIGRP 的时候可以直接在 redistribute 后面加上参数 metric 然后输入那五个值，例如：

```
Router(config)#router eigrp 100
Router(config-router)#redistribute rip metric 10000 100 255 1 1500
```

2）EIGRP 协议中使用重分布

```
Router(config)#router eigrp
Router(config-router)#redistribute rip
Router(config-router)#redistribute ospf 100
Router(config-router)#default-metric 10000 100 255 1 1500
```

在这个例子里面 EIGRP 路由协议将 RIP 和 OSPF 分布到了 EIGRP 的进程里面去了。这里使用 default-metric 一次定义所有路由选择协议默认的度量值，省事了许多。另外，redistribute 命令后用 metric 定义的度量值的优先级要高于 default-metric 定义的默认优先级，如果两处都有定义的话，执行的是前者。

IGRP 的自主系统号如果和 EIGRP 相同的话，EIGRP 会自动将 IGRP 的路由信息分布到自己的路由表里面。

3）OSPF 协议中使用重分布

```
Router(config)#router ospf
Router(config-router)#redistribute rip metric-type 1 subnets
```

关于 OSPF 的重分布相对而言比较简单，只需要注意两个问题：一个是 metric-type，metric-type 主要作用就是定义被重分布到 OSPF 路由域中的默认路由的外部类型，可以选择 1 或 2，这里我们将类型改为了 1，而 OSPF 默认的类型为 2；另外一个是 subnets，同 metric-type 一样，subnets 也是一个可选的参数，这个命令用于将路由重分布到 OSPF 的时候指定重分布的范围包括有类网络中的子网。

OSPF 在默认情况下重分布的度量值是 20，但是 BGP 分布到 OSPF 中去的时候度量值为 1。

8.3.3 实训 路由重分布配置

主要设备：Cisco 2811 路由器 4 台。网络拓扑如图 8-7 所示，用串行电缆连接各路由器的广域网口，网络 IP 地址参数和各路由协议按照图示配置。

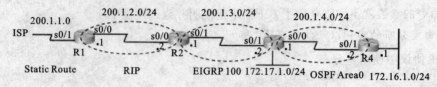

图 8-7　配置路由重分布的网络

实训要求：在每个路由器上重分布不同路由协议发现的路由。

配置步骤如下：

1. 配置路由器 R1

```
R1(config)#router rip
R1(config-router)#version 2
R1(config-router)#no auto-summary                //禁用路由总结
R1(config-router)#network 200.1.2.0
R1(config-router)#redistribute static metric 3
//把静态路由重分布到 RIP 中，度量值设为 3
R1(config)#ip route 0.0.0.0 0.0.0.0 Serial0/1
```

2. 配置路由器 R2

```
R2(config)#router eigrp 100
R2(config-router)#no auto-summary
R2(config-router)#network 200.1.3.0
R2(config-router)#redistribute rip metric 1000 100 255 1 1500
//将 RIP 重分布到 EIGRP 中，分别指定了带宽、延迟、可靠性、负载和 MTU 参数的值作为度量值
R2(config)#router rip
R2(config-router)#version 2
R2(config-router)#no auto-summary
R2(config-router)#network 200.1.2.0
R2(config-router)#redistribute eigrp 100         //将 EIGRP 重分布到 RIP 中
R2(config-router)#default-metric 4               //配置默认种子度量值
```

3. 配置路由器 R3

```
R3(config)#router eigrp 100
R3(config-router)#no auto-summary
R3(config-router)#network 172.17.1.0 0.0.0.255
R3(config-router)#network 200.1.3.0
R3(config-router)#redistribute ospf 1 metric 1000 100 255 1 1500
//将 OSPF 重分布到 EIGRP 中
R3(config-router)#distance eigrp 90 150          //配置 EIGRP 默认管理距离
R3(config)#router ospf 1
R3(config-router)#network 200.1.4.0 0.0.0.255 area 0
R3(config-router)#redistribute eigrp 1 metric 30 metric-type 1 subnets
//将 EIGRP 重分布到 OSPF 中
R3(config-router)#default-information originate always //在 ospf 区域发送默
认路由
```

4. 配置路由器 R4

```
R4(config)#router ospf 1
R4(config-router)#network 172.16.1.0 0.0.0.255 area 0
```

```
R4(config-router)#network 200.1.4.0 0.0.0.255 area 0
```

5．测试验证

1）在 R1 上查看路由表

```
R1#show ip route
Codes: C - connected, S - static, R - RIP, M - mobile, B - BGP
D - EIGRP, EX - EIGRP external, O - OSPF, IA - OSPF inter area
N1 - OSPF NSSA external type 1, N2 - OSPF NSSA external type 2
E1 - OSPF external type 1, E2 - OSPF external type 2
i - IS-IS, L1 - IS-IS level-1, L2 - IS-IS level-2, ia - IS-IS inter area
* - candidate default, U - per-user static route, o - ODR
P - periodic downloaded static route
Gateway of last resort is 0.0.0.0 to network 0.0.0.0
C 200.1.2.0/24 is directly connected, Serial0/0
172.16.0.0/24 is subnetted, 2 subnets
R 172.17.1.0 [120/4] via 200.1.2.2, 00:00:08, Serial0/0
R 172.16.1.0 [120/4] via 200.1.2.2, 00:00:08, Serial0/0
C 200.1.1.0/24 is directly connected, Serial0/1
R 200.1.3.0/24 [120/4] via 200.1.2.2, 00:00:08, Serial0/0
R 200.1.4.0/24 [120/4] via 200.1.2.2, 00:00:08, Serial0/0
S* 0.0.0.0/0 is directly connected, Serial0/1
```

输出表明路由器 R1 学到从路由器 R2 重分布进 RIP 的路由。

2）在 R2 上查看路由表

```
R2#show ip route
......<省略部分输出>
Gateway of last resort is 200.1.2.1 to network 0.0.0.0
C 200.1.2.0/24 is directly connected, Serial0/0
172.16.0.0/24 is subnetted, 2 subnets
D 172.17.1.0 [90/2297856] via 200.1.3.2, 00:00:21, Serial0/1    //内部路由
D EX 172.16.1.0[170/3097600] via 200.1.3.2, 00:00:21, Serial0/1  //外部路由
C 200.1.3.0/24 is directly connected, Serial0/1
D EX 200.1.4.0/24 [170/3097600] via 200.1.3.2, 00:00:21, Serial0/1 //外部路由
R* 0.0.0.0/0 [120/3] via 200.1.2.1, 00:00:05, Serial0/0
```

输出表明从路由器 R1 上重分布进 RIP 的默认路由被路由器 R2 学习到，路由代码为"R*"；在路由器 R3 上重分布进来的 OSPF 路由也被路由器 R2 学习到，代码为"D EX"，这也说明 EIGRP 能够识别内部路由和外部路由，默认的时候，内部路由的管理距离是 90，外部路由的管理距离是 170。

3）在 R3 上查看路由表

```
R3#show ip route
......<省略部分输出>
Gateway of last resort is 200.1.3.1 to network 0.0.0.0
D EX 200.1.2.0/24 [150/3097600] via 200.1.3.1, 00:00:43, Serial0/1
172.16.0.0/24 is subnetted, 2 subnets
C 172.17.1.0 is directly connected,f0/0
O 172.16.1.0 [110/65] via 200.1.4.2, 00:00:43, Serial0/0
C 200.1.3.0/24 is directly connected, Serial0/1
C 200.1.4.0/24 is directly connected, Serial0/0
D*EX 0.0.0.0/0 [150/3097600] via 200.1.3.1, 00:00:08, Serial0/1
```

输出表明，从路由器 R2 上重分布进 EIGRP 的路由被路由器 R3 学习到，代码为
"D EX" 和 "D*EX"，同时 EIGRP 外部路由的管理距离被修改成 150。

4）在 R4 上查看路由表

```
R4#show ip route
......<省略部分输出>
Gateway of last resort is 200.1.4.1 to network 0.0.0.0
O E1 200.1.2.0/24 [110/94] via 200.1.4.1, 00:00:26, Serial0/0
172.16.0.0/24 is subnetted,2 subnets
O E1 172.17.1.0 [110/94] via 200.1.4.1, 00:00:26, Serial0/0
4.0.0.0/24 is subnetted, 1 subnets
C 172.16.1.0 is directly connected,f0/0
O E1 200.1.3.0/24 [110/94] via 200.1.4.1, 00:00:26, Serial0/0
C 200.1.4.0/24 is directly connected, Serial0/0
O*E2 0.0.0.0/0 [110/1] via 200.1.4.1, 00:00:26, Serial0/0
```

输出表明，从路由器 R3 上重分布进 OSPF 的路由被路由器 R4 学习到，代码为 "O E1"；
同时学到由 R3 注入的代码为 "O E2" 的默认路由。

5）在 R3 上查看 ip protocols

```
R3#show ip protocols
Routing Protocol is "eigrp 100"  // 运行 AS 为 100 的 EIGRP 进程
Outgoing update filter list for all interfaces is not set
Incoming update filter list for all interfaces is not set
Default networks flagged in outgoing updates
Default networks accepted from incoming updates
EIGRP metric weight K1=1, K2=0, K3=1, K4=0, K5=0
EIGRP maximum hopcount 100
EIGRP maximum metric variance 1
Redistributing: eigrp 100,ospf 1(internal,external 1&2,nssa-external 1&2)
//将 OSPF 进程 1 重分布 EIGRP 中
EIGRP NSF-aware route hold timer is 240s
Automatic network summarization is not in effect
Maximum path: 4
Routing for Networks:
172.17.1.0/24
200.1.3.0
Routing Information Sources:
Gateway Distance Last Update
200.1.3.1 90 00:51:05
Distance: internal 90 external 150
Routing Protocol is "ospf 1"                //运行 OSPF 进程，进程号为 1
Outgoing update filter list for all interfaces is not set
Incoming update filter list for all interfaces is not set
Router ID 200.1..4.1
It is an autonomous system boundary router //自治系统边界路由器(ASBR)
Redistributing External Routes from,
eigrp 100 with metric mapped to 30, includes subnets in redistribution
//EIGRP100 重分布在 OSPF 中
Number of areas in this router is 1. 1 normal 0 stub 0 nssa
Maximum path: 4
```

```
Routing for Networks:
200.1.4.0 0.0.0.255 area 0
Routing Information Sources:
Gateway Distance Last Update
172.16.1.1 110 00:00:42
172.16.2.1 110 00:00:42
Distance: (default is 110)
```
输出表明路由器 R3 运行 EIGRP 和 OSPF 两种路由协议，而且实现了双向重分布。

8.4 路 由 环 路

路由环路是指数据包在一系列路由器之间不断循环或往返传输却始终无法到达其预期目标网络的一种现象。当两台或多台路由器的路由信息中存在指向不可达目的网络的有效但是是错误的路径时，就可能发生路由环路。

8.4.1 产生环路的原因与危害

1. 产生路由环路原因

（1）静态路由配置错误；

（2）路由重分布配置错误；

（3）拓扑已变化的网络收敛速度缓慢，不一致的路由表未能得到更新；

（4）错误配置或添加了丢弃的路由。

路由环路在配置距离矢量路由协议的路由器中容易产生，在链路状态路由协议中较为少见，但也不是不会发生。

2. 路由环路的危害

路由环路会对网络造成严重影响，导致网络性能降低，甚至使网络瘫痪。

路由环路可能造成以下后果：

（1）环路内的路由器占用链路带宽来反复收发流量；

（2）路由器的 CPU 因不断处理循环数据包而不堪重负；

（3）路由器的 CPU 不堪重负从而影响到网络收敛速度；

（4）路由更新数据包可能丢失或无法得到及时处理，这可能会导致更多的路由环路，使情况进一步恶化。

8.4.2 消除路由环路的方法

路由环路一般是由距离矢量路由协议引发的，目前在路由器的设计和配置中，有多种机制可以消除路由环路，包括：

（1）定义最大度量；

（2）抑制计时器；

（3）水平分割；

（4）路由毒化与毒性反转。

1. 定义最大度量值防止计数至无穷

从下面的一个简单例子中，我们看看路由环路是怎发生的，又该如何消除。

1）计数至无穷

在图 8-8 所示的网络中，假设路由协议使用的
RIP，路由器 R1 在某一时刻发现发自己的接口 f0/0
所直连的网络 10.10.30.0/24 不可达，正欲向外（包
括 R2）发出触发更新消息，但这时 R2 的更新（比
如定时更新刚好在此时发生）先已发出并送达 R1，

图 8-8　路由环路

R2 告诉 R1 自己知道到达 10.10.30.0/24 的路径：数据包从接口 S0/0/1 转发，度量值(跳数)是 1
跳(下一跳是 R1)。R1 于是更新自己的路由条目：到目标 10.10.30.0/24 的路径不再是从 f0/0 直达，
而是通过 R2 到达，即更新数据包的转发接口为 S0/0/1，度量值为 2 跳(下一跳为 R2)，然后向
R2 发出此更新消息（触发更新）。R2 收到更新后，就修改自己的路由条目，把度量值改为 3 跳
（下一跳为 R1），然后发出更新消息（触发更新）……如此循环，R1 和 R2 的度量值计数将趋于
无穷，链路中充斥更新消息；此时如果有访问 10.10.30.0/24 的数据包，则将在 R1、R2 之间循
环往返传递。更新消息和访问数据包均消耗占用路由器资源。

2）消除方法

在设计距离矢量路由协议的时候，考虑到这一问题，就把到达目标的跳数定义一个最大值
（比如 RIP 协议就定义为 16 跳，达到或超过 16 则认为网络不可达），达到最大值就把该路由条
目从路由表中删除。

还有，IP 协议自身也包含防止数据包在网络中无休止传输的机制。IP 设置了生存时间
（TTL）字段，每经过一台路由器，TTL 的值都会减 1。如果 TTL 变为零，则路由器将丢弃该
数据包。故即使在存在路由环路的情况下，被路由的数据包也不会无休止的循环。

2. 使用抑制计时器防止路由环路

距离矢量协议采用两种更新机制，定期更新和触发更新。触发更新用来加速收敛过程。假
设现在有一个不稳定的网络。在很短的时间内，路由器的接口被重置为 up，然后是 down，接
着再重置为 up。这种现象反映在路由里，称为路由摆动或抖动。若这时使用触发更新，路由
器可能会反应过快，而如果同时又出现定时更新的话，就很可能造成路由环路。

处理的办法可以让路由器收到更新后，等待一段时间再执行该更新。具体的实现机制是使
用抑制计时器。

工作过程仍然以图 8-8 为例加以说明。

（1）路由器 R2 从邻居 R1 处接收到更新，该更新表明以前可以访问的网络 10.10.30.0/24 现
在已不可访问。

（2）路由器 R2 将该网络标记为 possibly down 并启动抑制计时器。

（3）如果路由器 R2 在抑制期间从任何相邻路由器接收到路由到网络 10.10.30.0/24 更小度
量值的更新，则更新路由表条目恢复到该网络的路由并删除抑制计时器。

（4）如果路由器 R2 在抑制期间从相邻路由器收到的更新包含的度量值与之前相同或更大，
则该更新将被忽略。

（5）抑制计时器超时，路由器 R2 执行更新，删除到达 10.10.30.0/24 的路由条目。

在抑制期间，路由器 R2 仍然会转发目标被标记为 possibly down 的 10.10.30.0/24 的数据包。这时目标网络如果确实不可达，数据包转发就会有去无回，该目标犹如黑洞，该路由称为黑洞路由，直到抑制计时器超时，删去该路由条目。

3. 水平分割

防止路由环路的另一种方法是水平分割。水平分割规则规定，路由器不能使用接收更新的同一接口来通告同一网络。

仍然以图 8-6 为例对水平分割的过程加以说明：

R1 将 10.10.30.0/24 网络通告给 R2。

R2 接收该信息并更新其路由表。

R2 随后通过 F0/0 口或其他接口将 10.10.30.0/24 网络通告给其他相连的路由器（图中没有画出）；但 R2 不会通过 S0/0/1 将 10.10.30.0/24 通告给 R1，因为该路由原本来自该接口。

由于 R2 不再将 10.10.30.0/24 通告给 R1，R1 就不会误认为通过 R2 能够路由到 10.10.30.0/24，即不会再因为错误地更新而形成环路。

其他路由器接收该信息并更新其路由表。

因为使用了水平分割，所以其他与 R2 相连的路由器也不会将关于网络 10.10.30.0/24 的信息通告给 R2。

水平分割能够防止路由环路，Cisco 路由器默认是启用水平分割的。但是，在某些特定情况下，为获得正确的路由必须禁用水平分割（比如多点连接帧中继网络）。

启用和禁用水平分割的命令是在接口配置模式下执行：

```
ip split-horizon            //启用
no ip split-horizon         //禁用
```

4. 路由毒化与毒性反转

1）路由毒化

路由毒化是距离矢量路由协议用来防止路由环路的一种方法。路由毒化用于在发往其他路由器的路由更新中将路由标记为不可达。标记为"不可达"的方法是将度量设置为最大值。对于 RIP，毒化路由的度量值为 16。

仍以图 8-16 为例说明路由毒化的过程：

网络 10.10.30.0 /24 由于链路故障而变得不可用。

R1 将度量值设置为 16 使该路由毒化，然后发送触发更新指明 10.10.30.0/24 不可达。

R2 收到并处理该更新。由于度量为 16，所以 R2 在其路由表中将该路由条目标记为无效，R2 也被毒化。

R2 随后将毒性更新发送给其他相连的路由器，更新中的度量值被再次设置为 16，以此表明该路由不可用。其他相连的路由器处理该更新，亦将其路由表中的 10.10.30.0/24 条目标记为无效。

通过这种方法，在网络上传播有关 10.10.30.0/24 的信息比等待跳数达到最大度量值更加迅速，因此路由毒化可加速收敛过程。

2）毒性反转

本来，由于水平分割的存在，毒化路由在路由器之间是单向传递的，网络 10.10.30.0/24 不可达时，R1 将毒化路由通告给 R2，而 R2 不会再通告给 R1。这时，R1 可能收到网络中其他相连的路由器关于 10.10.30.0/24 可达的错误通告。

因此，如果 R2 此时能明确告知 R1，网络 10.10.30.0/24 不可达，就可以防止 R1 发生错误更新。

即 R2 需要把毒性路由反向传回给 R1，称为毒性反转。

毒性反转需要与水平分割技术结合使用才能实现，称为带毒性反转的水平分割。即当路由器使用路由毒化方式传播更新时，水平分割自动失效。带毒性反转的水平分割规则规定：从获知路由毒化的特定接口向外发送更新时，将通过该接口获知的所有网络标示为不可达。

毒性反转的实现过程：

网络 10.10.30.0/24 由于链路故障而变得不可用。

R1 通过将度量值设置为 16 使该路由毒化，然后发送触发更新指明 10.10.30.0/24 不可达。

R2 处理该更新，在其路由表中将该路由条目标记为无效，然后立即向 R1 发送毒性反转。

毒性反转会使路由器忽略水平分割规则的要求。它的作用在于确保 R1 不会轻易受到有关网络 10.10.30.0/24 的错误更新的影响。

注意并非所有 IOS 版本都默认启用了带毒性反转的水平分割。

8.5 跨 Internet 路由配置

在跨区域的企业网络中，可使用 DDN 或帧中继线路连接总公司和分公司的网络。但是费用相对昂贵，从经济的角度考虑，通过 Internet 来连接公司总部和分支机构网络是中小企业合理的选择，如图 8-9 所示。

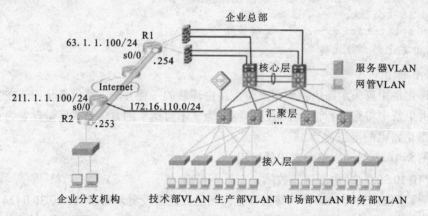

图 8-9 使用 Internetl 连接企业总部与分支机构网络

8.5.1 隧道技术介绍

如果想通过较廉价的 Internet，实现分公司方便的访问总公司资源的要求，可以使用隧道技术并配合动态路由的方案来解决。

隧道技术是一种协议封装技术，可以对某些网络层协议进行封装，被封装数据可以在另一个网络层协议中传输。数据在隧道的一端封装，在另外一端解封装，这样通过隧道可以把处于 Internet 中的两个结点连接起来。隧道技术构建了这两个结点间的一条虚拟点到点连接。最常使用的隧道协议是 GRE（Generic Routing Encapsulation，通用路由封装）。

8.5.2 GRE 工作过程

GRE 通过对网络层协议的封装和解封装，来连接处于远端的两个接口。以下解释 GRE 如何对协议进行封装和解封装。

1. 协议封装

当位于分公司的数据包想要到达总公司的服务器时，这个数据包的目标地址是一个私有地址及总公司服务器地址。因为私有地址在广域网是不可路由的，所以直接发送肯定发送不了。所以此时在出口处，分公司路由器 R2 用一个 GRE 头对这个 IP 包封装，在用新的 IP 头封装这个 GRE 头，新的 IP 头的源 IP 地址是分公司路由器 R2 外网接口 IP 地址，目标地址是总公司路由器 R1 的外网接口 IP 地址。这个新的数据包是可以路由的，因为路由器 R1 外网接口地址是个全球可路由的公网地址。

2. 协议解封装

当重新封装的 IP 包通过隧道到达路由器 R1 后，路由器会将此数据包交给 GRE 进程处理，GRE 进程将会把刚才封装 GRE 头去掉，那么剩下的就是最初的 IP 数据包，这个数据包称为净荷。经过路由器路由，这个净荷可以到达总公司的任意位置。

8.5.3 配置 GRE 隧道

配置 GRE 隧道前，要保证总公司和分公司路由器都能够访问 Internet。假设总公司路由器 R1 的外网接口 IP 地址是 61.1.1.100，分公司路由器 R2 的外网接口 IP 地址是 211.1.1.100。可以在路由器上使用 ping 命令测试互联网的连通性。

在路由器 R1 上配置 GRE 隧道，配置步骤如下：

```
R1(config)#interface tunnel 0          //创建并进入编号为 0 的隧道
R1(config-if)#tunnel source ethernet 0/0
//配置隧道的源，此处指定是路由器的接口 ethernet 0/0
R1(config-if)#tunnel destination 211.1.1.100
//配置隧道的目标地址是分公司路由器外网接口地址 211.1.1.100
R1(config-if)#ip address 172.16.110.254 255.255.255.0
//配置隧道 IP 地址为 172.16.110.254
R1(config-if)#tunnel mode gre ip          //选择隧道模式为 GRE over IP
```

在隧道的对端路由器 R2 上也要做 GRE 的配置，步骤如下：

```
R2(config)#interface tunnel 0
R2(config-if)#tunnel source ethernet 0/1
R2(config-if)#tunnel destination 61.1.1.100
R2(config-if)#ip address 172.16.110.253 255.255.255.0
R2(config-if)#tunnel mode gre ip
```

在两边都配置好 GRE 隧道后，可以在 R2 路由器上使用命令 ping 测试隧道是否能通：

```
R2#ping 172.16.110.254 source tunnel 0

Type escape sequence to abort.
Sending 5, 100-byte ICMP Echos to 172.16.110.254, timeout is 2 seconds:
Packet sent with a source address of 172.16.110.253
!!!!!
Success rate is 100 percent (5/5), round-trip min/avg/max = 16/85/176 ms
```

可以看到，在路由器 R2 上以隧道 0 接口 IP 地址作为源地址，去 ping 路由器 R1 上的隧道口地址 172.16.110.254，可以 ping 通。这说明隧道已经能够正常工作了。此时可以把这条隧道看成一条虚拟的点到点链路。

8.5.4　配置基于 GRE 的 OSPF

接下来需要在总部路由器 R1 和分公司路由器 2 之间启用动态路由协议，这里选择 OSPF 作为整个企业的动态路由协议。因为总部路由器 R1 和分公司路由器 R2 之间是通过 Internet 连接的，所以如果把总公司和分公司的路由器都划分到一个单个区域内，那么如果总公司的 LSA 泛洪过多，就会影响广域网链路的速度。为了提高整个网络的性能，应该尽可能减少广域网上的流量。

根据以上分析，将总公司的网络划分为骨干区域，然后分公司通过一个非骨干区域连接到骨干区域。

下面先配置路由器 R1，配置命令如下：

```
R1(config)#interface loopback 0
R1(config-if)#ip address 1.1.1.1 255.255.255.255
//配置 loopback0 的地址作为路由器的路由器 ID
R1(config-router)#network 172.16.70.0 0.0.0.255 area 0  //R1 的以太网接口网络
R1(config-router)#network 172.16.80.0 0.0.0.255 area 0  //R1 的以太网接口网络
R1(config-router)#network 1.1.1.1 0.0.0.0 area 0
//以上的 network 命令，将总部局域网的接口都加入到骨干区域 0
R1(config-router)#network 172.16.110.0 0.0.0.255 area 1
//将隧道接口加入到区域 1
```

总公司两核心交换机的 OSPF 路由–配置，读者应该在任务 7–2 已经完成。

分公司路由器 R2 的 OSPF 配置如下：

```
R2(config)#interface loopback 0
R2(config-if)#ip address 1.1.1.2 255.255.255.255
//配置 loopback0 的地址作为路由器的路由器 ID
R2(config-if)#router ospf 10
R2(config-router)#network 172.16.110.0 0.0.0.255 area 1
R2(config-router)#network 172.16.120.0 0.0.0.255 area 1
R2(config-router)#network 1.1.1.2 0.0.0.0 area 1
//将所有接口都加入到区域 1
*Mar  1 00:33:56.627: %OSPF-5-ADJCHG: Process 10, Nbr 1.1.1.1 on Tunnel0 from
LOADING to FULL, Loading Done
//系统提示已经与路由器 Id 为 1.1.1.1 的路由器建立邻接关系，并同步了 LSA
```

经过以上的设置，总公司和分公司的两台路由器之间，已经通过 OSPF 同步了 LSDB，并且利用 LSDB 生成了路由表。操作成功之后，分公司的路由器包含了完整的公司路由，可以访问到总公司内的所有网络资源，就好像通过专线连接到总公司一样。

查看分公司路由器 R2 的路由表：

```
R2#sh ip route
Codes: C - connected, S - static, R - RIP, M - mobile, B - BGP
       D - EIGRP, EX - EIGRP external, O - OSPF, IA - OSPF inter area
       N1 - OSPF NSSA external type 1, N2 - OSPF NSSA external type 2
       E1 - OSPF external type 1, E2 - OSPF external type 2
```

```
        i - IS-IS, su - IS-IS summary, L1 - IS-IS level-1, L2 - IS-IS level-2
        ia - IS-IS inter area, * - candidate default, U - per-user static route
        o - ODR, P - periodic downloaded static route

Gateway of last resort is 211.1.1.254 to network 0.0.0.0

     1.0.0.0/32 is subnetted, 2 subnets
O IA    1.1.1.1 [110/11112] via 172.16.110.254, 00:00:26, Tunnel0
C       1.1.1.2 is directly connected, Loopback0
     2.0.0.0/32 is subnetted, 2 subnets
O IA    2.2.2.2 [110/11114] via 172.16.110.254, 00:00:26, Tunnel0
O IA    2.2.2.1 [110/11113] via 172.16.110.254, 00:00:26, Tunnel0
     172.16.0.0/24 is subnetted, 12 subnets
O IA    172.16.60.0 [110/11113] via 172.16.110.254, 00:00:26, Tunnel0
O IA    172.16.50.0 [110/11113] via 172.16.110.254, 00:00:26, Tunnel0
O IA    172.16.40.0 [110/11113] via 172.16.110.254, 00:00:26, Tunnel0
O IA    172.16.30.0 [110/11113] via 172.16.110.254, 00:00:26, Tunnel0
O IA    172.16.20.0 [110/11113] via 172.16.110.254, 00:00:26, Tunnel0
O IA    172.16.10.0 [110/11113] via 172.16.110.254, 00:00:26, Tunnel0
C       172.16.120.0 is directly connected, Ethernet0/0
C       172.16.110.0 is directly connected, Tunnel0
O IA    172.16.100.0 [110/11113] via 172.16.110.254, 00:00:26, Tunnel0
O IA    172.16.80.0 [110/11112] via 172.16.110.254, 00:00:26, Tunnel0
O IA    172.16.70.0 [110/11113] via 172.16.110.254, 00:00:26, Tunnel0
C    211.1.1.0/24 is directly connected, Ethernet0/1
S*   0.0.0.0/0 [1/0] via 211.1.1.254
```

从 R2 的路由表可以看到，所有以"O IA"标记的，都是由总部路由器 R1 从另外一个区域转发过来的 LSA 生成的路由，这种路由称为 OSPF 区域间路由。这些路由已经包含了所有的总部子网，因此分公司员工通过路由器 R2，可以像访问局域网资源一样，去访问总公司的所有资源。

这种分层的 OSPF 设计也为以后公司的发展预留了空间，如果以后公司在其他地域创建了新的分公司，可以继续在现有 OSPF 的架构上增加新的非骨干区域，可以方便的实现公司全网的跨地域路由。

8.6　路由热备份简介

在网络通信中，可靠性是非常重要的。在一些企业或机构的网络中，对重要数据的传输通常要求不能中断。路由器是连接局域网与广域网的桥梁，路由器的故障使数据报路由失败，直接导致网络通信的中断。

所谓热备份，就是"在线备份"的意思，网络数据的传输因备份的启用而不会中断。路由热备份技术主要包括对路由器的热备份和对线路的热备份技术。前者要解决的问题是在路由器由于自身硬件或软件系统的某种故障而导致网络瘫痪、数据传输中断时，如何及时恢复正常；后者要解决的问题则是当路由器的接口或广域网线路出现故障时如何启用备份并及时恢复正常路由。下面简单介绍对路由器的热备份操作。

8.6.1 对路由器的热备份与热备份路由协议

对路由器本身的热备份是指在网络中有一台或多台与正在工作的主路由器功能相同的路由器，在主路由器出故障的情况下，以某种方式顶替主路由器工作，继续为网络提供路由。

Cisco 路由器采用热备份路由协议（Hot Standby Routing Protocol，HSRP），在主路由器与热备份路由器之间进行透明的切换，而且它们之间的切换速度较快，用户通常感觉不到网络的变化。

HSRP 定义一组路由器（两个以上）共用一个虚拟的 IP 地址（也称浮动 IP 地址，作为局域网中其他主机的默认网关），每个路由器都设置一个权值，权值最高的作为主路由器，其余的作为备份服务器。当主路由器出故障时，权值次高的路由器将作为主路由器，依次类推。使用 HSRP 的路由器之间定期交换权值信息以确定路由器的工作状态，如果主路由器在一段时间内不发送这种信息包，其他备份路由器则认为该路由器已坏，权值次高的备份路由器将接管主路由器的工作；而一旦原主路由器恢复正常，则会自动切换回去，重新接管传输数据的工作。备份路由器则停止工作，处于备份状态。

对于局域网的计算机而言，则使用这个虚拟的 IP 地址作为默认网关。主、备份路由器的切换变化用户感觉不到。

在主线路和备份线路都是同样的广域网线路的情况下，使用 HSRP 协议。为了切换更快，路由协议应使用收敛速度快的 EIGRP，OSPF 等。

8.6.2 HSRP 的基本配置

HSRP 的基本配置，是要在参与 HSRP 热备份的一组路由器上配置接口 IP 地址，指定虚拟 IP 地址、启用 HSRP 协议，设定各个路由器的 HSRP 权值等。

1. 配置步骤

1）配置接口 IP 地址

```
Router(config-if)#ip address ip-address  subnet-mask
```

其中，ip-address 为 IP 地址，subnet-mask 为子网掩码。

2）启用 HSRP，配置虚拟 IP 地址

```
Router(config-if)#standby group-id ip ip-address
```

其中，group-id 为组号，具有相同组号的路由器属于同一个 HSRP 组，ip-address 为虚拟 IP 地址，属于同一个 HSRP 组的路由器具有同一个虚拟 IP 地址。

3）配置 HSRP 抢占

```
Router(config)#standby group-id preempt
```

该设置允许权值高于该路由器 HSRP 权值的其他路由器成为主路由器。

4）设置路由器的 HSRP 权值

```
Router(config-if)#standby group-id priority priority-value
```

其中，priority-value 为权值，默认权值为 100。权值数越大，则成为主路由器的优先权就越高。

5）设置 HSRP 切换时间

```
Router(config-if)#standby group-id time-1 time-2
```

其中，time-1 表示路由器每间隔多长时间交换一次 hello 信息，以表明路由器是否出现故障

或工作正常，默认值为 3 s。

time-2 表示在多长时间内同组的基他路由器没有收到主路由器的信息，则宣布主路由器瘫痪，默认值为 10 s。

如果要更改该默认值，所有同 HSRP 组的路由器的设置必须一致。

6）设置 HSRP 组路由器身份验证

`Router(config-if)#standby group-id authentication [string]`

其中，*string* 为 HSRP 组路由器身份验证字符串。

该项为可选设置，如果设置该项，则该 HSRP 组的路由器中，只有字符串相同的才能进行HSRP。

7）设置接口跟踪

`Router(config-if)#standby group-id track interface-id`

该设置表示如果所跟踪的接口出现故障，则也进行路由器的切换。可以设置跟踪多处接口。

2. 配置举例

实例 8-5 图 8-10 所示是常见的有路由器备份的网络，各局域网口 IP 地址如图所示，虚拟 IP 地址设为 192.168.1.254，把路由器 R1 设为主路由器，路由器 R2 设为备份路由器。

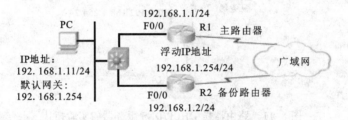

图 8-10　路由器热备份

配置 R1：

```
R1(config-if)#interface ethernet 0/0
R1(config-if)# ip address 192.168.1.1 255.255.255.0
R1(config-if)#standby 1 ip 192.168.1.254
```
// 指定路由器属于 HSRP 组 1，虚拟默认网关 IP 地址 (浮动 IP 地址) 为 192.168.1.254
```
R1(config-if)#standby 1 preempt              //配置 HSRP 主路由器抢占
R1(config-if)#standby 1 priority 120         // 指定权值为 120
R1(config-if)# standby 1 timers 10 20
```
//定义 HSRP 组 1 每 10 s 交换一次 hello 信息，20 s 没收到 hello 信息就开始切换
```
R1(config-if)# standby 1 authentication ciscoshi//设置路由器 A 身份验证字符串
R1(config-if)# standby 1 track s0/0          //指定监控 s0/0 接口
```
配置 R2：

```
R2(config-if)#interface ethernet 0/0
R2(config-if)# ip address 192.168.1.2 255.255.255.0
R2(config-if)#standby 1 ip 192.168.1.254    // 指定路由器属于 HSRP 组 1,虚拟默认
```
网关 IP 地址为 192.1.3.33。
```
R2(config-if)#standby 1 preempt              //配置 HSRP 主路由器抢占
R2(config-if)#standby 1 priority 100         // 指定权值为 100
R2(config-if)#standby 1 timers 10 20
```

```
//定义 HSRP 组 1 每 10 s 交换一次 hello 信息，20 s 没收到 hello 信息就开始切换
  R2(config-if)#standby 1 authentication ciscoshi
//设置路由器 A 身份验证字符串
  R2(config-if)#standby 1 track s0/0  //指定监控 s0/0 接口
```

8.7 配置路由器做 DHCP/DNS 服务器*

大中型企业网络常基于 UNIX/linux 或 Windows Server 系统平台使用应用级的 DHCP 和 DNS 服务器。同时，亦可使用 Cisco 路由器或三层交换机的 DHCP 和 DNS 服务功能，提供冗余或负载均衡。简化的架构示意图如图 8-11 所示。

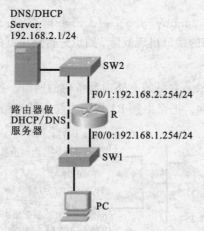

图 8-11 路由器做 DHCP/DNS 服务器的实验拓扑

8.7.1 配置 Cisco 路由器做 DHCP 服务器

在此架构中，路由器 R 和 DHCP SERVER 都能提供 DHCP 和 DNS 服务。当然，路由器的主要功能是实现路由，交换机的主要功能是实现交换，在实际企业网环境中具体分配服务任务时应该通盘考虑，比如校园网常使用应用服务器和汇聚层交换机提供 DHCP 服务，这里仅以路由器为例说明如何配置。

如图所示的 DHCP SERVER(当然也可以由路由器充当)如果要要跨网段分配 IP 地址给客户端 PC，即按照途中 DHCP SERVER|SW2|R|SW1|PC 的路径提供服务，则路由器 R 必须配置 DHCP 中继代理。

1. 配置路由器提供 DHCP 服务

1）服务器端配置
```
R(config)#service dhcp               //启用 dhcp 服务
R(config)#ip dhcp pool ss-ip-pool  //配置 dhcp 地址池的名称为 ss-ip-poo
R(dhcp-config)#network 192.168.1.0 255.255.255.0
```

---

*本节配置只能在真实设备或 GNS3 环境（或其它真实 IOS 模拟器环境）中实现，Cisco Packet Francer 等非真实 IOS 模拟软件实现不了。

```
//配置 dhcp 服务器可分配的网段
R(dhcp-config)#default-router 192.168.1.254
//指明默认网关为 192.168. 1.254
R(dhcp-config)#dns-server 192.168.1.254
//指明 dns 服务器地址为 192.168.1.254（本例后面会配置 R 为 DNS 服务器）
R(dhcp-config)#exit                                    //退出 dhcp 参数配置模式
R(config)#ip dhcp excluded-address 192.168.1.252 192.168.1.254
//排除 dhcp 服务分配的地址范围
```

2）客户端配置

Windows 或 Linux 客户端，只要把网卡设置成自动获取 IP 地址地址即可。在另外一个和路由器 R 相连的其他路由器 R2（图 8-9 中未画出）上，如果要为某接口设置自动获取 IP 地址，则使用命令

```
R2(config-if)#ip address dhcp                         //从 dhcp 自动获取 IP 地址
```

片刻后系统会显示类似

"Interface FastEthernet0/0 assigned DHCP address 192.168.1.2,mask 255.255.255.0,host name R2" 这样的提示，表明客户端获取 IP 成功。

2. 配置 DHCP 中继代理

如图所示，PC 若要从 DHCP SERVER 自动获取 IP 地址，则需要在 R 上配置 dhcp 中继代理。配置必须在 R 的连接 SW1 的接口 F0/0 上进行：

```
R(config)#interface f0/0
R(config-if)#ip helper-address 192.168.2.1  // 指明 DHCP 服务器的地址是
192.168.2.1
```

这样，PC 的 DHCP 发现消息才能被路由器 R 转发给 DHCP SERVER，R 起了代理传递消息的作用。

8.7.2　配置路由器提供 DNS 服务

路由器的 DNS 服务配置主要是：指明网络（本地网络和公网）中 DNS 服务器地址，把自己没有域名记录的查询请求转发给这些 DNS 服务器查询；直接为用户提供域名解析服务。

1）基本配置要点

配置要点包含启动 DNS 服务；指明网络中的 DNS 服务器地址（最多可以指定 6 个，客户端请求在本路由器不能解析时被依次转发给这些服务器解析）；开启 DNS 服务器自动搜索；配置主机域名记录。

如果路由器做 DNS 客户端（发起域名解析请求），则也需要开启 DNS 服务器自动搜索。

2）具体配置

```
R(config)# ip dns server
R(config)#ip name-server 192.168.1.254 202.69.128.86 8.8.8.8
//指明 DNS 服务器地址
R(config)#ip domain lookup          //开启 dns 按照上一行配置的顺序自动查找服务器
（不开启则只使用本路由器的 DNS 服务）
R(config)#ip host www.gdqy.edu.cn 211.211.1.1 //配置域名记录
R(config)#interface loopback 0
R(config)#ip address 211.211.1.1   //配置环回口地址，以测试域名解析
```

3）客户端配置

若在 PC 上测试，PC 的 IP 参数设置首选 DNS 服务器地址为 "192.168.1.254" 即可。

本例介绍在本路由器和另外一个路由器上进行测试的情况。

本路由器上测试情况如图 8-12 所示，可见已经成功解析域名。

```
R#ping www.gdqy.edu.cn

Type escape sequence to abort.
Sending 5, 100-byte ICMP Echos to 211.211.1.1, timeout is 2 seconds:
!!!!!
Success rate is 100 percent (5/5), round-trip min/avg/max = 4/4/4 ms
R1#
```

图 8-12　成功解析域名为 IP 地址

当域名 www.abcd.com 不能被某个 DNS 服务器成功解析时，顺序搜索 DNS 服务器的情况如图 8-13 所示，可见是在按照前面所配置的 DNS 服务器地址和顺序查找。

```
R#ping www.abcd.com
Translating "www.abcd.com"...domain server (192.168.1.254) (202.96.128.86) (8.8.8.8)

Translating "www.abcd.com"...domain server (192.168.1.254) (202.96.128.86) (8.8.8.8)
% Unrecognized host or address, or protocol not running.
```

图 8-13　DNS 服务器搜索

在另外一个连接路由器 R 的路由器 R2 上测试，R2 需要配置到达所有网段的路由，简单化起见，可配置一条指向 R 的默认路由。R2 还需要启用 ip domain lookup。分别 ping "www.gdqy.edu.cn" 和 "www.abcd.com"，将显示与在 R1 上相同的结果。

思考与动手

（1）常用的内部网关和外部网关协议有哪些？

（2）路由协议的作用是什么？

（3）理解 RIP，IGRP，EIGRP 和 OSPF 的特点。

（4）在 RIP，IGRP 和 EIGRP 的配置中，均会使用到 Network 命令，该命令如何使用，其后应跟什么参数，在命令、空格后用？查看。

（5）引入自治系统对配置路由有何好处？

（6）简述防止路由环路的方法。

（7）在实际环境或模拟软件上完成本章各实例的配置。

第9章 广域网协议配置

【内容概要】

广域网的作用距离或延伸范围比局域网大，距离的量变导致了技术的质的变化。

不同的广域网服务，其传输线路、网络设备的使用不同，但也有多种服务使用同一物理线路的情况，因此从其链路层协议的使用来区分广域网类型可能更恰当。

对广域网的掌握应侧重于在路由器上正确配置广域网协议，实现企业网的远程连接或与ISP网络的连接。

掌握如何在 Cisco 路由器上进行常用的广域网协议如 PPP、HDLC 和 Frame-Relay 协议的配置。

在实验室环境中，通过路由器的 DCE 和 DTE 电缆，把其广域网口直接对连起来，模拟广域网的专线线路；把路由器配置为帧中继交换机，可模拟帧中继网络。进行有关实验配置时与实际环境一样，只有配置正确，才能连通网络。

本章还介绍了网络地址转换技术及其应用。

【学习目标】

（1）学会广域网协议的封装；

（2）学会配置路由器使用帧中继网络通信；

（3）学会在 PPP 封装的线路上配置 CHAP 认证。

9.1　广域网与广域网协议

广域网（Wide Area Network，WAN）是作用距离或延伸范围较局域网大的网络，正是距离的量变引起了技术的质变，它使用与局域网不同的物理层和数据链路层协议。中国电信的公用传输网络如 PSTN、帧中继、DDN 等都是广域网的实例。我们对广域网的学习掌握则侧重于如何在路由器上正确配置相应的广域网协议。至于公用传输网络本身的设备及其工作原理等，可稍做了解，不必深究。

9.1.1　广域网协议与 OSI 参考模型的对应关系

常用的广域网协议包括点对点协议（Point-to-Point Protocol，PPP）、高级数据链路控制协议（ High-Level Data Link Control，HDLC ） 、平衡型链路访问进程协议（Link Access Procedure

Balanced，LAPB）以及帧中继协议（Frame-Relay，FR）等。这些协议与 OSI 参考模型的前二层或前三层相对应。

1. 广域网的物理设施

广域网的网络设施主要包括广域网的结点交换机和传输介质组成。结点交换机是个通称，具体按照其使用的链路层协议或功能命名。比如使用 ATM 协议的称为 ATM 交换机，使用帧中继协议的称为帧中继交换机，而使用 PPP 和 HDLC 协议的数字数字网络 DDN 的结点交换机常被称为数字交叉连接复用设备。广域网的传输介质主要是光缆，其次还包括数字微波，卫星通道等。广域网的框架如图 9-1 所示。

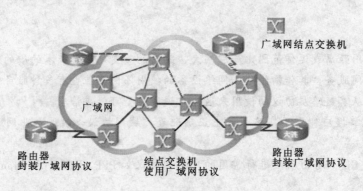

图 9-1　由结点交换机和光缆构成的广域网云

2. 物理层及其协议

广域网的物理层及其协议定义了数据终端设备（DTE）和数据通信设备（DCE）的接口标准，如接口引脚的电气、机械特性与功能等。计算机、路由器是典型的 DTE 设备，而 Modem，CSU/DSU 则是典型的 DCE 设备。

路由器的串口能够提供对多种广域网线路的连接。路由器作为 DTE 设备，其串口通过专用电缆连接数字通信设备 CSU/DSU，该设备再与广域网到用户的连接线路连接。换句话说，路由器的同步串口一般要通过 CSU/DSU 设备再连接广域网线路。CSU/DSU 设备主要用做接口及数据格式的转换、同步传输时钟的提供。

3. 数据链路层及其协议

广域网的数据链路层及其协议定义了数据帧的封装格式和在广域网上的传送方式，包括点对点协议（Point-to-Point Protocol，PPP）、高级数据链路控制协议（High-Level Data Link Control，HDLC）、平衡型链路访问进程协议（Link Access Procedure Balanced，LAPB）以及帧中继协议（Frame-Relay，FR）等。

PPP 协议来源于串行链路 IP 协议 SLIP，能在同步或异步串行环境下提供主机到主机、路由器到路由器的连接，PPP 主要属于数据链路层的协议，但也包括网络层三个协议：IP 控制协议、IPX 控制协议和 AT 控制协议，分别用于 IP、IPX 和苹果网络。PPP 是路由器在串行链路的点到点连接配置上常用的协议，通常除 Cisco 路由器之间的连接不首选它外，其他公司路由器之间或其他公司路由器和 Cisco 路由器之间的连接都启用 PPP 来封装数据帧。

HDLC 是国际标准化组织 ISO 定义的标准，也是用于同步或异步串行链路上的协议。由于不同的厂家对标准有不同的发展，因此，不同的厂家的 HDLC 协议是不兼容的。如 Cisco IOS 的 HDLC 就是 Cisco 公司专用的，它定义的数据帧格式和 ISO 的是不一样的，两者不兼容。在 Cisco 路由器上，HDLC 是默认配置协议。HDLC 的配置十分简单，但对于 Cisco 路由器和非 Cisco 路由器之间的连接，则不能使用默认的配置而应都启用 PPP。

LAPB 是作为分组交换网络 X.25 的第二层被定义的，但也可以单独作为数据链路的层传输协议使用。X.25 网络所用的广域网协议称 X.25 协议，包括从物理层到网络层的多个协议。

FR 是一种高效的广域网协议，也是主要工作于数据链路层的协议。FR 是在分组交换技术基础上发展起来的一种快速分组交换技术。FR 简化了 X.25 协议的差错检测、流量控制和重传机制，提高了网络的传输速率。

4. 网络层及其协议

广域网协议应当具有网络层部分或能提供对其他网络层协议的支持，如 X.25 的分组层协议就对应于 OSI 参考模型的网络层协议；而 PPP 协议则使用网络控制程序协议（NCP）IPCP，IPXCP 和 ATCP 提供对网络层协议 IP，IPX 和 AppleTalk 的支持。

9.1.2 广域网的种类

常用的广域网包括 X.25、帧中继、DDN、ISDN 和 ATM 等。

1. 分组交换网络 X.25

采用 X.25 的分组交换网络是一种面向连接的共享式传输服务网络，由于在 X.25 推出时的通信线路质量不好，经常出现数据丢失，即比特差错率高。为了增强可靠性，X.25 采用两层数据检验用于处理错误及丢失的数据包的重传。但这些机制的采用同时也降低了线路的效率和数据传输的速率。由于目前的通信线路质量改善，以数字光纤网络为主干的通信线路可靠性大大增强，比特差错率极低（1/1 000 000 000 以下）。X.25 协议的可靠性处理机制就显得没有必要了。

2. 帧中继 Frame Relay

帧中继技术是在分组交换技术的基础上发展起来的一种快速分组交换技术。帧中继协议可以认为是 X.25 协议的简化版，它去掉了 X.25 的纠错功能，把可靠性的实现交给高层协议去处理。帧中继采用面向连接的虚电路（Virtual Circuit）技术，可提供交换虚电路 SVC 和永久虚电路 PVC 服务。帧中继的主要优点是：

- 吞吐量大，能够处理突发性数据业务；
- 能动态、合理地分配带宽；
- 接口可以共享，费用较低。

帧中继的主要缺点是无法保证传输质量，即可靠性较差，这也同样源自对校验机制的省略。也就是说，省略校验机制带来优点的同时，也带来缺点，但优点是主要的。

帧中继也是数据链路层的协议，最初是作为 ISDN 的接口标准提出，现通常用于 DDN 网络中，即利用 DDN 的物理线路运行帧中继协议提供帧中继服务。

3. 数字数据网 DDN

数字数据网（Digital Data Network, DDN）是利用数字信道传输数字信号的数据传输网络，它采用电路交换方式进行数据通信，整个接续路径采用端到端的物理连接。DDN 的主要优点是信息传输延时小，可靠性和安全性高。DDN 的通信速率通常为 64bit/s～2.048Mbit/s，当信息的传送量较大时，可根据信息量的大小选择所需要的传输速率通道。DDN 主要缺点是所占用的带宽是固定的，而且通信的传输通路是专用的，即使没有数据传送时，别人也不能使用，所以网络资源的利用率较低。我国银行、证券公司早期大都使用 DDN 连接总部和分支机构网络。

4. 综合业务数字网 ISDN

综合业务数字网（ISDN）是指在现有的模拟电话网的基础上提供或支持包括语音通信在内的多种媒体通信服务的网络，这些媒体包括数据、传真、图像、可视电话等，是一个以综合通信业务为目的的综合数字网。

ISDN 又分为窄带综合业务数字网（N-ISDN）和宽带综合业务数字网（B-ISDN）。前者是基于电话网基础发展起来的技术；后者则采用异步传输模式（ATM）技术来实现。

ISDN 的通信速率在 64bit/s～2.048Mbit/s 之间。

目前 ISDN 多用做大中型企业网络的广域网备份连接。

5. 异步传输模式 ATM

ATM（Asynchronous Transfer Mode）是一种结合了电路交换和分组交换优点的网络技术，提供的带宽范围在 52～622Mb/s 之间，广泛适用于广域网、城域网、局域网干线之间以及主机之间的连接。ATM 是由 ATM 交换机连成的，每条通信链路独立操作，采用统计复用的快速分组交换技术，特别适用于突发式信息传输业务。它支持多媒体数据实时应用，对音频、视频信号的传输延时小。

9.2　广域网协议的配置

在路由器上配置广域网协议，是针对所用的广域网链路，在其广域网接口上封装相应的广域网协议。从一端路由器的广域网口传出的 IP 包，在路由器上被广域网协议封装成帧后发送给广域网结点交换机，经过多个结点交换机转发该帧到达目标交换机的广域网口，目标交换机对该帧解封装，获得原 IP 包。所以，两端路由器的广域网接口必须封装相同的广域网协议且与广域网的结点交换机使用的协议相同。

9.2.1　广域网模拟实验环境的建立

一般的教学实验室不可能让路由器连接到广域网上，只能用连接电缆或设备模拟广域网。

1. 点到点连接广域网的模拟

通过广域网口用 DTE/DCE 电缆直接连接两台路由器，即建立起了在路由器上配置广域网协议的实验环境，如图 9-2 所示。点到点链路的广域网协议配置均可在此环境实现。

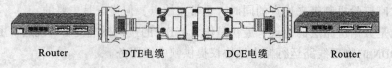

Router　　　　DTE电缆　　　　DCE电缆　　　　Router

图 9-2　点到点链路的实验模拟

2. 点到多点连接广域网的模拟

而对于点到多点的广域网链路如帧中继网络，则通过把路由器配置为帧中继交换机来模拟。

9.2.2　X.25 配置*

X.25 是公用分组交换网络使用的网络协议，在早期使用十分普遍。

1. X.25 协议概述

1）X.25 协议的结构

与 OSI 参考模型对应，X.25 协议定义了第一层至第三层的功能。X.25 的第一层定义了电气和物理接口特性；X.25 的 LAPB 定义了第二层的功能及其实现，主要定义了用于 DTE/DCE 连接的帧格式，对应 OSI 参考模型数据链路层的功能；X.25 的第三层则描述了分组的格式及分组交换的过程，实现与 OSI 参考模型网络层对应的功能。

X.25 第三层（分组层）协议描述了分组层所使用分组的格式和两个三层实体之间进行分组交换的规程。在这一层，可以建立多达 4 096 条逻辑信道（虚电路）。

X.25 第二层（链路层）协议平衡型链路访问规程（Link Access Procedure Balanced，LAPB）定义了 DTE 与 DCE 之间交互的帧的格式和规程。

X.25 第一层（物理层）规程 X.21 则定义了 DTE 与 DCE 之间进行连接时的一些物理电气特性。但因到用户端仍是通过电话线路进行，而电话线路多为模拟通道，故物理层实际使用的通常还是 V.24（即 RS 232 或 TIA/EIA 232）协议。

2）物理连接

X.25 网络设备由数据终端设备（DTE）、数据电路终端设备（DCE）和分组交换设备（PSE）组成。

用户网络中的计算机、路由器是典型的 DTE 设备，而基带 Modem、分组交换机 PSE 则是典型的 DCE 设备。

X.25 规范定义了 DTE 与 DCE 之间的连接方式和 DTE 与 DTE 之间的连接方式。

DTE 通常指的是用户侧的主机、路由器或终端等；DCE 则常指同步调制解调器（基带 Modem 或称数字 Modem）等设备。

路由器通常作为 DTE 方，通过 V.35 或 V.24 线缆与 DCE（基带 Modem）连接，基带 Modem 的另一接口则与分组交换机 PSE 连接。

作为用户，关心的不是数据在 PSE 之间传送的细节，而是 DTE 之间端对端的通信（这里指 Cisco 路由器之间的通信）参数如何在路由器上进行配置。

3）虚电路

使用 X.25 协议在 DTE 设备间进行通信时，通信的一端必须首先呼叫另一端，请求在它们之间建立一个会话连接；被呼叫的一端可以根据设置接收或拒绝这个连接请求。一旦这个连接建立，两端的设备可以全双工地进行信息传输，并且任何一端在任何时候均可以拆除这个连接。

X.25 协议为两台通信的 DTE 之间建立的连接称为虚电路。虚电路分为永久虚电路（Permanent Virtual Circuit，PVC）和临时虚电路（Switched Virtual Circuit，SVC）两种。PVC 用于两端之间频繁的、流量稳定的数据传输；而突发性的数据传输则多采用 SVC。

（1）交换虚电路 SVC 的连接建立在数据传输前，一方首先进行请求建立连接的呼叫，被呼叫方接受呼叫，连接建立。然后开始进行全双工数据传输，当没有数据传输时则挂断连接，这称为呼叫终止。任何一方也可以在任何时候主动中断连接。在数据传输完成后且呼叫终止前，虚电路则处于空闲状态。

（2）永久虚电路 PVC 的连接建立 PVC 不需通过呼叫来建立连接，用户一旦申请，则由服务供应商提供永久的连接。

虚电路连接是一种逻辑连接，但对用户而言，犹如拥有一条物理的专线，并且这条专线还能提供一点到多点的连接。

一旦在一对 DTE 之间建立一条虚电路，这条虚电路便被赋于一个唯一的虚电路号，当其中的一台 DTE 发送分组（数据报文）时，它便给这个分组标上号（虚电路号）交给 DCE 设备，DCE 就是根据分组所携带的这个号来决定如何在交换网内部交换这个数据分组，使其正确到达目的地。X.25 第二层（LAPB）在 DTE/DCE 之间建立一条链路被 X.25 第三层复用，最终呈现给用户的是可以使用的若干条虚电路。

4）X .121 地址

每个分配给用户路由器使用的 X.25 网络接口都有一个 X.121 地址,呼叫对方即是呼叫对方的 X.121 地址,最大可以为 14 bit 十进制数。X.121 地址只在 SVC 呼叫时使用，在虚电路建立后，就使用逻辑通道标识符来标识远端 DTE 设备。

X.25 网络提供的数据传输速率较低，我国的 X.25 即公用分组交换网提供的最大传输速率为 64kbit/s。

2. X.25 配置步骤

配置 X.25 需要配置 X.25 封装、X .121 地址、X.121 地址与 IP 地址的映射以及 X .21 虚电路号等。配置均在接口配置模式下进行，注意将命令行中出现的 X.25 协议书写成 X25。

1）配置接口 IP 地址

在路由器的广域网接口上，配置 IP 地址

```
ip address ip-address mask
```

其中 ip-address 为 IP 地址，mask 为子网掩码。

2）配置 X.25 封装

在接口配置模式下，使用命令

```
encapsulation x25 dte | dce
```

对通过 V.35 或 RS232 线缆直连的两台 Cisco 路由器，配置 X.25 协议时，在连接 DCE 线缆的路由器上应配置 DCE 封装(Encapsulation)。由该路由器提供同步时钟，需配置接口带宽与时钟速率：

```
bandwidth  bandwidth-value
clock rate  clock rate-value
```

其中 bandwidth 为带宽，单位为 kbit/s, Clockrate 为同步时钟速率，单位为 bit/s。

3）配置本路由器接口的 X.121 地址

```
x25 address x.121-address
```

其中 x.121-address 是本路由器接口的 X.121 地址，实际配置时使用 X.25 服务商提供的地址。

4）配置对端路由器的 IP 地址与 X.121 地址的映射(可以根据需要进行多个映射)

```
x25 map ip ip-address x.121-address [broadcast]
```

其中 ip-address 为对端路由器的 IP 地址。x .121-address 为对端路由器的 X.121 地址。

可选项 broadcast 表示在 X.25 虚电路中可以传送路由广播信息。

5）配置所申请的 X.25 的最大双向虚电路编号

```
x25 htc circuit-number
```

其中，circuit-number 是最大的虚电路编号。虚电路编号范围为 1～4096，Cisco 路由器默认为 1024。中国 X.25 一般分配给用户为 16。因为许多 X.25 交换机是从高到低建立虚电路的，circuit-number 不能超过申请到的最大值。国内的 X.25 可以按带宽申请，最高可申请 64kbit/s。每个 X.25 线路可以最多同时有 16 个虚电路，编号为 1～16。因此，该配置一般为 X25 htc 16。默认情况下，Cisco 路由器的最低双向虚电路号为 1。

6）配置 X.25 连接时可以一次同时建立的虚电路数

```
x25 nvc count
```

其中 count 最大为 8，且应为 2 的倍数。

7）配置 X.25 在清除虚电路前的等待周期

```
x25 idle minutes
```

当申请的线路为 SVC 时，该配置表示如果在指定的分钟数内没有任何数据传输(包括动态路由数据)，路由器将清除该 X.25 连接。

在默认状态下，Cisco 2600 系列路由器 idle 参数为 0，表示一旦建立 X.25 连接后，就永远不清除该连接。为节省费用，可设置合适的分钟值。

国内的 X.25 交换虚电路（SVC）的计费方式有按数据流量和按 SVC 连接时间两种方式。

8）重新启动 X.25，使配置生效

```
clear x25 {serial number | cmns interface mac address}[vc number | cmns
interface mac-address][vc number]
```

9）清除 X.25 SVC 虚电路，启动 PVC

```
clear x25-vc
```

10）查看 X.25 相关信息

```
show x25 interface
show x25 map
show x25 vc
```

9.2.3　帧中继（Frame Relay）配置

1．帧中继概述

1）帧中继结构

帧中继在许多方面非常类似于 X.25，但它是一种支持高速交换的网络体系结构。X.25 是针对模拟电话网络的情况而设计的，为保证数据传输无误，在每个结点处都要进行大量的差错检查或其他处理，这样一来，X.25 网络的传输速率就不高了。

而今的数字光纤网络，误码率极低。在 X.25 中简化对结点差错检查等处理，以使得网络具有较高的传输速率。帧中继协议就是这样的一种解决方案。帧中继网络在传递数据时不带确认机制，没有纠错功能。但它提供了一套合理的带宽管理和防止阻塞的机制，用户能有效地利用预先约定的带宽，同时还允许突发数据占用未预定的带宽。

帧中继网络在中国是公用传输网络（如中国电信就提供帧中继网络服务），主要用于传递数据业务，用户路由器作为 DCE 连接到作为 DCE 的帧中继交换机上，通过帧中继网络建立虚电路连接，虚电路用数据链路识别码 DLCI 来表示，如图 9-3 所示，即为某公司的广州总部和北京分公司网络使用帧中继连接的情形。

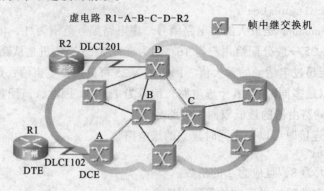

图 9-3　帧中继网云

2）帧中继的虚电路与 DLCI

帧中继协议是一种统计复用的协议，与 X.25 一样，它在单一物理传输线路上能够提供若干条虚电路，每条虚电路用数据链路链接识别码（Data Link Connection Identifier，DLCI）来标识。

（1）虚电路（Virtual Circuits，VC）：帧中继虚电路是属于逻辑的电路连接；其物理设施是运营商的若干帧中继交换机及其链接。

虚电路分为两种类型，PVC（Permanent Virtual Circuits，永久虚电路）和 SVC（Switched VirtualCircuits，交换虚电路），PVC 是由运营商在帧中继网内部预配置的，对用户而言可以像专线那样持续使用的；而 SVC 是通过向网络发送信令消息动态建立的，需要在数据发送前建立，数据发送完拆除。在帧中继中使用最多的是永久虚电路。

（2）DLCI：虚电路提供一台设备到另一台设备之间的双向通信路径。DLCI 只具有本地意义，即 DLCI 在帧中继网络并不是唯一的。对 DLCI 本地意义的解释如图 9-4 所示。帧中继服务提供商负责分配 DLCI 编号。通常，DLCI 0～15 以及 1008～1023 留作特殊用途。因此，服务提供商分配的 DLCI 范围为 16～1007。虚电路是面向连接的，对用户有意义的 DLCI 标识的是通往端点处设备的虚电路，在帧中继交换机之间连接的虚电路 DLCI 用户无须关心。

具有本地意义的 DLCI 已成为主要的编址方法，因为同一 DLCI 可用于若干不同的位置并引用不同的连接。本地编址方法可防止因网络的不断发展导致用尽 DLCI。

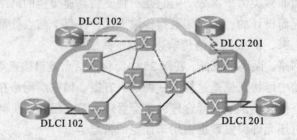

图 9-4　DLCI 的本地意义

（3）多条虚电路：帧中继是统计复用电路，意味着它每次只能传输一个数据帧，但在同一物理线路上允许同时存在多个逻辑连接。连接到帧中继网络的用户路由器可能通过多条虚电路连接到各个端点。同一物理线路上的多条虚电路用各自的 DLCI 相互区分。图 9-5 所示的是一条接入线路上有两条虚电路，每条虚电路都有自己的 DLCI，均连接到同一路由器（R1）上。

由于在网络单一物理传输线路上能够提供多条虚电路，故租用帧中继比租用 DDN 专线便宜。

3）帧中继地址映射

DLCI 是帧中继网络的第二层地址。帧中继地址映射是把虚电路连接的对端设备的协议地址（IP 或 IPX 地址等）与本地设备的帧中继地址（本地的 DLCI）关联起来，以便高层协议用对端设备的协议地址就能够寻址到对端设备。

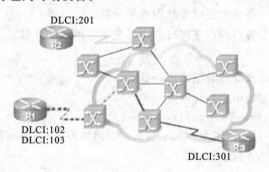

图 9-5　一条物理链路上的两条虚电路

帧中继主要用来承载 IP 和 IPX 协议。在网络层，发送 IP（或 IPX）数据包时，根据路由表可知道数据包下一跳 IP 或 IPX 地址。而在链路层，发送前必须由该 IP（或 IPX）地址确定它对应的 DLCI。这个过程通过查找帧中继地址映射表来完成，因为地址映射表中存放的是对端 IP（或 IPX）地址和下一跳的 DLCI 的映射关系。地址映射表的每一项可以由手工配置，也可以由 Inverse ARP 协议自动添加或删除。

4）承诺信息速率 CIR

当公司使用帧中继接入服务时，服务商会根据所缴费用给公司提供一个 CIR（Committed Information Rate，承诺信息速率），这个速率是保证给用户的速率，也就是用户的流量始终可以达到这个访问速率，同时还可能在网络空闲的时候超过这个速率传输。用户可以免费享受超出 CIR 的"突发流量"。但是超出部分的数据是没有保障的，在 ISP 网络拥塞的时候，超出的数据包有可能会被丢弃。

5）本地管理接口 LMI

LMI（Local Management Interface，本地管理接口）是路由器与 ISP 帧中继交换机之间传递虚电路操作，并可查询状态信息的信令标准。LMI 有三种类型：Cisco、ANSI、Q.933A。对于公司的路由器来说，选择哪一种类型，是由 ISP 的帧中继交换机决定的，要配置公司的路由器 LMI 类型和 ISP 的帧中继交换机匹配才可以正常工作。

2. 帧中继配置步骤

帧中继的配置可分为 DCE 端和 DTE 端的配置。在实际应用中，Cisco 路由器为 DTE 端，帧中继交换机为 DCE 端。时钟信号由帧中继交换机提供。实验室中做帧中继连接实验，是将路由器模拟为帧中继交换机。

对帧中继而言，DCE 端与物理层接口连接的线缆是 DCE 还是 DTE 无关紧要，即连接 DTE 线缆的路由器同样可以配置充当 DCE 设备——帧中继交换机。

1）作为 DTE 的路由器配置

（1）指定路由器接口或子接口，配置网络层协议地址

指定连接帧中继的路由器接口并配置 IP 地址；若一个接口上连接多条虚电路，则通常要配置一个（多点）或多个（点到点）子接口，并在子接口上根据需要配置 IP 地址或其他网络层协议地址如 IPX 地址。

在多条虚电路链接到本地路由器一个物理接口的情形，由于路由的水平分割，会阻碍路由更新发送到其他的远端路由器。禁用水平分割可以解决更新问题，但是发生路由环路的可能性增加，所以一般是只有一条虚电路时才禁用水平分割。

通常的解决方法是配置点到点子接口，这样无须禁用水平分割。但这时需要指明每个子接口的虚电路 DLCI。

（2）指定帧中继协议及其封装格式（必选）

接口配置模式下指定帧中继封装格式：

```
encapsulation frame-relay cisco|ietf
```

Cisco 路由器默认的封装格式为 cisco，如果对端路由器是非 Cisco 路由器，则采用另外一种格式 ietf（Internet 工程任务组）封装。

（3）设置带宽（可选）

接口配置模式下，使用 bandwidth 命令设置串行接口的带宽。以 kbit/s 为单位指定带宽。该命令通知路由协议已为该链路静态配置了带宽。便于路由协议如 EIGRP 计算度量值。

（4）设置 LMI 类型（可选）

在 Cisco 路由器自动感应 LMI 类型时，此步骤为可选步骤。前面讲过 Cisco 支持三种类型的 LMI：Cisco、NSI Annex D 和 Q933–A Annex A，Cisco 路由器默认的 LMI 类型是 cisco。Cisco IOS 11.2 版本及以后版本支持本地管理接口 LMI 的自动感应（自动识别帧中继交换机的 LMI），不用显示配置此项。接口配置模式下，LMI 配置命令格式为：

```
Frame-relay lmi-type  cisco|ansi|q933a
```

（5）指明点到点子接口连接的 DLCI

与用户端路由器接口相连的虚电路 DLCI 由帧中继交换机分配，用户配置物理接口或多点子接口时无须指明，但是在点到点子接口上则必须使用下面的命令格式指明 DLCI：

```
Frame-relay Interfae-dlci dlci
```

帧中继子接口可以在点对点或多点模式下配置：

① **点对点**。一个点对点子接口可建立一条到远程路由器上其他物理接口或子接口的永久虚电路连接。在这种情况下，每对点对点路由器接口或子接口均位于自己的子网（Subnet）上，每个点对点子接口都有一个 DLCI。在点对点环境中，每个子接口的工作与每个物理接口类似。由于每条点对点虚电路都是一个独立的子网，故路由更新流量不再遵循水平分割规则，即可以从同一物理接口进出（从子接口看，是从某些子接口进，另一些子接口出）。

② **多点**。一个多点子接口可建立多个到远程路由器上多个物理接口或多个子接口的永久虚电路连接。所有参与连接的接口都位于同一子网中。该子接口的工作与一个物理接口类似，因此，路由更新流量遵循水平分割规则。通常，所有多点虚电路都属于同一子网。

对于启用逆向 ARP 的动态映射多点接口，也必须配置 DLCI。对于配置为静态映射的多点子接口，无须配置 DLCI。

（6）配置动态或静态的地址映射（必选）

动态地址映射使用帧中继的逆 ARP 协议，请求从已知 DLCI 号查询下一跳地址（Next hop Protocol Address），当有逆 ARP 协议应答时，将其保存在 Address-to-DLCI 映射表中。

在 Cisco 路由器中，逆 ARP 协议默认是打开的，故动态地址映射不需要做显式配置。

静态地址映射是人工指定下一个希望到达的地址（Next hop Protocol Address）与 DLCI 的对应关系。

静态映射需要在路由器上手动进行配置。静态映射的建立应根据网络需求而定。要在下一跳协议地址和 DLCI 地址之间进行映射，可使用命令：

```
frame-relay map protocol protocol-address dlci [broadcast] [ietf] [cisco]
//该下一跳地址是 DLCI 虚电路对端路由器的接口或子接口地址
//对端为非 Cisco 路由器时须使用关键字 ietf
```

Protocol-Type 包括的协议有：IP、IPX、Decent、appletalk 等。

例如：

```
Router(config-if)#frame-relay map ip 10.1.1.2 102
//102 为本地 DLCI 号，10.1.1.2 为对端 IP 地址
```

关键字 Broadcast 的使用：

帧中继、ATM 和 X.25 都是非广播多路访问 (NBMA) 网络。NBMA 网络只允许在虚电路上或通过交换设备将数据从一台计算机传输到另一台计算机。NBMA 网络不支持组播或广播流量，因此，一个数据包不能同时到达所有目的地。这就需要通过广播将数据包手动复制到所有目的地。

某些路由协议（如 RIP、EIGRP 和 OSPF）可能需要启用更多的配置选项才能在 NBMA 网络实现路由。

而最简单的处理方式则是使用关键字 broadcast，broadcast 允许在永久虚电路上广播和组播。其实现机制实际上是将广播转换为单播，以便另一个结点可获取路由更新。

（7）配置临时虚电路 SVC（可选）

帧中继是在两个结点间建立面向连接的虚电路来实现通信，可以在物理接口或逻辑子接口上配置 SVC。在接口模式下使用命令：

```
frame-relay svc //激活帧中继 SVC
```

2）作为 DCE 的帧中继交换机配置

帧中继交换机由服务商配置，用户只须知道它提供的虚电路标识 DLCI 即可。实例 8-4 是把路由器模拟为帧中继交换机以及相关配置，从中我们可以看到 DLCI 在帧中继交换机上是如何配置的。

3）查看配置

在特权配置模式下，使用下列命令：

```
show interface serial-number        显示 DLCI 和 LMI 信息
show frame-relay lmi                 显示 LMI 信息
show frame-relay pvc dlci            显示 PVC 信息
show frame-relay map                 显示映射状态
show frame-relay route               显示帧中继交换路由
show frame-relay traffic             显示传输状态
```

以上步骤有的不是必须的，基本配置项请看下面的配置实例。

3．帧中继配置举例

实例 9-1 如图 9-6 所示，配置参数已经标示在图中，要求配置帧中继协议，连通两异地网络。若在实验室完成此配置，则可先在 Boson 模拟软件上进行，用软件模拟帧中继连接。

1）配置 Router1

（1）配置 Serial 口

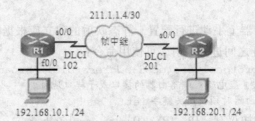

211.1.1.4/30

图 9-6　基本帧中继配置

```
R1(config)#interface serial 0/0
R1(config-if)#ip address 211.1.1.5 255.255.255.252
R1(config-if)#encapsulation frame-relay cisco  //接口封装为帧中继
R1(config-if)#frame-relay intf-type dte
//指定路由器工作在 DTE 方式。默认，不需要显式配置
Router1(config-if)#frame-relay lmi-type ansi    //指定本地管理接口类型为 ansi
Router1(config-if)#frame-relay inverse-arp
//配置与 Router2 的动态地址映射，默认，无须显式配置
Router1(config-if)#frame relay map ip 211.1.1.6 102 broadcast
//或配置与 Router2 的静态地址映射。若路由使用路由协议动态发现，则使用关键字 broadcast
//配置静态路由则无须指定 broadcast
Router1(config-if)#no shutdown
```

（2）配置 FastEthernet 口

```
R1(config)#interface fastethernet 0/0
R1(config-if)#ip address 192.168.10.254 255.255.255.0
R1(config-if)#no shutdown
```

（3）配置静态路由

```
R1(config)#ip route 192.168.1.0  255.255.255.0  10.0.1.2
```

（4）配置计算机 PC1 的 IP 参数

IP 地址：192.168.10.1

子网掩码：255.255.255.0

默认网关：192.168.10.254

2）配置 Router2 以及 PC2 的 IP 参数

参考路由器 R1 请读者自行完成。注意两台路由器均是 DTE 设备，不需要配置时钟。

3）验证配置

配置成功后，PC1 和 PC2 互 ping，应能 ping 通；使用 show frame-relay map 命令，能看到活动的 DLCI 映射：

```
R1#show frame-relay map
Serial0/0 (up): ip 211.1.1.6 dlci 102 (0x66,0x1860), static,
        CISCO, status defined, active
```

```
R2#show frame-relay map
Serial0/0  (up): ip 211.1.1.5 dlci 201 (0xC9,0x3090), static,
              CISCO, status defined, active
```

实例 9-2 用路由器模拟帧中继交换机，拓扑如图 9-7 所示，配置并连通网络。要求 R1 和 R2 启用 EIGRP 路由协议。

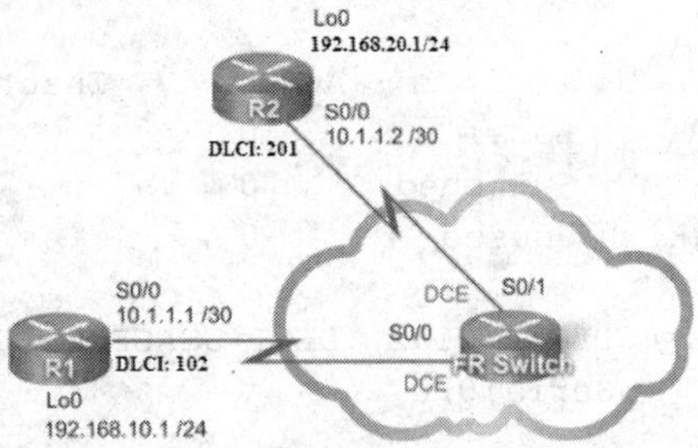

（1）图中 R1 和 R2 上的环回口 Lo0 用于测试连通性。路由器 R1 的有关配置为：

图 9-7　路由器模拟帧中继交换机的配置

```
R1(config)#interface lo 0
R1(config)#ip    address    192.168.10.1
255.255.255.0
R1(config)#router eigrp 1
R1(config)#network 192.168.10.0
R1(config)#network 10.1.1.0
R1(config)#interface s0/0
R1(config)# ip address 10.1.1.1 255.255.255.252
R1(config-if)#enca frame-relay
R1(config-if)#shutdown
```
//在配置帧中继交换机之前，可先关闭路由器广域网口，测试时注意查看帧中继交换机的状态

R2 上的相关配置请读者自行完成。

（2）模拟帧中继网的路由器 FR-Switch 配置如下：

① 将 FR Switch 配置为帧中继交换机并在 R1 和 R2 之间创建 PVC：
```
FR-Switch(config)#frame-relay switching
```
//全局模式下启用帧中继交换，使其能根据传入 DLCI 而非根据 IP 地址转发帧

② 将接口封装类型更改为帧中继。与 HDLC 或 PPP 一样，帧中继也是数据链路层协议，用于指定第 2 层流量的封装方式：
```
FR-Switch(config)#interface serial 0/0
FR-Switch(config)#clock rate 64000               //注意时钟信号由帧中继交换机提供
FR-Switch(config-if)#encapsulation frame-relay
```
③ 将接口类型更改为 DCE，这会告知路由器发送 LMI keepalive 数据包并允许应用frame-relay route 语句。
```
FR-Switch(config-if)#frame-relay intf-type dce
```
④ 创建 PVC：
```
FR-Switch(config-if)#frame-relay route 102 interface serial 0/1 201
```
//将 DLCI 102 从接口 Serial 0/0 的传入流量通过接口 Serial0/1 转发到 DLCI 201
```
FR-Switch(config-if)#no shutdown
FR-Switch(config-if)#interface serial 0/1
FR-Switch(config)#clock rate 64000
FR-Switch(config-if)#encapsulation frame-relay
FR-Switch(config-if)#frame-relay intf-type dce
FR-Switch(config-if)#frame-relay route 201 interface serial 0/0 102
FR-Switch(config-if)#no shutdown
```
上面的配置创建了两条 PVC 同时定分配了 DLCI：一条从 R1 到 R2 (DLCI 102)，另一条从 R2 到 R1 (DLCI 201)。

⑤ 用 show frame-relay pvc 命令检验该配置：

```
FR-Swit ch#show frame-relay pvc
PVC Statistics for interface Serial0/0 (Frame Relay DCE)

              Active      Inactive      Deleted      Static
    Local       0            0             0            0
    Switched    0            1             0            0
    Unused      0            0             0            0


DLCI = 102, DLCI USAGE = SWITCHED, PVC STATUS = INACTIVE, INTERFACE =
Serial0/0

  input pkts 0          output pkts 0          in bytes 0
  out bytes 0           dropped pkts 0         in pkts dropped 0
  out pkts dropped 0      out bytes dropped 0
  in FECN pkts 0        in BECN pkts 0          out FECN pkts 0
  out BECN pkts 0       in DE pkts 0           out DE pkts 0
  out bcast pkts 0       out bcast bytes 0
  30 second input rate 0 bits/sec, 0 packets/sec
  30 second output rate 0 bits/sec, 0 packets/sec
  switched pkts 0
  Detailed packet drop counters:
  no out intf 0         out intf down 0        no out PVC 0
  in PVC down 0         out PVC down 0         pkt too big 0
  shaping Q full 0       pkt above DE 0          policing drop 0
  pvc create time 00:03:33, last time pvc status changed 00:00:19


PVC Statistics for interface Serial 0/1 (Frame Relay DCE)

              Active      Inactive      Deleted      Static
    Local       0            0             0            0
    Switched    0            1             0            0
    Unused      0            0             0            0


DLCI = 201, DLCI USAGE = SWITCHED, PVC STATUS = INACTIVE, INTERFACE =
Serial0/1

  input pkts 0          output pkts 0          in bytes 0
  out bytes 0           dropped pkts 0         in pkts dropped 0
  out pkts dropped 0            out bytes dropped 0
  in FECN pkts 0        in BECN pkts 0          out FECN pkts 0
  out BECN pkts 0       in DE pkts 0           out DE pkts 0
  out bcast pkts 0       out bcast bytes 0
  30 second input rate 0 bits/sec, 0 packets/sec
  30 second output rate 0 bits/sec, 0 packets/sec
switched pkts 0
  Detailed packet drop counters:
  no out intf 0         out intf down 0        no out PVC 0
  in PVC down 0         out PVC down 0         pkt too big 0
  shaping Q full 0      pkt above DE 0           policing drop 0
```

```
pvc create time 00:02:02, last time pvc status changed 00:00:18
```
请留意 Inactive 列中的第 3 列第 3 行的 1。因为创建的 PVC 没有配置任何端点（已关闭了 R1 和 R2 的广域网接口），帧中继交换机因此将该 PVC 标记为 Inactive。

⑥ 查看第二层路由：

使用 show frame-relay route 命令。该命令将显示现有的所有帧中继路由及其接口、DLCI 和状态。这是帧中继流量在网络中传输时采用的第 2 层路由，勿将其与第 3 层 IP 路由相混淆。

```
FR-Switch#show frame-relay route
Input Intf      Input Dlci      Output Intf     Output Dlci     Status
Serial0/0       102             Serial0/1       201             inactive
Serial0/1       201             Serial0/0       102             inactive
```

⑦ 开启 R1 和 R2 广域网串口，查看路由表：

开启 R1 和 R2 广域网串口后，显示接口已打开而且已建立 EIGRP 邻接关系。

```
R1#*Sep  9 18:05:08.771: %DUAL-5-NBRCHANGE: IP-EIGRP(0) 1: Neighbor
10.1.1.2 (Serial0/0) is up: new adjacency
R2#*Sep  9 18:05:47.691: %DUAL-5-NBRCHANGE: IP-EIGRP(0) 1: Neighbor
10.1.1.1 (Serial0/0) is up: new adjacency
```

查看 R1 的路由表：

```
R1#show ip route
Codes: C - connected, S - static, R - RIP, M - mobile, B - BGP
       D - EIGRP, EX - EIGRP external, O - OSPF, IA - OSPF inter area
       N1 - OSPF NSSA external type 1, N2 - OSPF NSSA external type 2
       E1 - OSPF external type 1, E2 - OSPF external type 2
       i - IS-IS, su - IS-IS summary, L1 - IS-IS level-1, L2 - IS-IS
level-2
       ia - IS-IS inter area, * - candidate default, U - per-user
static          route
       o - ODR, P - periodic downloaded static route
Gateway of last resort is not set

C    192.168.10.0/24 is directly connected, FastEthernet0/0
D    192.168.20.0/24 [90/20640000] via 10.1.1.2, 00:00:07, Serial0/0
     10.0.0.0/30 is subnetted, 1 subnets
C    10.1.1.0 is directly connected, Serial0/0
```

⑧ 查看地址映射：

```
R1#show frame-relay map
Serial0/0 (up): ip 10.1.1.2 dlci 102, dynamic, broadcast, CISCO, status
defined, active
R2#show frame-relay map
Serial0/0 (up): ip 10.1.1.1, dlci 201, dynamic,broadcast, CISCO, status
defined, active
```

9.2.4　实训　配置帧中继点到点子接口连通总部与分公司网络

主要设备：Cisco 2811 路由器 3 台，计算机 3 台，帧中继线路（实际环境），模拟帧中继交换机的有 3 个广域网串口的路由器 1 台（实训室环境）。或者在 GNS3 模拟软件上完成任务。

网络拓扑：网络拓扑如图 9-8 所示，使用路由器模拟帧中继交换机，帧中继网云由带三个广域网接口的路由器代替。

实训要求：

某公司网络总部路由器 Router1 在广州，分公司路由器 Router2、Router3 分别在北京和上海，使用帧中继服务进行连网，试用点到点子接口方式配置路由器连通网络。

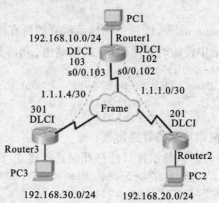

图 9-8 点到点子接口的帧中继连接

配置思路：广州路由器 Router1 有两条虚电路连接到广域网串口，在此情况下，考虑到路由水平分割规则，最好是配置使用点到点子接口来连接虚电路，这样可以不必禁用水平分割，使得防止环路机制继续有效。本例使用静态地址映射实现寻址，路由协议使用 OSPF。

配置步骤如下。

Frame 交换机的配置参见实例 9-2。

1. 路由器的配置

1）配置广州路由器 Router1

```
Router1(config)#interface f0/0
Router1(config-if)#ip address 192.168.10.1  255.255.255.0
Router1(config-if)#no shutdown
Router1(config)#interface s0/0
Router1(config-if)#encapsulation frame-relay
Router1(config-if)#no shutdown
Router1(config)#interface s0/0.102 point-to-point      //配置子接口
Router1(config-subif)#ip address 1.1.1.1  255.255.255.252
Router1(config-subif)#frame-relay interface-dlci 102
//指明该子接口连接虚电路 DLCI102
Router1(config-subif)#frame-relay map ip 1.1.1.2 102 broadcast
//配置与上海路由器的静态地址映射
Router1(config)#interface s0/0.103 point-to-point
Router1(config-subif)#ip address 1.1.1.5  255.255.255.252
Router1(config-subif)#frame-relay interface-dlci 103
//指明该子接口连接虚电路 DLCI103
R1(config-subif)#frame-relay map ip 1.1.1.6 103 broadcast
//配置与北京路由器的静态地址映射
Router1(config)#router ospf 1
Router1(config-router)#network 1.1.1.0  0.0.0.3 area 0
Router1(config-router)#network 1.1.4.0  0.0.0.3 area 0
Router1(config-router)#network 192.168.10.0  0.0.0.255 area 0
```

2）配置北京路由器 Router2

```
Router2(config)#interface f0/0
Router2(config-if)#ip address 192.168.20.1 255.255.255.0
Router2(config-if)#no shutdown
Router2(config)#interface s0/0
Router2(config-if)#encapsulation frame-relay
Router2(config-if)#no shutdown
Router2(config-if)#interface s0/0.201 point-to-point
```
//北京路由器也可就使用物理接口，这里还是配置了子接口
```
Router2(config-subif)#ip address 1.1.1.2  255.255.255.252
Router2(config-subif)#frame-relay interface-dlci 201
```
//使用了点到点子接口就必须指明 DLCI
```
Router2(config-subif)#frame-relay map ip 1.1.1.1 201 broadcast
```
//配置与广州路由器的静态地址映射
```
Router2(config)#router ospf 2
Router2(config-router)#network 1.1.1.0  0.0.0.3 area 0
Router2(config-router)#network 192.168.20.0  0.0.0.255 area 0
```

3）配置上海路由器 R3

```
Router3(config)#interface f0/0
Router3(config-if)#ip address 192.168.30.1 255.255.255.0
Router3(config-if)#no shutdown
Router3(config)#interface s0/0
Router3(config-if)#encapsulation frame-relay
Router3(config-if)#no shutdown
Router3(config-if)#interface s0/0 301 point-to-point
Router3(config-subif)#ip address 1.1.1.6  255.255.255.252
Router3(config-subif)#frame-relay interface-dlci 301
Router3(config-subif)#frame-relay map ip 1.1.1.1 201 broadcast
```
//配置与广州路由器的静态地址映射
```
Router3(config)#router ospf 3
Router3(config-router)#network 1.1.1.4  0.0.0.3 area 0
Router3(config-router)#network 192.168.30.0  0.0.0.3 area 0
Router3(config-router)#version 2
```

2. 三台 PC 的 IP 参数配置

设置 IP 参数，请读者自行完成。

3. 测试验证

1）查看活动的映射

```
Router1#show frame-relay map
Serial0/0.102 (up): point-to-point dlci, dlci 102, broadcast, status defined,
active
Serial0/0.103 (up): point-to-point dlci, dlci 103, broadcast, status defined,
active
```
//注意与物理接口上的地址映射显示有所不同，子接口上对端 IP 地址无显示

2）查看虚电路 PVC 状态

```
Router#show frame-relay pvc
PVC Statistics for interface Serial0/0 (Frame Relay DTE)
DLCI = 102, DLCI USAGE = LOCAL, PVC STATUS = ACTIVE, INTERFACE = Serial0/0.102
input pkts 14055        output pkts 32795        in bytes 1096228
```

```
out bytes 6216155        dropped pkts 0        in FECN pkts 0
in BECN pkts 0           out FECN pkts 0       out BECN pkts 0
in DE pkts 0             out DE pkts 0
out bcast pkts 32795     out bcast bytes 6216155
DLCI = 103, DLCI USAGE = LOCAL, PVC STATUS = ACTIVE, INTERFACE = Serial0/0.103
input pkts 14055         output pkts 32795     in bytes 1096228
out bytes 6216155        dropped pkts 0        in FECN pkts 0
in BECN pkts 0           out FECN pkts 0       out BECN pkts 0
in DE pkts 0             out DE pkts 0
out bcast pkts 32795     out bcast bytes 6216155
```

可见两条永久虚电路状态均为激活(active)。

3）查看路由表

```
Router#show ip route
Codes: C - connected, S - static, I - IGRP, R - RIP, M - mobile, B - BGP
       D - EIGRP, EX - EIGRP external, O - OSPF, IA - OSPF inter area
       N1 - OSPF NSSA external type 1, N2 - OSPF NSSA external type 2
       E1 - OSPF external type 1, E2 - OSPF external type 2, E - EGP
       i - IS-IS, L1 - IS-IS level-1, L2 - IS-IS level-2, ia - IS-IS inter area
       * - candidate default, U - per-user static route, o - ODR
       P - periodic downloaded static route

Gateway of last resort is not set

     1.0.0.0/30 is subnetted, 3 subnets
C       1.1.1.0 is directly connected, Serial0/0.102
C       1.1.1.4 is directly connected, Serial0/0.103
O       1.1.1.8 [110/3124] via 1.1.1.2, 00:31:35, Serial0/0.102
                [110/3124] via 1.1.1.6, 00:31:35, Serial0/0.103
C    192.168.10.0/24 is directly connected, FastEthernet
     192.168.20.0/32 is subnetted, 1 subnets
O       192.168.20.1 [110/1563] via 1.1.1.2, 00:37:34, Serial0/0.102
     192.168.30.0/32 is subnetted, 1 subnets
O       192.168.30.1 [110/1563] via 1.1.1.6, 00:31:35, Serial0/0.103
```

可见已可路由到上海 Router2 和北京 Router3 所连的以太网。

4）PC 间访问

从 PC2 和 PC3 上 ping PC1 的 IP 地址，已经能够 ping 通。

以上结果均说明多点帧中继连接已经实现。

思考：此时 PC2 和 PC3 能够相互访问吗？

9.2.5 DDN 与 DHLC 配置

数字数据网 DDN 是一种点对点的同步数据通信链路，它支持 PPP、SLIP、HDLC 和 SDLC 等链路层通信协议，允许 IP、Novell IPX、Apple Talk 和 DECnet 等多种网络层协议在上面运行。此网络除了可提供专线供用户使用外，还支持帧中继协议的应用，向用户提供虚电路连接的帧中继服务。

1. 高级数据链路控制协议 HDLC

高级数据链路控制 HDLC 是一个点对点的 WAN 协议，工作在链路层，其帧结构有两种类型，一种是 ISO HDLC 帧结构，另一种是 Cisco HDLC 帧结构。由于 Cisco HDLC 帧结构标准支持单一链路上同时运行多个协议而 ISO HDLC 帧结构不支持，故路由器产品中使用 Cisco HDLC 而不用 ISO HDLC。

HDLC 是 Cisco 路由器默认的广域网协议。把 Cisco HDLC 用于 DDN 专线，效率很高，Cisco 路由器之间的连接就使用 HDLC，但因非 Cisco 路由器不支持 Cisco HDLC，故它们连接时就应该采用另一种同步连接协议 PPP。

默认情况下，Cisco 路由器的 HDLC 的协议是激活的，是 Cisco 路由器的默认封装类型，无须进行显式配置。但若接口已被封装为其他类型，则应在接口配置模式下使用封装命令

`encapsulation hdlc`重新封装

在实际应用中，Cisco 路由器接 DDN 专线时，同步串口需要通过 DTE 串行电缆连接 CSU/DSU，这时 Cisco 路由器为 DTE，CSU/DSU 为 DCE，由 CSU/DSU 提供时钟。 实验中，可将两台路由器通过两条串行电缆如 V.35 电缆直接连接。一台作为 DTE，另一台作为 DCE，由作为 DCE 的一方提供同步时钟，必须为该 DCE 路由器设置时钟速率，在接口配置模式下使用配置命令：

`Clock rate clockrate-value`

进行设置。

2．使用 DDN 连接的配置

1）用 DDN 连接 Internet 的配置步骤

使用 DDN 专线上网时，如果采用 HDLC 协议，则配置最简单而效率又最高。当申请 DDN 通过中国公用计算机网（CHINANET）接入 Internet 时，用户根据需要申请一组合法 IP 地址，服务商按申请分配，通常还另提供一个 IP 地址给用户用作用户路由器的广域网接口 IP 地址。

此时 IP 地址的配置分为两种情况，一种情况是用户网络的每台计算机都配置一个合法的 IP 地址，另一种情况是用户网络的计算机使用内部保留的 IP 地址，通过网络地址转换 NAT 映射内部地址为合法地址。后一种是局域网接入 Internet 的最常用模式，在本章末进行讨论。下面介绍前一种情况的配置步骤。

（1）配置以太网口 IP 地址

```
Router(config)# interface ethernet 0
Router(config-if)# ip address ip-address mask //IP 地址为合法地址中的一个
```

（2）配置广域口封装格式

```
Router(config)# interface serial 0
Router(config-if)# encapsulation  ppp|hdlc
//默认的封装是 HDLC，用户的封装需要和服务商路由器的一致
```

（3）配置广域网口 IP 地址

```
Router(config-if)# ip address ip-address mask
//使用服务商提供的 IP 地址和子网掩码
```

（4）配置静态或默认路由

```
Router(config)# ip route 0.0.0.0 0.0.0.0 next hop ip-address| interfacer
```

其中 *next hop ip-address| interface* 为对端路由器相邻接口地址或本路由器广域网接口名称。因为与 ISP 是专线直连，故通常只须配置如上的默认路由即可。

2）用 DDN 连接公司总部和分支机构网络

对安全性要求极高的大型企业企业，早期会选择使用 DDN 专线连接公司总部和分支机构网络，DDN 费用昂贵；现今的选择则更多，如在帧中继或 Interenet 中构建 VPN（虚拟专用网络）来保证安全性。VPN 将在第 11 章讨论。

配置方法与用 DDN 连接 Internet 的一样，只是对端路由器由 ISP 的换成了企业自身的（一端是公司总部、一端是分支机构的）。在路由的配置上，则会按照总公司和分公司网络网段和路由规划，通常会选用 OSPF 或 EIGRP 路由协议并使用路由重发分布。

3. 使用 DDN 连接 Intranet 的配置

实例 9-3 在如图 9-9 所示的实验网络中，配置 HDLC，连通网络。

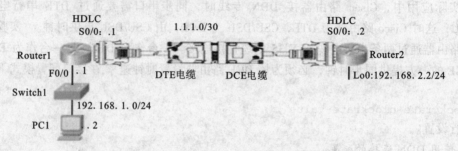

图 9-9 封装 HDLC 的 DDN 仿真实验网络

1）配置 Router1 及 PC1

（1）配置 S0/0 口：
```
Router(config)#interface serial 0/0
Router(confg-if)#ip address 1.1.1.1  255.255.255.252
Router(config-if)#encapsulution hdlc  //封装 HDLC 协议，Cisco 路由器默认。
Router(config-if)#no shutdown
```

（2）配置 F0/0 口：
```
Router(config)#interface f0/ 0
Router(config-if)#ip address 192.168.1.1 255.255.255.0
Router(config-if)#no shutdown
```

（3）配置静态路由：
```
Router(config)#ip route 192.168.2.0 255.255.255.0 1.1.1.2
```

（4）配置计算机 PC1 的 IP 参数：
IP 地址：192.168.1.2
子网掩码：255.255.255.0
默认网关：192.168.1.1

2）配置 Router2 及环回口 Lo0

请读者参照 Router1 的配置自行完成，记得在 s0/0 口配置时钟，并封装与 Router1 相同的广域网协议。

环回口配置：
```
Router2(config)#interface Lo0
%LINK-5-CHANGED: Interface Loopback0, changed state to up
%LINEPROTO-5-UPDOWN: Line protocol on Interface Loopback0, changed state to up
//环回口自动激活
```

```
Router2(config-if)#ip address 192.168.2.2 255.255.255.0
```
3）测试验证

如果配置无误，从计算机 PC1 ping 对端路由器 Router2 的 Lo0 口地址，应能 ping 通；

查看两路由器广域网接口，应该看到封装 encapsulution 的是 HDLC 协议。

9.2.6　PPP 协议配置

PPP 协议是用于同步或异步串行线路的协议，支持专线与拨号连接。

在广域网中，非 Cisco 路由器如果不支持 Cisco HDLC 封装，则当非 Cisco 路由器之间或 Cisco 与非 Cisco 路由器之间使用专线连接或拨号连接时，PPP 协议成为必需的选择。

PPP 协议支持 CHAP（挑战握手协议）和 PAP(密码认证协议)身份认证。

PPP 会话的身份认证阶段是可选的。如果使用了身份认证，就在建立二层链路、选择身份认证协议后验证对等点的身份，认证将在网络层协议配置阶段开始之前进行。PPP 安全认证是一个可选配置，在实际工程环境，则根据需要，不选或选择合适的认证协议。

用户认证协议可在一端或两端路由器上启用，启用端要求发起连接端提供用户名和口令以验证其身份。

1. PAP 与 CHAP 认证及其特点

1）PAP 认证及其特点

使用 PAP 认证时，发起连接的路由器通过用户名和密码来表明自己的合法身份，请求与对端路由器建立连接，对端路由器比较 PAP 请求中的用户名和密码是否与本地数据库(路由器上）或安全服务器上数据库记录的一样，是则建立连接，否则拒绝连接。

PAP 的特点：请求数据未经任何加密，用户名和密码以纯文本格式发送。尽管 PAP 安全性不高，但其资源占用少，在一些场合也有使用。

2）CHAP 认证及其特点

配置 CHAP 认证协议后，发起连接的路由器 R1 向对端路由器 R2 发送建立链路请求，并协商约定使用 CHAP 认证。认证的过程如下：

（1）路由器 R2 发送一条询问消息（内容包括 ID、随机数和路由器名字 R2）给路由器 R1。

（2）路由器 R1 根据询问消息中的名称 R2，查询自己的数据库，找到与用户 R2 的共享密码，然后使用询问消息中的 ID、随机数、名称 R2 和共享密码生成一个唯一的 MD5（摘要 5）哈希数。

（3）路由器 R1 把询问消息中的 ID、随机数、哈希数和名称 R1 发送给路由器 R2。

（4）路由器 R2 使用它最初发送给 R1 的 ID、随机数、名称 R2 加上共享密码生成自己的哈希数。

（5）路由器 R2 将自己的哈希数与 R1 发送的哈希数进行比较。如果这两个数值相同，则 R2 对 R1 发送建立链路响应（如果不同，系统会生成一个 CHAP 失败数据包）。

（6）链路建立。

（7）间隔一段时间，重复（1）～（6）；如果 R2 比较发现两个哈希数不同，则终止连接。

CHAP 的特点：

（1）发送的询问消息每次不同且是随机不可预测的；认证比较的是 MD5 哈希数，也是每次变化的不可预测的。这样使得其安全性很高，可以防止回放攻击；

（2）较高的资源占用。从 CHAP 的工作过程看以看出，R1 与 R2 的交互一直在进行，且一直在进行生成 MD5 哈希值的运算，故其远比 PAP 占用更多的系统资源。

2. PPP 身份认证配置命令格式（假定无 AAA/TACACS 认证服务器，只由路由器提供认证）

PPP 身份认证是在接口配置模式下使用如下命令配置：

```
PPP authentication chap|chap pap|pap chap|pap [callin]
```

从命令格式可见，可以启用 PAP 或 CHAP，也可以将两者同时启用。如果同时启用，那么链路协商期间请求的将是第一种认证方法。如果对端建议使用第二种方法或拒绝了第一种方法（例如不支持第一种方法），系统将会尝试第二种方法。有些远程设备仅支持 CHAP，有些则仅支持 PAP。指定认证方法的顺序取决于是偏好远程设备协商合适方法的能力还是偏好安全性。PAP 用户名和口令是明文发送，容易被截获和重用。而 CHAP 则消除了大多数已知的安全漏洞。

可选关键字 callin 表示仅对拨入的呼叫进行身份认证。

3. PPP 协议带 PAP 认证配置步骤

1）配置本路由器的名称和口令

```
Router(config)#hostname hostname
Router(config)#enable secret secret-string
```

2）在本路由器上把对端路由器名称和口令作为本地数据库记录的用户名和口令，只有数据库有记录的用户才能连接到本路由器

```
Router(config)# username username password password
```

其中 username 为对端路由器的名字，password 为对端路由器口令，该口令与其使能加密口令相同。

3）在路由器广域网接口封装 PPP

```
Router(config-if)#encapsulation ppp
```

4）指定 PPP 用户认证协议

```
Router(config-if)#ppp authentication pap
```

5）发送本路由器名字和口令到对端路由器供其验证

```
ppp pap sent-username hostname password passwqord
```

4. PAP 配置举例

实例 9-4 在如图 9-10 所示网络中，路由器 Router1 和 Router2 的口通过 V.35 电缆直连，广域网口封装 PPP 协议，采用 PAP 认证，试完成配置，连通网络。

（1）配置 Router1：

```
Router(config)#hostname Router1
Router1(config)#enable secret xxxx
Router1(config)#username Router2 password yyyy
//Router2是对端路由器名字，yyyy 与对端路由器的使能加密口令相同
Router1 (config)#interface serial0
Router1 (config-if)#ip address 1.1.1.1 255.255.255.252
Router1 (config-if)# encapsulation ppp
Router1 (config-if)# ppp authentication chap
Router1 (config-if)#ppp pap sent-username Router1 password xxxx
Router1 (config-if)#no shutdown
Router1 (config)# ip route 0.0.0.0 0.0.0.0 1.1.1.2
```

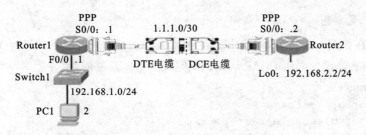

图 9-10　PPP 配置实验网络

（2）配置 Router2：
```
Router2(config)#hostname Router2
Router2 (config)#enable secret yyyy
Router2 (config)#username Router1 password xxxx
//Router1是对端路由器名字，xxxx与对端路由器的使能加密口令相同
Router2 (config)#interface serial0/0
Router2 (config-if)#ip address 1.1.1.2  255.255.255.252
Router2 (config-if)# clock rate 1000000
Router2 (config-if)# encapsulation ppp
Router2 (config-if)# ppp authentication pap
Router2 (config-if)# ppp pap sent-username Router2 password yyyy
Router2 (config-if)# clock rate 1000000
Router2 (config-if)#no shutdown
Router2(config)# ip route 192.168.1.0  255.255.255.0  1.1.1.1
```

（3）配置计算机 PC1 的 IP 地址、子网掩码和默认网关，配置路由器 Router2 的 Lo0 口地址，请读者自己完成。

（4）测试验证：

① PC1 ping Lo0 口地址，能 ping 通说明配置成功；

② 在①的基础上，更改一路由器广域网口封装的广域网协议（例如将 PPP 改为 HDLC），即可看到两路由器广域网接口和协议均由 Up 变为 Down 的提示信息。

③ 在①的基础上，更改任一路由器的名字或密码，即可看到接口和协议状态由 Up 变为 Down 的提示信息。

5. PPP 协议带 CHAP 认证配置步骤

（1）配置本路由器的名称和口令：
```
Router(config)#hostname hostname
Router(config)#enable secret secret-string
//注意，对端路由器的使能加密口令要与此相同（共享口令），这与 PAP 的要求是不一样的
```

（2）在本路由器上把对端路由器名字和共享口令作为本地数据库记录的用户名和口令，只有数据库有记录的用户才能连接到本路由器。
```
Router(config)# username username password password
```
其中 *username* 为对方路由器的名字(hostname)，*password* 为共享口令。对端路由器的口令应该与其使能加密口令相同。

（3）在路由器广域网接口封装 PPP：
```
Router(config-if)#encapsulation ppp
```
（4）指定 PPP 用户认证协议 CHAP：
```
Router(config-if)#ppp authentication chap
```

6. CHAP 配置举例

实例 9-5 在如图 9-10 所示网络中，路由器 Router1 和 Router2 的口通过 V.35 电缆直连，广域网口封装 PPP 协议，采用 CHAP 认证，试完成配置，连通网络。

（1）配置 Router1：

```
Router(config)#hostname Router1
Router1(config)#enable secret xxxx
Router1(config)#username Router2 password xxxx   //配置本地数据库的用户名和口令
//Router2 是对端路由器名字，xxxx 与对端路由器的使能加密口令相同
Router1(config)#interface serial0
Router1(config-if)#ip address 1.1.1.1 255.255.255.252
Router1(config-if)#encapsulation ppp
Router1(config-if)#ppp authentication chap
Router1(config-if)#no shutdown
Router1(config)# ip route 0.0.0.0 0.0.0.0 1.1.1.2
```

（2）配置 Router2：

```
Router2(config)#hostname Router2
Router2(config)#enable secret xxxx
Router2(config)#username Router1 password xxxx
Router2(config)#interface serial0/0
Router2(config-if)#ip address 1.1.1.2  255.255.255.252
Router2(config-if)#clock rate 1000000
Router2(config-if)#encapsulation ppp
Router2(config-if)#ppp authentication chap
Router2(config-if)#clock rate 1000000
Router2(config-if)#no shutdown
Router2(config)#ip route 192.168.1.0  255.255.255.0 1.1.1.1
```

（3）配置计算机 PC1 的 IP 地址、子网掩码和默认网关，配置路由器 Router2 的 Lo0 口地址，请读者自己完成。

（4）测试验证：

① PC1 ping Lo0 口地址，能 ping 通说明配置成功。

② 在①的基础上，更改任一路由器广域网口封装的广域网协议（例如将 PPP 改为 HDLC），即可看到两路由器广域网接口和协议均由 Up 变为 Down 的提示信息。

③ 在①的基础上，更改任一路由器的名字或密码，即可看到接口和协议状态由 Up 变为 Down 的提示信息。

9.2.7 ISDN 配置*

1. ISDN 的两种服务类型

ISDN 提供两种连接服务，一种为基本速率接口 BRI 服务，另一种为主要速率接口 PRI 服务。

1）BRI 服务

基本速率接口（Basic Rate Interface，BRI）服务面向小型办公室或个人用户，由两个 B 信道和一个 D 信道构成（2B+D）。BRI 的 B 信道速率为 64kbit/s,用于传输用户数据；D 信道的速率为 16kbit/s,传输控制信号。ISDN BRI 也称窄带 ISDN。

B 信道称为数据信道，能够承载使用脉中编码调制 PCM 的用户的语言、数据信息，B 信道

既可用于电路交换的网络环境，如 PPP，HDLC，也可用于包交换的网络环境，如 Frame-Relay，X.25。

D 信道称为信令信道，该信道不传用户数据，只传 DET 和 ISDN 信道间的控制信息（信令）。

2）PRI 服务

主速率接口（Primary Rate Interface，PRI）服务面向商业环境，为客户提供高速的数据传输服务。

PRI 也由 B 信道和 D 信道组成。但其 D 信道的速率也为 64kbit/s。PRI 把多条 B 信道捆绑在一起，使得总带宽增加。

在北美和日本，PRI 定义为 23 个 B 信道和 1 个 D 信道（23B+D），总速率为 1.544Mbit/s，即一次群速率接口 T1。

在欧洲、澳大利亚和中国，PRI 定义为 30 个 B 信道和一个 D 信道，以及一个 64kbit/s 的控制信道，总速率为 2.048Mbit/s，即一次群速率接口 E1。

2. ISDN BRI 的配置步骤

ISDN BRI 配置需要配置 ISDN 交换类型和 ISDN 服务概要识别号（Service Profile Identifiers SPID），SPID 主要用于为 ISDN 载波提供一种号码标识，以便交换机识别出用户申请的服务类型。目前，SPID 在世界大部分地区，包括中国，已不再使用，只有北美的部分地区还在用。

1）指定 ISDN 交换类型

```
Router(config)#isdn switch-type switch-type
```

国内交换机的交换类型一般为 basic-net3，就配置成

```
Router(config)#isdn switch-type basic-net3
```

2）配置 BRI 接口及其 SPID

```
Router(config)#interface bri 0
Router(config-if)#isdn spidl1
Router(config-if)#isdn spidl2
```

其中 spidl1 和 spidl2 为服务商分配的第一个和第二个 B 信道的号码。

3）配置 PPP 封装

```
Router(config-if)#encapsulation ppp
```

4）配置协议地址与电话号码的映射

```
Router(config-if)#dialer map protocol next-hop-address [name hostname]
[broadcast] [dial-string]
```

5）启动 PPP 多点连接

```
Router(config-if)#ppp multilink
```

6）启动另一个 B 通道的配置

```
Router(config-if)#dialer load-threshold load
```

配置完成后，在特权执行模式下，使用如下命令格式显示 ISDN 有关配置信息：

```
show isdn {active | history | memory | timers |status}
```

3. ISDN PRI 配置

Cisco 2600 系列路由器拥有通道化的 T1/E1 PRI 接口（可选模块），ISDN PRI 配置包括 T1/E1 配置，数据帧类型、线路代码选择和信道映射等，配置步骤如下：

1）T1 接口配置

```
Router(config)#controller t1 0/0    //定义 T1 接口，"0/0" 对应 "插槽/接口"
```

```
Router(config-if)#framing esf|sf          //指定数据帧类型为 esf 或 sf
Router(config-if)#linecode b8zs           //指定线路代码。
```

2）E1 接口配置

```
Router(config)#controller e1 1/0          //定义 T1 接口，"1/0" 对应 "插槽/接口"
Router(config-controller )# framing crc4|no-crc4
//指定数据帧类型为 crc4 或 no-crc4
Router(config-controller)# linecode ami|hdb3        //指定线路代码
```

3）定义 T1 或 E1 组，把组与时间槽对应起来

```
Router(config-controller)#channel-group  channel-groupnumber  timeslots
range imeslots-rang
```

4）把信道映射为 ISDN PRI 连接

```
Router(config-controller)# pri-group timesslots 1-24| 1-31
```

其中 1-24 表示把 0~23 号信道映射为一条 ISDN PRI，1-31 表示把 0~30 号信道映射为一条 ISDN PRI。

4. ISDN BRI 配置举例

实例 9-6　某 Intranet 使用 Cisco 2612 路由器，通过 ISDN 拨号访问 Internet。内部网址为 192.168.2.0/24，通过 NAT 地址转换功能实现 Internet 连接共享。假如接入服务商的 ISDN 电话号码为 263，用户名为 123321，口令为 s321123，配置如下：

1）全局配置模式下，配置 ISDN 交换机类型等

```
isdn switch-type basic-net3    //指定交换机类型
ip subnet-zero
no ip domain-lookup            //关闭域名服务器查找
ip routing                     //启用 IP 路由
```

2）配置接口 IP 地址等，指定参与 NAT 的接口

```
interface ethernet 0
ip address 192.168.2.1 255.255.255.0
ip nat inside //指定本接口为需转换的内部接口
no shutdown
```

如果只使用 ISDN 接口，则可关闭同步串口 0 和 1：

```
interface serial 0
shutdown
no ip address
interface serial 1
shutdown
no ip address
```

3）配置 ISDN BRI 口

```
interface bri0
ip address negotiated          //指定 BRI 通过 PPP 的 IPCP 地址协商获得 IP 地址
ip nat outside                 //指定该接口为 NAT 的外部接口
encapsulation ppp              //封装 PPP
ppp authentication pap callin  //使用 PAP 做呼入认证
ppp multilink
dialer-group 1                 //指定接口属于拨号组 1
dialer string 263              //设定拨号，号码为 263
dialer idle-timeout 120
ppp pap sent-username s321123 password 123321 //设定登录用户名和口令
```

```
no cdp enable                          //禁用 Cisco 发现协议
no ip split-horizon                    //禁用水平分割
no shutdown
ip route 0.0.0.0 0.0.0.0 bri 0         //配置默认路由和访问控制列表
access-list 10 permit any //配置访问控制列表 10, 允许所有源主机(参与网络地址映射 NAT)
  Dialer-list 1 protocol ip permit //定义拨号组 1 允许所有 IP 协议的数据(通过)
   ip nat inside source list 10 interface bri 0 overload
//设定符合访问列表, 10 的所有源地址被映射为 bri0 所获得的地址
```

9.2.8　ADSL 配置*

对 ADSL 拨号或专线接入 Internet, 目前常使用所谓宽带路由器来实现按需拨号、路由和地址转换等功能, 一般提供 Web 配置界面, 配置简单方便, 请参阅本书 14.3 节。但多款 Cisco 路由器的以太网口也可配置成虚拟拨号接口连接 ADSL Modem。Cisco 1800 系列则有多种型号带有专门的 ADSL 接口。

Cisco 2600 系列路由器可以安装 ADSL 模块, 也可使用以太网口连接 ADSL Modem, 配置后实现 ADSL 拨号访问 Internet。比如 Cisco 2621, 一个以太网口接 ADSL Modem, 另一以太网口接局域网交换机, 局域网中计算机可以共享 ADSL 连接访问 Internet。

1. 安装 WIC-1 ADSL 模块后的配置

```
Router#show run
vpdn enable
no vpdn logging

vpdn-group pppoe
request-dialin

interface Ethernet0
ip address 192.168.0.1 255.255.255.0
ip nat inside

interface ATM0
no ip address
no atm ilmi-keepalive
bundle-enable

dsl operating-mode auto
hold-queue 224 in

interface ATM0.1 point-to-point
pvc 1/1
pppoe-client dial-pool-number 1

interface Dialer1
ip address negotiated
ip mtu 1492
ip nat outside
encapsulation ppp
dialer pool 1
```

```
ppp authentication chap callin   //验证方式根据 ISP 要求设置*
ppp chap hostname
ppp chap password

ip nat inside source list 1 interface Dialer1 overload
ip classless
ip route 0.0.0.0 0.0.0.0 dialer1
no ip http server
access-list 1 permit 192.168.0.0 0.0.0.255
```

2. Cisco 2621 以太网口连接 ADSL Modem 的配置

```
Router#show run
version 12.2
service timestamps debug uptime
service timestamps log uptime
no service password-encryption

hostname 2621
enable secret 5 $1$LJV3$jqSDWPUYZiQBAjlnN/
ip subnet-zero
ip name-server 201.xxx.xxx.xxx
vpdn enable
vpdn-group PPPoE
request-dialin
protocol pppoe

interface FastEthernet0/0
ip address 192.168.0.1 255.255.255.0
ip nat inside
duplex auto
speed auto

interface FastEthernet0/1
no ip address
speed 10
half-duplex
pppoe enable
pppoe-client dial-pool-number 1

interface Dialer1
mtu 1492
ip address negotiated
ip nat outside
encapsulation ppp
no ip mroute-cache
dialer pool 1
dialer-group 1
no cdp enable
ppp authentication pap callin  /验证方式根据 ISP 要求设置*
ppp pap sent-username abc123@263.net password 7 *********
```

```
ip nat inside source list 1 interface Dialer1 overload
ip classless
ip route 0.0.0.0 0.0.0.0 Dialer1 permanent
no ip http server
ip pim bidir-enable
access-list 1 permit any
dialer-list 1 protocol ip permit
```
若用 chap 认证，这时相应的命令应为：
```
ppp authentication chap
ppp chap hostname abc123@263.net
ppp chap password **********
```

思考与动手

（1）什么是广域网？什么是包交换？什么是电路交换？

（2）理解 PPP 协议的基本构成及 PPP 连接的建立过程。

（3）写出 PPP 配置并提供 CHAP 认证的主要步骤。

（4）简述 DDN 的特点及其基本配置。

（5）什么是虚电路？什么是交换虚电路与永久虚电路？

（6）在 Frame Relay 网络中，如何标识虚电路？写出帧中继的基本配置步骤。

（7）在图 9-8 中，如果要实现 PC3 和 PC1 的相互访问，该如何配置？用路由器模拟帧中继网络，完成配置、测试和验证。

第 **10** 章

NAT 配置

【内容概要】

　　NAT 即网络地址转换（Network Address Translation），是把 Intranet 内部专用地址转换成 Internet 全局（合法）地址的一种技术。

【学习目标】

　　（1）学会配置静态 NAT；

　　（2）学会配置动态 NAPT；

　　（3）学会用 NAT 实现重叠地址转换和配置负载均衡。

10.1　NAT

　　NAT 是在 IPv4 网络中广泛使用的一种技术。

10.1.1　NAT 的作用

　　NAT 是指把局域网内部专用地址与 Internet 全局地址建立起对应关系，这种对应关系称为映射，映射表在路由器（或其他网关设备）的缓存中生成和维护；使用内部地址的主机在访问 Internet 时或被 Internet 上的主机访问时，通过查找映射表，重新封装数据包中的源或目标地址。NAT 的基本作用是：

　　（1）节约全局地址的使用。多个内部地址可共享一个全局地址访问互联网。

　　（2）增强安全性。由于采用 NAT 的内部主机不直接使用全局地址，故在 Internet 上不直接可见，可以在一定程度上减少被攻击的风险，增强网络的安全性。

　　在 Internet 上的路由器（ISP 的路由器）有拒绝所有的来自用户内部网络专用地址的数据包通过的配置，所以使用内部专用地址的数据包不能直接在 Internet 上传送。

10.1.2　NAT 的种类与配置

　　1. 与 NAT 有关的术语

　　如图 10-1 所示，图中虚线框内为内部网络，框外为外部网络，有关的术语说明如下：

　　本地局部地址：通常是内部网络主机使用的保留地址，如图中的 10.1.1.1 和 10.1.1.2。

　　本地全局地址：内部网络主机访问外部网络（Internet）或者被外部网络访问时使用的合法

地址。通常通过路由器 NAT 映射分配，如图中的地址 2.2.2.2。

外部局部地址：外部网络主机的 IP 地址，不一定是合法地址，通常是使用保留地址，如图中的 10.2.1.1 和 10.2.1.2。

外部全局地址：外部网络主机使用的合法的地址，通常通过路由器 NAT 映射分配，如图中的 6.5.4.7 和 6.5.4.8。

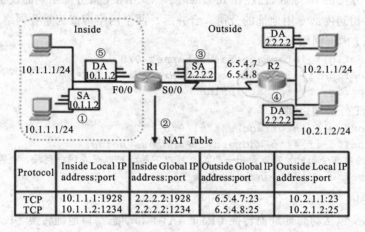

图 10-1　NAT 术语

内部转换接口：用户定义的连接内部网络的路由器接口。在各种类型的 NAT 配置中都需要定义。

外部转换接口：用户定义的连接外部网络的路由器接口。在各种类型的 NAT 配置中都需要定义。

简单转换：IP 地址到 IP 地址的映射。

扩展转换：IP 地址-传输层接口到 IP 地址-传输层接口的映射。

如图 10-1 中的 NAT table 所示，既有地址又有接口的转换，称该映射表的条目（Entry）为扩展地址转换条目；如果只有地址映射而无接口映射，则称为简单地址转换条目。

注意：内部网络 Inside 与外部网络 Outside 是相对而言的，如图 10-1 所示，如果我们对路由器 R2 进行 NAT 配置，则 10.2.1.0/24 网络又是 Inside 了，R2 的以太网口就应该配置 ip nat inside。

图 10-1 中①～⑤标注的是数据包的传送顺序和 NAT 的过程，本章后面的图中同类标注含义亦同。

按转换方式的不同，NAT 包括静态 NAT 和动态 NAT，动态 NAT 又分为地址池转换（Pool NAT）和端口地址转换（Port NAT）。

2. 静态 NAT

静态 NAT 在专用 IP 地址（或 IP 地址和传输层端口号）与全局 IP 地址（或 IP 地址和传输层端口号）之间进行一对一的转换。配置方式：

1）指定转换的局部地址与全局地址，还可在传输层端口间也进行转换

（1）内部源地址转换

```
Router(config)#ip nat inside source static [tcp|udp] 内部局部地址 [传输层端口]
内部全局地址 [传输层端口]
```

//用于内部网络使用地址转换供外部网络访问，如发布 Web 服务等

（2）外部源地址转换

```
Router (config)#ip nat outside source static [tcp|udp] 外部全局地址 [传输层端口] 外部局部地址 [传输层端口]
```

这种格式用于外部网络的地址和内部网络的地址有重叠的时候。例如：网管给自己的网络设备或计算机所分配的 IP 地址，已经在 Internet 或外部网络上被分配给别的设备或计算机使用；又如：两个使用相同内部专用地址的公司，合并后，两个网络即成为重叠网络。

2）指定 NAT 内部网络接口

```
Router (config)# interface fastethernet 0/0
Router (config-if)#ip address ip-address netmask
Router (config-if)#ip nat inside
```

3）指定 NAT 外部网络接口

```
Router (config)# interface serial 0/0
Router (config-if)# ip address ip-address netmask
```
//与要转换的内部全局地址可以是同一个，也可以不是；可以是在同一网段，也可以不是
```
Router (config-if)#ip nat outside
```

3. 动态 NAT

动态地址转换包括动态地址池转换（Pool NAT）和动态端口地址转换（Port NAT）两种，前者是一对一的转换，后者是一对多的转换。

1）Pool NAT 配置

Pool NAT 执行局部地址与全局地址的一对一转换，但全局地址与局部地址的对应关系不是一成不变的，它是从全局地址池（Pool）中动态地选择一个全局地址与一个内部局部地址相对应。

与配置相关的命令格式：

```
ip nat pool 地址池名称 起始全局 IP 地址 结束全局 IP 地址 netmask 子网掩码
```
//定义全局地址池(申请到合法 IP 地址的范围，若只有一个，则既为起始地址又为结束地址)
//地址池名称可任取
```
access-list 列表号 permit 源 IP 地址 通配符掩码
```
//配置访问控制列表，指定哪些局部地址被允许进行转换

其中列表号取值 1～99，通配符掩码的作用与子网掩码类似，格式是对子网掩码取反，详见第 12 章的描述。

例如，若允许 192.168.1.0 网络的全部主机进行动态地址转换，则可使用命令

```
access-list 1 permit 192.168.1.0 0.0.0.255
ip nat inside source list 列表号 pool 地址池名称
```
//在局部地址与全局地址之间建立动态地址转换 Pool NAT

若地址池名称为 ssss，列表号为 1，则

```
ip nat inside source list 1 pool ssss
```
//表示把 access-list 1 允许的内部地址映射成地址池 ssss 定义的全局地址

2）Port NAT

Port NAT 简称 NAPT，是把局部地址映射到全局地址的不同端口上，因一个 IP 地址的端口数有 65 535 个，也就是说一个全局地址可以和最多达 65 535 个内部地址建立映射，故从理论上说一个全局地址就可供 6 万多个内部地址通过 NAT 连接 Internet。

配置命令：

```
ip nat pool 地址池名称 起始全局 IP 地址  结束 IP 地址 netmask 子网掩码
```
//定义全局地址池(申请到的合法 IP 地址)，地址池名称可任取
```
access-list  列表号  permit 源 IP 地址  通配符掩码
```
//配置访问控制列表，指定哪些局部地址被允许进行转换
```
ip nat inside  source list 列表号 pool 地址池名称  overload
```
//注意此处比 Pool NAT 配置多了一个"overload"，在局部地址与全局地址之间建立端口–地址转换

3）用于配置转换重叠网络地址和 TCP 负载均衡时的命令格式

转换重叠网络地址和 TCP 负载均衡是两种较为特殊的应用，后面将举例说明。

（1）配置转换重叠网络地址的命令格式

静态转换命令格式即是前面介绍的外部全局地址转换格式：
```
Router (config)#ip nat outside source static [tcp|udp] 外部全局地址 [传输层端口] 外部局部地址 [传输层端口]
```
动态转换命令格式：
```
ip nat outside source list  列表号 pool 地址池名称
```
（2）配置 TCP 负载均衡的命令格式
```
ip nat inside destination list 列表号 pool 地址池名称
```
且在定义地址池时使用的命令格式为
```
ip nat pool 地址池名称 起始全局 IP 地址  结束全局 IP 地址 netmask 子网掩码 type rotary
```

10.1.3　NAT 配置举例

实例 10-1　配置 R1 实现公司网络通过 DDN 专线共享全局地址 202.128.62.34～202.128.62.62 访问 Internet。配置 ISP 路由器 R2 使之采用合法地址 202.1.10.1 发布 Web 和 FTP 服务。网络拓扑及地址空间如图 10-2 所示。

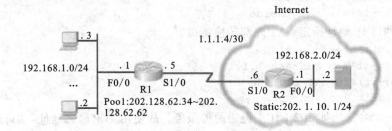

图 10-2　静态和动态 NAT 的基本配置

配置思路：公司网络通过 DDN 专线共享全局地址访问 Internet 使用 Port NAT 实现；ISP 使用合法地址 202.128.62.33 对外发布 Web 和 FTP 服务是使用静态地址–端口转换实现。

1）内部主机访问 Internet 的配置步骤

配置局域网口 IP 地址指定 NAT 内部端口：
```
R1(config)#interface f 0/0
R1 (config-if)#ip address 192.168.1.1 255.255.255.0
R1 (config-if)#no shutdown
R1 (config-if)#ip nat inside
```

配置广域网口 IP 地址指定 NAT 外部转换端口：

```
R1 (config)#interface s1/0
R1 (config-if)#ip address 1.1.1.5 255.255.255.252
R1 (config-if)#ip nat outside
R1 (config-if)#no shutdown
```

封装 HDCL 协议：

```
R1 (config-if)#encapsulation hdlc
```

设置允许访问的内部 IP 地址列表：

```
R1 (config)#access-list 1 permit 192.168.1.0  0.0.0.255
```

配置全局 IP 地址池 ssss：

```
R1 (config)#ip nat pool ssss 202.128.62.33 202.128.62.62 netmask 255.255.255.224
```

配置端口地址转换：

```
R1 (config)#ip nat inside source list 1 pool ssss overload
```

配置 RIP 路由，启用 RIP 版本 2（ISP 路由器 R2 也配置 RIP 路由）：

```
R1(config)#router rip
R1(config-router)#version 2
R1(config-router)#network 192.168.1.0
R1 (config-router)#network 1.1.1.4
```

配置一条到达 R2 上全局地址 202.1.10.1/24 网络的静态路由：

```
R1(config)#ip route 202.1.10.0 255.255.255.0 s1/0
```

或者只配置默认路由：

```
R1(config)#ip route 0.0.0.0 0.0.0.0 serial 1/0 //作用与上面的RIP加静态路由相同
```

2）ISP 发布 Web 和 FTP 的配置

```
R2(config)#interface f 0/0
R2 (config-if)#ip address 192.168.2.1 255.255.255.0
R2 (config-if)#no shutdown
R2 (config-if)#ip nat inside
```

配置广域网口 IP 地址指定 NAT 外部转换端口：

```
R2 (config)#interface s1/0
R2 (config-if)#ip address 1.1.1.6 255.255.255.252
R2(config-if)#ip nat outside
R2 (config-if)#no shutdown
```

由于要用一个合法地址 202.1.10.1 提供两种服务，故使用 TCP 静态地址-端口转换配置：

```
R2(config)#ip nat inside source static tcp 192.168.2.2 80 202.128.62.33 80
//Web局部到全局地址-端口转换
R2(config)#ip nat inside source static tcp 192.168.2.2 21 202.128.62.33 21
//FTP局部到全局地址-端口(控制端口)转换
R2(config)#ip nat inside source static tcp 192.168.2.2 22 202.128.62.33 22
//FTP局部到全局地址-端口(数据端口)转换
```

3）配置路由

配置 RIP 路由，启用 RIP 版本 2：

```
R2 (config)#router rip
R2 (config-router)#version 2
R2config-router)#network 192.168.1.0
R2 (config-router)#network 1.1.1.4
```

配置一条到达路由器 R1 的全局地址池网络的路由：

```
R2(config)#ip route 202.128.62.32 255.255.255.224 s1/0
```

亦可用默认路由代替以上路由配置：

```
R2(config)#ip route 0.0.0.0 0.0.0.0 serial 1/0
```

要注意 R1 和 R2 上的路由处理，必须要有能够有到达对方全局地址网络的路径。上面的静态路由配置或默认路由配置都是正确的处理方式。

实例 10-2 转换重叠地址。如图 10-3 所示，重叠地址是指给自己的网络设备或计算机所分配的 IP 地址，已经在 Internet 或外部网络上被分配给别的设备或计算机使用。这种内部和外部网络 IP 地址相同或网络号相同的网络称为重叠网络。这种情况下如果内部网络的主机要访问外部网络上使用同样地址（全局地址）或网段的主机，那么在路由器 R1 上应该配置静态或动态的外部源地址转换，把一个或多个外部主机或主机所在网络的全局地址转换成 outside pool 地址池的地址——外部局部地址。在外部主机较少的情形下使用静态转换，反之使用动态转换。

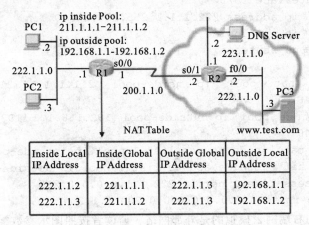

图 10-3　转换重叠地址

1）配置思路

如图 10-3 所示，若采用动态外部源地址转换，由于不知道 PC3 的地址 222.1.1.3 在路由器 R1 中到底是被转换成了地址池 ip-outside-pool 中的 192.168.1.1 还是 192.168.1.2，这种情况下必须使用域名才能实现内部网络主机如 PC2 对具有相同网络地址的 Internet 主机 PC3 的访问，外部网络中的 DNS Server（223.1.1.2）对主机 PC3（222.1.1.3）提供域名解析。若使用静态外部原地址转换则使用转换后的地址为目标，就能访问到 PC3，无须域名服务器的介入。本例在路由器 R1 上配置两种地址转换：一种是动态外部源地址转换如上所述；还有一种就是动态内部源地址转换，把 PC1 和 PC2 的局部地址转换成全局地址池 ip-inside-pool 中的地址。

2）访问过程

（1）PC2 通过路由器 R1 发送 DNS 查询请求，DNS Server 把 PC3 的域名 www.test.com 解析为 IP 地址 222.1.1.3，返回 R1。

（2）在 R1 中，该地址被替换成外部动态原地址转换后的地址如 192.168.1.2，返回 PC2。

（3）PC2 查询得到 PC3 的 IP 地址是 192.168.1.2，就以 192.168.1.2 为目标发起访问请求，该访问请求包当然能够顺利到达路由器 R1。

（4）R1 可配置默认路由，出口为 S0/0（或下一跳地址为 200.1.1.2）。在 R1 上，该包源地址被替换为 211.1.1.2，目标地址被替换为 222.1.1.3，发往路由器 R2。

（5）PC3 响应包的源地址为 222.1.1.3，目标地址为 211.1.1.2，通过路由器 R2 发往 R1。R2 可配置默认路由，下一跳地址为 200.1.1.1。

（6）在 R1 上，该包的源地址被替换为 192.168.1.2，目标地址被替换为 222.1.1.3 即 PC2 的地址。

访问请求的发送与目标主机的响应以及地址转换的详细过程参见 Cisco 公司的网页。

3）NAT 配置

```
R1(config)#interface s 0/0
R1(config-if)#ip address 200.1.1.1 255.255.255.252
R1(config)#ip nat outside
R1(config-if)#no shutdown
R1(config)#interface f0/0
R1(config-if)#ip address 222.1.1.1 255.255.255.0
R1(config-if)#ip nat inside
R1(config-if)#no shutdown

R1(config)#ip nat pool ip-inside-pool 211.1.1.1 211.1.1.2 netmask
255.255.255.240
R1(config)#ip nat pool ip-outside-pool 192.168.1.1 192.168.1.2 netmask
255.255.255.240
R1(config)#ip nat inside source list 1 pool ip-intside-pool
R1(config)#ip nat outsaide source list 1 pool ip-outside-pool
R1(config)#access-lise 1 permit 222.1.1.0 0.0.0.255
R1(config)#ip route 0.0.0.0 0.0.0.0 200.1.1.2
```

如图 10-3 所示的右端网云模拟的是外部网络，请读者按照图示参数配置以下选项：

（1）配置路由器 R2 各个接口 IP 地址、广域网串口时钟并启用各个接口。

（2）配置 DNS Server 和 PC3 的 IP 参数；配置 DNS Server 记录 PC3 的域名和 IP 地址；配置下一跳地址为 200.1.1.1 的默认路由。

4）测试验证

（1）从 PC1 或 PC2 ping PC3 的域名 www.test.com，能够连通。

（2）在 R1 上使用特权执行命令：

```
show ip nat translations
```

可以看到与如图 10-3 所示类似的地址转换表条目。

10.1.4　实训　配置 TCP 负载均衡

主要设备：Cisco 2811 路由器 2 台，计算机 6 台，交换机 2 台。

网络拓扑：网络拓扑如图 10-4 所示。

具体要求：完成配置和测试验证。

配置某个虚拟主机地址和若干真实主机地址间的轮流转换，也是 NAT 的一种应用，称为 TCP 负载均衡配置。基本机制是使用 round-robin（轮询）策略从 NAT 池中取出相应的真实 IP 地址用于替换访问请求包的目标地址（虚拟地址）。这也是实现负载均衡的一种方式：当负载过重时，可以使用多台物理主机发布同一应用，所有用户都访问同一个虚拟的主机地址，而实际访问到的是随机轮到的物理主机上的应用。

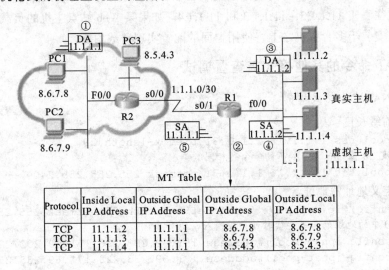

图 10-4　TCP 负载均衡配置

Protocol	Inside Local IP Address	Outside Global IP Address	Outside Global IP Address	Outside Local IP Address
TCP	11.1.1.2	11.1.1.1	8.6.7.8	8.6.7.8
TCP	11.1.1.3	11.1.1.1	8.6.7.9	8.6.7.9
TCP	11.1.1.4	11.1.1.1	8.5.4.3	8.5.4.3

配置思路：在路由器广域网口配置虚拟主机 IP 地址，在以太网口配置与真实主机同一网段的 IP 地址。在图中 1～5 的数据包传送过程中，虚拟地址和真实地址在路由器 R1 中是作为目标地址并转换，所以命令行中要使用 destination。相关配置如下：

1. 路由器 R1 和计算机 Server1~Server3 的配置

```
ip nat pool real-hosts 11.1.1.2 11.1.1.4 netmask 255.255.255.248 type rotary
ip nat inside destination list 1 pool real-hosts    //内部目标地址转换
interface serial 0/0
ip address 1.1.1.2 255.255.255.252
ip nat outside
interface fastethernet 0/0
ip address 11.1.1.5 255.255.255.248
ip nat inside
access-list 1 permit 11.1.1.1 0.0.0.0
ip route 0.0.0.0 0.0.0.0 s0/1
```

配置 Server1～Server3 的 IP 地址、子网掩码和默认网关，请读者自行完成。

2. 路由器 R2 和计算机 PC1~PC3 的配置

路由器 R2 所在的网云模拟外部网络，请读者完成以下配置：

（1）计算机 PC1～PC3 的 IP 参数；

（2）路由器 R2 各个接口 IP 地址；

（3）下一跳为 R1 的默认路由配置。

3. 测试验证

（1）从 PC1、PC2 或 PC3 ping 虚拟主机 11.1.1.1，能够连通。

（2）在 R1 上使用特权执行命令

```
show ip nat translations
```

可以看到与如图 10-4 所示的类似的地址转换表条目。

当网络中的主机 A、B 和 C 向虚拟主机 11.1.1.1 发起访问请求时，NAT 使用轮询机制分别依次把请求发往真实 11.1.1.2，11.1.1.3 和 11.1.1.4。如果某 Web 站点主机的负载过重，就可把该站点的副本安装于多台主机之上，使用上面的配置实现负载均衡。

10.1.5　NAT 命令的其他格式与查看调试

1. 其他 NAT 命令格式举例

1）使用前缀长度

```
ip nat pool sss 1.1.1.16 1.1.1.31 prefix-length 28
//前缀长度 28 位，含义与如下的命令行相同
ip nat pool sss 1.1.1.16 1.1.1.31 netmask 255.255.255.240
```

2）分段定义地址池地址

```
outer(config)#ip nat pool fred prefix-length 24|netmask 255.255.255.0
//池 fred 中的地址范围不连续时可分段输入，例如
Router(config-ipnat-pool)#address 191.69.233.225 171.69.233.226
Router(config-ipnat-pool)#address 191.69.233.228 171.69.233.238
```

3）用接口名代表地址

```
ip nat inside source list 1 interface Serial0 overload
//访问控制列表 1 中的地址转换成路由器 Serial0 口上的地址，是地址-端口转换
```

2. NAT 的查看与调试

```
show ip nat translations        //查看活动的转换
show ip nat statistics          //查看地址转换统计信息
clear ip nat translation *      //清除所有动态地址转换
debug ip nat                    //调试 NAT
```

10.2　NAPT 的类型

按照 NATs（NAT 设备，如路由器或防火墙等）在进行网络地址-端口转换时的机制的不同，NAPT 分为两大类：锥形 NAT（Cone NAT）和对称形 NAT（Symmetric NAT）。

10.2.1　锥形与对称形 NAT

1. 锥形 NAT

锥形 NAT 的特点是，通过地址-端口转换可以确保内网 Client 使用公网端口的"同一性"，即某个 Client 内网到公网映射的公网端口不会改变。

如图 10-5（a）所示，假设 Client 通过一个锥形 NAT 向位于公网的，endpoint（IP 地址和端口）分别为 133.1.1.1：3000 和 133.1.1.2：3001 的两台不同的服务器 S1 和 S2 发起了两个外出的会话，而使用的是同一个内部 endpoint（192.168.1.1:1234），则锥形 NAT 只分配一个公网 endpoint（211.1.1.1:6000）给这个两个会话。

2. 对称形 NAT

对称形 NAT，与锥形 NAT 分配同一 endpoint 不同，它是分配一个新的公网 endpoint 给每一个由内网发起的新的会话。

如图 10-5（b）所示，如果 Client 发起两个会话到 S1 和 S2，对称形 NAT 分配 endpoint（211.1.1.1:6000）给其中一个会话，对另外一个会话则会分配不同的公网端口，比如 endpoint（211.1.1.1:6001）。对称形 NAT 在应用程序每发出一个会话时都会使用一个新的公网端口。

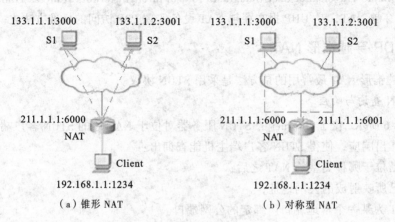

图 10-5　锥形与对称形 NAT

10.2.2　锥形 NAT 类型

在网络通信中，许多情况下需要考虑的是 UDP 报文如何穿越 NAT 设备，实现位于内网和公网之间，或连接公网的不同内网之间（最为常见，如 IP 电话、QQ 等）的主机的会话连接。根据对 UDP 报文处理方式的不同，锥形 NAT 又分为三种类型：完全锥形（Full Cone）、受限锥形（Restricted Cone）和端口受限锥形（Port Restricted Cone）。

1. 完全锥形 NAT

在一个完全锥形 NAT 中，所有从同一个内部 IP 地址和端口发出的请求都被映射到同一个外部 endpoint；任何外部主机都可以向该 endpoint 发包给内部主机。

2. 受限锥形 NAT

与完全锥形相同的是，所有从同一个内部 IP 和端口发来的请求都会被映射到同一个外部 endpoint；不同的是，只有内部主机向其发送过包的外部主机才可以对这个内部主机成功发包。即能发包给内部主机的外部主机的 IP 地址受限制（但是端口不限，从该地址可使用任意端口成功发包，可记为地址受限锥形 NAT）。这里所说内部主机发送过包给该外部主机，是在 NAT 设备中建立了内部主机访问该外部主机的会话，即使并没有成功访问到该外部主机（比如发出的请求包还未到达外部主机），该外部主机发来的包同样能送到内部主机。

3. 端口受限锥形 NAT

与受限锥形 NAT 类似，但是还增加了对端口的限制。即如果内部主机向一个外部主机 endpoint（x：p）发送过包，那么只有从这个主机的 IP 为 x 端口为 p 发出的包才能被送到内部主机上去。

只要是锥形 NAT，无论哪种类型，采用一定的方法，UDP 报文都能够简单穿越 NAT 设备实现位于不同 NAT 设备之后的主机之间的 P2P 通信。即位于 NAT 设备之后的内网主机能够与公网主机直接通信、或与位于别的 NAT 设备后的主机直接通信，无须通过代理服务器或中继服务器之类的设备中转。

10.3　STUN 简介

STUN（Simple Traversal of User Datagram Protocol through Network Address Translators，NATs）即 UDP 简单穿越 NAT，是 UDP 报文穿越 NAT 设备实现 P2P 访问的标准方法之一。

10.3.1　UDP 穿越锥形 NAT

UDP 穿越锥形 NAT 最常用的是方法是采用 STUN 协议。

1. STUN 查询与响应

如图 10-6 所示，位于 Internet 的 STUN 服务器对位于 NAT 后的 STUN 客户端发出的绑定请求（查询）作出响应，使得 STUN 客户端主机能查询出：

（1）自己位于哪种类型的 NAT 之后；

（2）自己所映射成的公网地址；

（3）NAT 为某一个本地端口所绑定的公网端口。

2. 注册客户端信息

假如客户端 A、B 分别得知了自己的公网地址和端口分别是（211.1.1.1:6000）和（201.1.1.1:9000），就可通过向位于公网的注册服务器注册自己的"内部地址：端口"和"公网地址：端口"信息，并获取对端主机的注册信息，这样就可以以对端"公网地址：端口"为目标发起通信请求了。

如果 NAT 是完全锥形的，那么 A、B 双方中的任何一方都可以成功发起通信。如果 NAT 是受限锥形或端口受限锥形，则双方必须都向对端发起访问请求以在己端 NAT 设备中建立外出会话，以便对端请求报文能够向内穿越 NAT 设备。

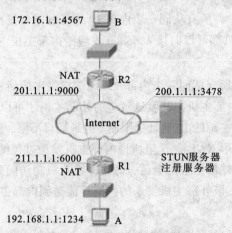

图 10-6　锥形 NAT 访问不同目标时映射端口不改变

10.3.2　对称 NAT 的 UDP 通信

下面简单分析一下对称 NAT 的 UDP 通信。

在一个对称 NAT 设备上，从同一个内部主机的 IP 和端口发送请求到不同 IP 的目标主机时，其端口会被映射到不同的外网端口上。如图 10-7 所示，客户端 A、B 通过 STUN 得知自己所映射的外网 endpoint 并向注册服务器注册，得知彼此的外网地址和端口是 endpoitA（211.1.1.1:6000）、endpointB（201.1.1.1:9000），假如 A、B 向对方发起访问会话，但是此时各自映射的公网端口都变了，例如分别变成了 endpointA（211.1.1.1:6001）、endpointB（201.1.1.1:9002）。

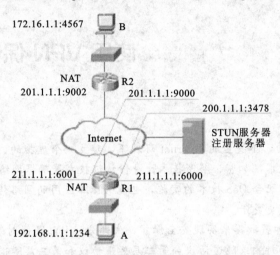

图 10-7　对称 NAT 访问不同目标时映射端口会改变

A、B 双方都不知道对方变化后的端口数值（自己的也不知道），故访问请求不能发往正确的端口以实现 NAT 穿越。除非映射端口的变化有规律，使得双方能同时预测到对方的变化后的端口，否则在对称 NAT 的情形下，UDP 的 P2P 通信是不能实现的。

对于这种情况，A、B 之间的通信可以通过位于公网的代理服务器或中继服务器中转实现。

思考与动手

总结 NAT 的主要用途。

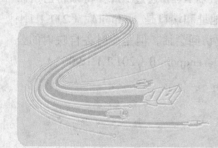

第 11 章
使用 VPN 保护网络安全

【内容概要】

VPN 可以在公用的、不安全的 Internet 环境下，建立一个虚拟的、公司专用的网络。它可以通过综合使用隧道技术，加密、解密技术，身份认证技术等确保网络的安全性。VPN 比使用专线要便宜得多；同时配合 QoS 技术的实施，也能够保障应用的网络传输质量；在用户需要临时接入到网络时比专线更灵活。

VPN 通过封装或加密数据来实现安全保护，大部分 VPN 既能封装数据，也能加密数据。封装又称为隧道，封装或隧道协议分第二层隧道协议和第三层隧道协议。

VPN 按照连接方式可分为站点到站点 VPN 和远程接入 VPN。亦可按照所使用的隧道协议来对 VPN 进行分类。

【学习目标】

（1）学会一种站点到站点 VPN 配置；

（2）学会使用 SDN 配置 Easy VPN。

在 8.5 节描述过使用 GRE 隧道技术，通过 Internet 企业总部和分公司的网络连接在一起。分公司的员工可以方便地使用总公司的各种 IT 资源，如使用总公司的 DHCP、DNS 服务，以及利用总公司的邮件服务器收发邮件等。这看起来非常完美，但是由于 GRE 隧道是没有加密功能的，分公司与总公司之间传送的敏感数据容易被黑客窃取。本章介绍如何通过 VPN 技术来提高企业网络的安全性。

11.1 VPN 的应用现状

VPN（Virtual Private Network，虚拟专用网络）在现今许多中小型企业网络中应用非常普遍，VPN 可以在 Internet 这样一个复杂而不安全的网络环境下，将处于多个地区的公司机构安全地互联起来。同时 VPN 可以使出差在外的公司人员也能方便、安全地访问公司内网资源。

VPN 可以在公用的、不安全的 Internet 环境下，建立一个虚拟的、公司专用的网络，受到了许多企业的欢迎。

两种 VPN 连接方式如下：

（1）远程访问 VPN：一般指的是单个用户到一个 VPN 网关设备的连接，如公司在外出差的用户，就可以使用此类 VPN 安全的连接到公司内网。

（2）站点到站点 VPN：一般指两个 VPN 网关之间的 VPN 连接，这种连接会将处于两个地域的局域网安全的连接到一起。如总公司到分公司之间的 VPN 连接，就可以选择站点到站点模式。

11.1.1 VPN 的分类和常用协议

VPN 的种类和标准非常多，这些分类和标准是在 VPN 的发展过程中产生的。用户为了适应不同的网络环境和安全要求，可以选择适合自己的 VPN，因此先认识常见的 VPN 使用的封装（隧道）协议类型是非常必要的。

1. PPTP

PPTP（Point to Point Tunneling Protocol，点到点隧道协议）是由微软公司开发的。PPTP 包含了 PPP 和 MPPE（Microsoft Point-to-Point Encryption，微软点对点加密）两个协议，其中 PPP 用来封装数据，MPPE 用来加密数据。PPTP 可以完成远程客户端对网络的接入访问，常用的是 Microsoft 的 Windows Server 系列上的 RAS（Remote Access Service，远程访问服务）服务。因此 PPTP 主要用来支持 Windows 客户端的 VPN 接入，当然 PPTP 也能够支持站点到站点模式的访问。

2. L2TP

L2TP（Layer 2 Tunneling Protocol，第二层隧道协议）是由 Microsoft、Cisco、3COM 等厂商共同制定的，L2TP 主要是为了解决兼容性的问题。由于 PPTP 只能工作在纯 Windows 的网络环境里才可以发挥所有的功能。因此为了支持网络环境下的多厂商产品，L2TP 结合了 PPTP 和 L2F（Level 2 Forwarding protocol，第二层转发）两个协议的优点，提供了 PPTP 在 Windows 环境下的特殊应用，同时能兼容混合网络的多厂商设备需求。

3. GRE

GRE 是在之前章节中讲过的一个协议，是 Cisco 开发的。之前，我们使用 GRE 完成了分公司和总公司的连接。但是，GRE 不是一个完整的 VPN 协议，因为它不能完成数据的加密、身份认证、数据包完整性校验等功能，常见的对 GRE 利用的企业案例里，它经常会和 IPSEC 结合使用，以弥补其安全性的问题。

4. IPSEC

IPSEC（IP Security，IP 安全）是现今企业使用最广泛的 VPN 协议，它工作在第三层。IPSEC 是一个开放的协议，各网络产品制造商都会对 IPSEC 进行支持。

IPSEC 可以通过对数据加密，保证数据传输过程中的私密性。IPSEC 使用多种加密算法实现对数据的加密，常见的有 DES、3DES、AES 等。

IPSEC 可以保证数据传输过程中的完整性，防止数据在传输过程中被篡改。IPSEC 使用散列函数来完成此功能，常用的有 MD5 和 SHA。

IPSEC 可以执行对设备和数据包的验证功能，这样可以确认数据包来自于某台合法的设备，常见的验证方法有预共享密钥、RSA 随机数加密、CA 等。

5. SSL

SSL（Secure Sockets Layer，安全套接层）是较新的一种 VPN 技术，在 SSL 技术出现之前，用户端如果需要通过 VPN 接入公司的网络，需要通过安装在客户端的特殊软件来支持，这些软件一般和不同厂商的产品相关。这限制了用户使用的自由度，如用户出差去到一个公共使用的计算机上，很可能这个计算机是没有安装 VPN 客户端软件的，那么他就不能使用 VPN 访问公司资源。

有了 SSL 之后，客户端可以使用 Web 浏览器安全的访问公司资源，因为 Web 浏览器几乎绝大部分计算机的操作系统都会有，所以使用户对 VPN 的访问更加简单、方便。但是基于 Web 浏览器的访问，只能保护 Web 应用数据，对于非 Web 应用协议，不能被直接保护，各厂商针对这种情况，在用户需要访问此类非 Web 应用的时候，通过 Web 浏览器下载临时插件等方式来满足，但这种方法并不是支持所有的非 Web 应用协议，具体支持哪些协议，要看不同厂商的产品来决定。

6. MPLS

MPLS（MultiProtocol Label switching，多协议标签交换）是在 ISP 网络广泛使用的技术，MPLS 可以在骨干网完成数据包快速路由和交换。同时 MPLS 构建了类似于帧中继中"VC"的虚电路，在运营商的网络里一个 VC 是与其他客户的 VC 独立的，因此可以看成是一种 VPN。MPLS 的功能正如它的名字所反映的那样，首先 MPLS 支持多种协议，如 IP、Frame-Relay、ATM 等。MPLS 通过对这些协议打标签来完成数据的快速交换，可以实现上述多种协议的无缝融合，同时 MPLS 可以很好地支持 QoS。

11.1.2 IPSEC 协议

在详细的介绍 IPSEC 之前，有两点是必须明确的：

首先，IPSEC 并不是一个单个的协议，而是包含了一整套协议的标准框架。这点类似于 TCP/IP，我们都知道 TCP/IP 不是只包含了 TCP 和 IP 两个协议，而是一个完整的协议族。IPSEC 通过一个标准的框架，定义了建立一个 IPSEC VPN 的所有功能模块，以及为完成每个模块功能所需要的协议。

其次，IPSEC 的工作过程是比较复杂的，如果想要在以后的企业环境下能够准确地判断 IPSEC VPN 故障，并解决这些故障，必须要熟悉 IPSEC 的工作过程。

1. IPSEC 的工作过程简介

IPSEC 的基本工作过程包含如下几个步骤：

（1）VPN 设备一端向 VPN 另一端发起会话。

（2）在 IPSEC VPN 的两端完成阶段 1：在阶段 1 可以完成管理连接的建立，设备的验证等。

（3）进入 IPSEC VPN 两端的 1.5 阶段：此阶段不是必需的，一般在配置远程访问类型的 VPN 中使用，可以在此阶段完成远程用户身份验证、向远程客户端推送网络配置信息、防火墙策略等。

（4）在 IPSEC VPN 的两端完成阶段 2：此阶段在第一阶段形成的安全管理连接基础上，确定对数据实施保护的参数，并形成安全数据连接。

2. IPSEC 预备知识

为了详细理解 IPSEC 工作的每个阶段，先对一些预备知识做一些简介：

1）加密

加密可以保护数据在网络中传输的私密性，防止数据在网络中被非法窃取或篡改。根据加密算法的特征，一般分为两类：对称加密和非对称加密，下面分别对这两类加密算法进行分析：

对称加密：在执行对称加密时，收发数据的双方采用一个相同的密钥来执行数据的加密和解密。这里举一个例子说明几个概念：

$$X + Y = Z$$

在这个公式中，假设定义 X 是需要加密的明文，Y 是密钥，Z 是加密后的密文，而整个公式就是加密算法。那么当发送方想要发送一个数字 5，双方使用的密钥是 3，使用加密算法的公式，得到密文是 8，当接收方得到这个密文，再把已经预支的密文 8 和密钥 3 代入公式，就能得到明文 5。当黑客在网络中截取了密文 8 后，因为不知道加密密钥，所以无法得到明文。

以上加密算法只是为了说明概念用的，这个加密算法因为太古老，因此在黑客面前几乎是没有任何安全性的。

常见的加密算法有：

（1）DES（Data Encryption Standard，数据加密标准）；

（2）3DES（Triple DES，3 倍 DES）；

（3）AES（Advanced Encryption Standard，高级加密标准）。

这种加密算法的原理比较简单，因此相对于非对称加密算法执行的速度快。适合用来对大量的数据做加密保护。

对称加密的一个主要问题就是密钥的分发，在一个具有 N 个结点的网络里，如果需要实现结点间的安全数据加密，则需要在每两个结点间分配一个完全不同的密钥，此时需要分发 $N \times (N-1)/2$ 个密钥。而且要保证密钥本身在传输过程中的安全性也是一个问题。

2）非对称加密

非对称加密的概念是相对于对称加密定义的：对称加密使用同一个密钥进行加密和解密，非对称加密使用一对密钥进行数据的加解密。这对密钥被称为公钥和私钥。公钥是可以公开的密钥，是可以任意复制和传播的。私钥是属于本地私有的，永远不可能公开或允许随意复制。

使用非对称密钥可以完成数据加密和身份验证两个功能：使用非对称加密前，数据接收者将自己的公钥发送给数据发送者，数据发送者将要发送的明文数据与此公钥计算出密文，然后发给接收者，接收者收到密文后，使用自己的私钥解密密文，得到明文。这个过程中，即使黑客窃取了密文和公钥，也不能得到明文，因为使用公钥加密的密文只能用私钥才能解开。

反过来说，使用私钥加密的数据也只能用公钥来解开。利用这个特性可以实现身份验证。发送者为了验证自己的身份，会将自己的身份信息明文、使用私钥加密的身份信息密文以及公钥一同发送给接收者，接收者使用公钥对身份信息密文解密，并对照身份信息明文。如果两者匹配，说明对方的身份信息是真实的。

常见的非对称密钥算法如下：

RSA（Ron Rivest、Adi Shamirh 和 Len Adleman 三位开发者的名字缩写）：是目前非对称加密算法中使用最为广泛的一个。

DSA（Digital Signature Algorithm，数字签名算法）：主要用来实现身份认证类应用，如常见的数字签名等，其算法的原理和 RSA 是相同的。

以上非对称加密算法目前主要的问题是执行的速度，使用非对称加密算法加解密数据比使用对称加密算法慢几个数量级，因此适合用在需要少量数据加解密的环境下，大批量数据的加密目前还是使用对称加密算法。

1）密钥交换

经过前面对数据加密的介绍，我们已经知道在双方需要大批量加密数据的时候，使用对称加密算法。如何在数据收发的两端安全地分发密钥就成了一个问题。比如我想使用密钥 cisco123 加密从发往分公司的数据，那么我如何将这个密钥安全地发送给的管理员呢？通过网络肯定存在被嗅探的危险，写信、打电话、发短信？这些途径也不能保证密钥在传输过程中 100%是安全的。因此如何在两端安全的交换密钥就成为实施安全加密连接的首要任务。

本节介绍 DH（Diffie-HellMan）算法，此算法可以完美的解决密钥交换问题。DH 算法利用了上节讲到的非对称密钥算法。需要双方拥有非对称密钥对才能完成对称密钥的交换，具体步骤如下：

（1）双方各自生成公钥/私钥对；

（2）双方发送自己的公钥给对方；

（3）双方利用对方发来的公钥和自己的私钥，通过 DH 运算得到密钥；

（4）双方使用 DH 运算得到的密钥进行数据加密。

DH 算法通过一个数学运算过程，可以确保双方通过 DH 运算得到的密钥是相同的。DH 算法的这个特性，使的加密数据的密钥不需要在两个对端之间传送，而是各自在本地计算得到，这样就避免了密钥被窃取的风险。

2）数据验证

在安全的数据传输中，除了要做到数据的私密性以外，还要能够验证数据来源本身的合法性，否则也会造成安全问题。这里举个例子说明数据验证的必要性：

假设现在从的路由器 R1 发送 10Mbit 的加密数据给的路由器 R2，这个加密过的数据在网络上被黑客窃取。虽然他不能够解密这些加密的数据，但是他可以使用同样的加密算法发送给路由器 R2 一大堆加密过的垃圾数据包。这将消耗路由器 R2 很多的 CPU 资源用来解密这些无用的数据包，导致路由器性能下降。

如果有了数据验证功能，就能避免这种情况的发生。常用的验证方法就是 HMAC（keyed-Hash Message Authentication Code，散列消息验证码）。HMAC 利用双方共享的对称密钥对数据进行验证，常见的 HMAC 算法有以下两种：

（1）MD5（Message Digest Algorithm MD5，消息摘要算法第 5 版）；

（2）SHA（Secure Hash Algorithm，安全散列算法）

3）其他

除了以上讲到的加密算法、密钥交换算法，在 VPN 技术应用的时候还会涉及到身份认证算法等。在实施大型企业的 VPN 方案时，会用到 CA（Certificate Authority，证书授权机构）、PKI（Public Key Infrastructure，公钥基础设施）等概念。这些概念读者可以查阅相关资料做进一步了解。

11.1.3　IPSEC 建立安全连接的两个阶段

1. IPSEC 第一阶段

IPSEC 第一阶段的建立：使用 ISAKMP/IKE 作为标准，完成管理连接的建立、保护，协商保护管理连接时使用的具体协议和算法，并利用这些算法完成设备的验证。具体过程如下：

1）ISAKMP/IKE 的传输集

IPSEC VPN 双方协商保护管理连接的一套策略，这套策略称为 ISAKMP/IKE 的传输集（Transform-set），传输集规定了如下的参数：

（1）加密算法：VPN 设备上常见的算法有 DES、3DES、AES。

（2）HMAC 类型：MD5、SHA。

（3）设备验证方法：预共享密钥、RSA 随机数加密、CA（Certificate Authority，证书颁发机构）。

（4）DH Group：Diffie-Hellman 密钥组的类型。

（5）生存期：管理连接存活的时间。

在一个 VPN 设备上，为了与多个 VPN 的对端建立连接，可以配置多个传输集，不同的传输集匹配不同的 VPN 对端。多个传输集在设备上存储时被标记不同的序号，一般序号数值小的优先级高。当设备需要与对端建立 VPN 连接时，会将自己的传输集列表发送给对端，对端首先从收到的列表中选择优先级高的传输集与自己本地列表中的传输集进行匹配，匹配的顺序也是优先级由高到低。如果对端本地的列表无法与远端发送过来最高优先级的传输集匹配，就会匹配次高优先级的传输集，直到找到一个双方匹配的传输集。

只有 VPN 的对端能够匹配传输集，才可能建立阶段 1 的管理连接。

2）密钥创建

在 VPN 对端匹配了传输集之后，第二步会使用 DH（Diffie-Hellman）算法创建 VPN 两端的密钥。

DH 是由 Whitefield 和 Martin Hellman 发明的一种密钥交换方法，这种密钥交换方法的优点是通过双方交换公钥并利用自己的私钥来完成密钥的生成，这样就避免了密钥在网络中传输时可能被黑客窃取的危险。

DH 定义了一系列的密钥组，不同的组对应不同的密钥长度，密钥长度越长加密强度越大，但是处理的速度会越慢。

3）身份认证

对对端设备进行身份验证，IPSEC 身份验证使用在步骤 1 中匹配的传输集中的方法：预共享密钥、RSA 随机数加密、CA 等。对设备的身份验证通过后，就会在两端建立起一个管理连接。

2. IPSEC 第二阶段

IPSEC 阶段二的主要目的是建立数据收发双方之间的数据保护连接。建立保护双方数据的连接步骤如下：

（1）双方协商确定使用哪种安全协议封装被保护的数据包。IPSEC 目前支持两种协议，分别是 AH 和 ESP：

① AH（Authentication Header，认证头）协议：AH 可以完成数据完整性校验和数据源认

证的功能。但是不能提供数据包加密，因此主要用在内网。

② ESP（Encapsulating Security Payload，封装安全载荷）：ESP 可以完成数据完整性校验和数据源认证功能，同时可以提供数据包加密，而且可以较好地支持 NAT 和 PAT，因此广泛的应用在互联网连接环境。

（2）确定数据连接工作模式。IPSEC 支持两种数据连接模式来保护数据，分别是传输模式和隧道模式。

① 传输模式：此模式主要用在两台设备之间的数据加密，因此应用的范围较小，配置不够灵活，使用较少。

② 隧道模式：此模式可以用在两个站点之间，例如本书企业网络环境下用来安全的连接和两个站点之间的网络。因此隧道模式配置更灵活，应用范围更广。

11.2　IPsec site-to-site VPN 的设计和实现

Site-to-site（站点到站点）VPN 适合用来安全地连接两个处于不同地理位置上的网络。在本书企业网络环境下的总公司和的分公司之间，就可以采用这种 VPN 来实现安全的数据访问。

配置一个站点到站点的 VPN，有以下步骤：

① 确定需要经过 VPN 保护的流量，并对这些流量进行定义。

② 配置 IPSEC 的阶段一参数。

③ 配置 IPSEC 的阶段二参数。

④ 将配置好的 IPSEC 参数组合成一个 crypto map 并应用。

下面以 8-5 的企业网背景为例,配置广总公司路由器 R1 和分公司路由器 R2 之间的 IPSEC VPN。

11.2.1　确定 VPN 保护流量

我们已经使用 GRE 技术将总公司和分公司的两个局域网连接在一起，路由器 R1 和 R2 之间的公司内网流量都是通过 GRE 协议的封装来实现的。不仅如此，两个路由器之间的动态路由协议数据包，也是依靠 GRE 协议的封装来完成交换的。

被 GRE 协议封装的流量,都应该被 IPSEC VPN 保护,那么哪些流量是不需要 VPN 保护呢？那些不属于公司内部的流量一般是不需要保护的，例如用户访问 Internet 上网站的流量等。如果这些不需要保护的流量也被 IPSEC 协议封装了，那么处于 Internet 上的网站服务器是无法识别这些加密流量的。因此对这些网站的访问将失败。

确定了哪些流量需要保护之后，下一步就是在路由器上定义这些流量。定义的方法是使用之前学习的 ACL。以下配置是在路由器 R1 定义需保护的 GRE 流量的步骤：

```
R1(config)#ip access-list extended vpn-Intranet
//新建一个基于名称的扩展访问控制列表，名称为 "vpn-Intranet"
R1(config-ext-nacl)#permit gre host 61.1.1.100 host 211.1.1.100
//允许源地址是 61.1.1.100 目标地址为 211.1.1.100 的 GRE 协议流量
```

在以上的 R1 的配置中，仅仅定义了需保护流量为从路由器 R1 的外网接口地址 61.1.1.100 到路由器 R2 外网接口地址 211.1.1.100 的 GRE 协议流量。这是因为所有的两个局域网流量都是通过 GRE 隧道实现的，因此在此例中只需要用 IPSEC 保护 GRE 隧道就行了。这相当于在 GRE

隧道的外面又"包裹"了一个 IPSEC 安全隧道。

11.2.2 配置 IPSEC 阶段一参数

在路由器上配置 IPSEC 参数前，需要检查路由器的 IOS 是否支持 IPSEC 特性。如果路由器的 IOS 支持 IPSEC，需要配置 IPSEC 第一阶段的以下参数：

1. ISAKMP/IKE 策略

配置 ISAKMP/IKE 策略的语法如下：

```
Router(config)#crypto isakmp policy pri_num
//创建一个 ISAKMP/IKE 策略，并指定策略优先级为"pri_num"
Router(config-isakmp)#encryption {des | 3des | aes}
//配置加密算法，这里可以选择 DES、3DES、AES 三种
Router(config-isakmp)#hash {sha | md5}//选择数据认证算法，可以选择 SHA 和 MD5 两种
Router(config-isakmp)#authentication {rsa-sig | rsa-encr | pre-share}
//选择身份认证方法，可选 RSA 的签名或加密随机字符串，还可以选预共享密钥
Router(config-isakmp)#group {1 | 2 | 5}
//选择 DH 组长度，这个值越长代表安全性越高，但同时消耗的设备 CPU 也越多
Router(config-isakmp)#lifetime sec_num
//配置管理连接的生命周期，默认是 86400 秒
```

根据以上配置语法，现在来配置总公司路由器 R1 的 IPSEC 第一阶段策略，配置步骤如下：

```
R1(config)#crypto isakmp enable
R1(config)#crypto isakmp policy 1
R1(config-isakmp)#authentication pre-share
R1(config-isakmp)#encryption aes
R1(config-isakmp)#group 2
R1(config-isakmp)#hash sha
R1(config-isakmp)#lifetime 3600
```

在以上的配置中，首先为 R1 启用了 ISAKMP/IKE，大部分支持 IPSEC 特性的路由器会默认启用。然后增加了一个 ISAKMP/IKE 策略，设置优先级为 1，并配置身份认证方法是预共享密钥，配置加密算法是 AES，DH 组类型为 2，哈希算法是 SHA，管理连接的声明周期为 1h。

这个 ISAKMP/IKE 策略一定要保持和对端相同，在本例中要保持和路由器 R2 的策略相同，才能建立起管理连接。如果需要连接第二个策略不同的分公司，则要继续添加策略。可以使用命令 show crypto isakmp policy 查看所有已配置的策略，以下是查看路由器 R1 的结果：

```
R1#show crypto isakmp policy
Global IKE policy
Protection suite of priority 1
        encryption algorithm: AES - Advanced Encryption Standard (128 bit keys).
        hash algorithm:       Secure Hash Standard
        authentication method: Pre-Shared Key
        Diffie-Hellman group:  #2 (1024 bit)
        lifetime:             3600 seconds, no volume limit
Default protection suite
        encryption algorithm:  DES - Data Encryption Standard (56 bit keys).
        hash algorithm:       Secure Hash Standard
        authentication method: Rivest-Shamir-Adleman Signature
        Diffie-Hellman group:  #1 (768 bit)
```

```
lifetime:              86400 seconds, no volume limit
```

从命令的输出中可以看到，除了刚刚增加的优先级为 1 的策略，还可以看到系统的一个默认策略，这个默认策略的优先级是最低的。

2. ISAKMP/IKE 身份验证

配置完 ISAKMP/IKE 策略后，接下来要配置身份认证的参数。在本书的企业环境下，只有一个分公司，因此最简单的是使用预共享密钥来完成身份认证。默认路由器会根据对端的 IP 地址来判断身份，如果一个路由器拥有多个外网接口地址，有可能需要用域名进行身份识别，配置的命令语法如下：

```
Router(config)#crypto isakmp identity {address | hostname}
```

根据此语法，现在配置总公司路由器 R1 使用 IP 地址进行身份识别，以下是配置命令：

```
R1(config)#crypto isakmp identity address
```

配置完身份认证的方法是预共享密钥后，还需要在 IPSEC 的两端设备指定这个预共享密钥，配置命令如下：

```
Router(config)#crypto isakmp key {0 | 6} passwords address peer_ipadd
Router(config)#crypto isakmp key {0 | 6} passwords hostname peer_hname
```

根据以上语法，现在配置总公司路由器 R1 与分公司路由器 R2 之间的预共享密钥为"vpn123"，以下是配置步骤：

```
R1(config)#crypto isakmp key 6 vpn123 address 211.1.1.100
```

配置与对端地址是 211.1.1.100 的预共享密钥为 vpn123，6 表示在本地配置中是加密的。

通过以上的配置步骤，完成了总公司路由器 R1 的 IPSEC 第一阶段配置。分公司路由器 R2 的 IPSEC 第一阶段配置类似。

11.2.3　配置 IPSEC 阶段二参数

配置 IPSEC 第二阶段的参数，主要是配置在数据连接中使用的加密算法、数据封装的模式及具体协议等。这些都是通过设置 Transform Sets（传输集）来实现的，以下是命令的语法：

```
R1(config)#crypto ipsec transform-set ts_name {ah_header | esp_header }
```

（1）crypto ipsec transform-set：新建一个 IPSEC 传输集。

（2）ts_name：代表自定一个的传输集的名字。

（3）{ ah_header | esp_header }：表示在数据保护的时候使用的封装协议，同时还要定义封装协议内对数据加密的具体算法，可选的参数及代表含义分别解释如下：

① ah_header：可选参数有两个 ah_md5_hmac 和 ah_sha_hmac，如果数据采用 AH 封装，认证算法可选的有 md5 和 sha。前面我们已经讲过 AH 不能加密数据，所以在广域网的环境下一般不选择。

② Esp_header：关于认证，可选的参数有 esp-md5-hmac 和 esp-sha-hmac 关于加密，可选的参数有 esp-des、esp-3des、esp-aes 等。

下面根据以上命令语法，配置路由器 R1 的传输集，配置步骤如下：

```
R1(config)# crypto ipsec transform-set vpn-Intranetesp-aes 128 esp-sha-hmac
//配置一个名称为"vpn-Intranet"的传输集，并规定使用 esp 封装
//加密算法采用 128 位的 AES，认证算法使用 sha
R1(cfg-crypto-trans)#mode tunnel    //配置数据封装采用隧道模式，这个是默认模式
```

11.2.4　配置 IPSEC 加密映射

配置完前面 IPSEC VPN 的保护流量及第一、二阶段的参数后，需要使用 crypto map（加密映射）将所有这些策略、参数等集合成一个整体。这个 crypto map 整体与 VPN 另外一端的 crypto map 共同构建一个完整的 IPSEC 应用。

建立一个 crypto map 的语法如下：

```
Router(config)#crypto map m_name m_num ipsec-isakmp
Router(config-crypto-m)#match address vpn_acl
Router(config-crypto-m)#set peer {peer_ip | peer_hname}
Router(config-crypto-m)#set transform-set ts_name
```

以下是对命令语法及参数的解释：

（1）crypto map：建立一个新的加密映射。

（2）m_name：加密映射的名字。

（3）m_num：加密映射的序号。

（4）ipsec-isakmp：支持 isakmp，可以实现密钥的自动分发。

（5）match address：这里指定哪些流量需要被保护，vpn_acl 代表之前建立的定义那些需要保护的流量的 ACL。

（6）set peer：这里以对端主机名或对端地址的方式指定加密映射的对端。

（7）set transform-sets：配置此加密映射使用的传输集。

根据以上命令语法，现在配置路由器 R1 的加密映射，以下是配置步骤：

```
R1(config)#crypto map vpn-Intranet1 ipsec-isakmp
% NOTE: This new crypto map will remain disabled until a peer
 and a valid access list have been configured.
//新建一个加密映射，指定名字为 "vpn-Intranet"，序号 "1"
R1(config-crypto-map)#match address vpn-Intranet
//指定通过 IPSEC 隧道的流量是 ACL "vpn-Intranet" 定义的流量
R1(config-crypto-map)#set peer 211.1.1.100
//设置对端地址为路由器 R2 的外网地址 211.1.1.100
R1(config-crypto-map)#set transform-set vpn-Intranet
//设置此加密映射使用的传输集是 "vpn-Intranet"
```

配置完路由器 R1 的加密映射后，可以使用命令 show crypto map 进行查看，以下是命令的输出结果：

```
R1#show crypto map
Crypto Map "vpn-Intranet" 1 ipsec-isakmp
        Peer = 211.1.1.100
        Extended IP access list vpn-Intranet
            access-list vpn-Intranetpermit gre host 61.1.1.100 host 211.1.1.100
        Security association lifetime: 4608000 kilobytes/3600 seconds
        PFS (Y/N): N
        Transform sets={
                vpn-Intranet,
        }
        Interfaces using crypto map vpn-Intranet:
```

配置完的加密映射要想最终生效，必须把加密映射应用到正确的接口上才行。在本例中需要将加密映射应用到路由器 R1 的外网出口，以下是配置命令：

```
R1(config)#interface fastethernet 0/0  //进入路由器接口 f0/0
R1(config-if)#crypto map vpn-Intranet  //将加密映射"vpn- Intranet"应用到此接口
R1(config-if)#
*Mar  1 02:17:28.007: %CRYPTO-6-ISAKMP_ON_OFF: ISAKMP is ON
//系统提示 ISAKMP 已经启动
R1(config-if)#
*Mar  1 02:17:30.327: %CRYPTO-4-RECVD_PKT_NOT_IPSEC: Rec'd packet not an
IPSEC packet.
(ip) vrf/dest_addr= /61.1.1.100, src_addr= 211.1.1.100, prot= 47
//因为此时路由器 R2 还没有配置 IPSEC 参数，所以系统提示收到一个非 IPSEC 数据包，此数据包源
地址为 211.1.1.100、目标地址为 61.1.1.100，协议号是 47(GRE 协议)。此数据包将会被丢弃
R1(config-if)#
*Mar  1 02:18:00.247: %OSPF-5-ADJCHG: Process 10, Nbr 1.1.1.2 on Tunnel0 from
FULL to DOWN, Neighbor Down: Dead timer expired
//因为分公司所有通过 GRE 的数据包都被丢弃了，因此两个路由器之间的 OSPF 邻居关系也中断了
```

到这里，总公司路由器 R1 的所有 site-to-site IPSEC 配置都完成了，接下来还需要配置分公司路由器 R2 的 IPSEC，以下是配置命令：

```
R2(config)#ip access-list extended vpn-subIntranet
R2(config-ext-nacl)#permit gre host 211.1.1.100 host 61.1.1.100
R2(config-ext-nacl)#exit

R2(config)#crypto isakmp policy 1
R2(config-isakmp)#authentication pre-share
R2(config-isakmp)#encryption aes
R2(config-isakmp)#group 2
R2(config-isakmp)#hash sha
R2(config-isakmp)#lifetime 3600
R2(config-isakmp)#exit
R2(config)#crypto isakmp identity address
R2(config)#crypto isakmp key 6 vpn123 address 61.1.1.100

R2(config)# crypto ipsec transform-set vpn-subIntranetesp-aes 128 esp-sha-hmac
R2(cfg-crypto-trans)#mode tunnel
R2(cfg-crypto-trans)#exit

R2(config)#crypto map vpn-subIntranet1 ipsec-isakmp
% NOTE: This new crypto map will remain disabled until a peer
and a valid access list have been configured.
R2(config-crypto-map)#match address vpn-subIntranet
R2(config-crypto-map)#set peer 61.1.1.100
R2(config-crypto-map)#set transform-set vpn-subIntranet
R2(config-crypto-map)#exit

R2(config)#interface fastethernet 0/0
R2(config-if)#crypto map vpn-subIntranet
R2(config-if)#
*Mar  1 00:11:17.023: %CRYPTO-6-ISAKMP_ON_OFF: ISAKMP is ON
R2(config-if)#
```

```
*Mar  1 00:11:37.651: %OSPF-5-ADJCHG: Process 10, Nbr 1.1.1.1 on Tunnel0 from
LOADING to FULL, Loading Done
```

我们可以看到，在完成了分公司 R2 的 site-to-site VPN 配置后，GRE 隧道接口 Tunnel0
与总公司路由器 R1 的 OSPF 邻居关系重新恢复。此时所有分公司局域网和总公司局域网中的
往返流量都会被 IPSEC 保护。

此时可以使用命令 show crypto isakmp sa 查看已经建立的管理连接状态，以下是在路由器
R1 上命令的输出：

```
R1#show crypto isakmp sa
dst             src             state           conn-id slot status
61.1.1.100      211.1.1.100     QM_IDLE              1    0 ACTIVE
```

可以使用命令 show crypto ipsec sa 查看已经建立的数据连接状态，以下是在路由器 R1 上
命令的输出：

```
R1#show crypto ipsec sa
interface: FastEthernet0/0
   Crypto map tag: vpn-Intranet, local addr 61.1.1.100
   protected vrf: (none)
   local  ident (addr/mask/prot/port): (61.1.1.100/255.255.255.255/47/0)
   remote ident (addr/mask/prot/port): (211.1.1.100/255.255.255.255/47/0)
   current_peer 211.1.1.100 port 500
   PERMIT, flags={origin_is_acl,}
   #pkts encaps: 51, #pkts encrypt: 51, #pkts digest: 51
   #pkts decaps: 49, #pkts decrypt: 49, #pkts verify: 49
   #pkts compressed: 0, #pkts decompressed: 0
   #pkts not compressed: 0, #pkts compr. failed: 0
   #pkts not decompressed: 0, #pkts decompress failed: 0
   #send errors 161, #recv errors 0

   local crypto endpt.: 61.1.1.100, remote crypto endpt.: 211.1.1.100
   path mtu 1500, ip mtu 1500
   current outbound spi: 0xF61AA590(4128941456)
   inbound esp sas:
   spi: 0x70F8A36D(1895342957)
   transform: esp-aes esp-sha-hmac ,
   in use settings ={Tunnel, }
   conn id: 2001, flow_id: SW:1, crypto map: vpn-Intranet
   sa timing: remaining key lifetime (k/sec): (4494244/3198)
   IV size: 16 bytes
   replay detection support: Y
   Status: ACTIVE

   inbound ah sas:
   inbound pcp sas:
   outbound esp sas:
```

```
    spi: 0xF61AA590(4128941456)
    transform: esp-aes esp-sha-hmac ,
    in use settings ={Tunnel, }
    conn id: 2002, flow_id: SW:2, crypto map: vpn-Intranet
    sa timing: remaining key lifetime (k/sec): (4494244/3197)
    IV size: 16 bytes
   replay detection support: Y
 Status: ACTIVE
 outbound ah sas:
 outbound pcp sas:
```

IPSec 连接涉及的参数非常多，因篇幅有限，还有一部分参数读者可以查阅相关资料，在此不再详细解释。

11.3 Cisco Esay VPN 的设计和实现

在 11.2 节我们已经配置了 Site-to-site VPN 保护了分公司和总公司之间的网络流量。但是，如果一个用户出差到外地，想要安全地访问分公司或者总公司内网的办公资源。这种情况下，Site-to-site 类型的 VPN 就不能满足要求了，需要配置在远程接入 VPN 。

远程接入 VPN 客户端的配置很容易，比如在用户的笔记本电脑上安装一个 Cisco 提供的远程接入 VPN 客户端软件，外地用户就可以很方便地通过 VPN 安全地访问到公司内网。这个过程并不会比用户在自己的计算机上登录 QQ 更难。

虽然该用户只需要简单一两个步骤就可以完成 VPN 的建立，但是作为公司的技术人员，却不得不在出口路由器上做大量的配置工作把其配置为远程接入 VPN 的服务器，这个配置工作的复杂程度大大超过 Site-to-site VPN 的配置，而且某些技术细节是在之前的 IPSEC 预备知识当中没有提到的。为简化配置，本节将使用 Cisco SDM（Security Device Manager，安全设备管理）来完成对 VPN 服务器的配置任务。SDM 是 Cisco 公司提供的全新图形化路由器管理工具，可以像 Windows 一样通过图形界面来完成 VPN 配置，Cisco 称之为 Easy VPN。

另外一点需要强调的是，Easy VPN 服务器不能配置在运行 GRE 隧道协议的接口上，因此不能在总公司路由器 R1 的外网口同时配置 GRE 和 Easy VPN 服务，但是同时配置 Easy VPN 服务和 Site-to-site 服务是可以的。如果需要同时支持 GRE 和 Easy VPN，可以通过增加一个广域网接口来实现。

11.3.1 用 SDM 配置路由器

使用 SDM 配置路由器的操作如下：

1. 安装 SDM 及其运行环境

在管理 PC 上安装 SDM 软件后，还需要安装 JRE（Java Runtime Environment，Java 运行环境）以支持 SDM 的运行。在本企业网环境下，把 SDM 软件和 JRE 安装在位于网管 VLAN 内，IP 地址为 172.16.60.11 的一台 PC 上。这台 PC 的操作系统是 Windows XP，启动 SDM 软件后，可以看到如图 11-1 所示的界面。

2. 远程连接管理路由器

在路由器 R1 上配置 loopback0 接口，地址设为 1.1.1.1/32。然后在图 11-1 所示界面选择启用 HTTPS 连接，这样使远程配置的过程更安全，但是要求路由器上打开 HTTPS Server 服务，可以在路由器上运行配置命令 ip http secure-server 来打开 HTTPS 服务，命令如下：

```
R1(config)# ip http secure-server
```

图 11-1　启动 HTTPS

然后，单击"启动"按钮，就会从这台 PC 远程连接到路由器 R1，如果连接成功可以看到图 11-2 所示的界面。从界面上可以看到路由器 R1 的软硬件配置信息、接口信息、路由信息等概要内容。

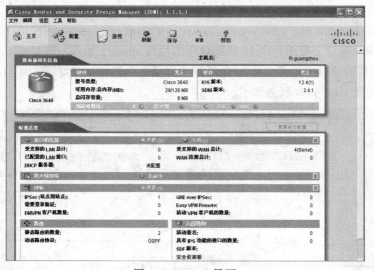

图 11-2　SDM 界面

11.3.2　配置 Easy VPN 服务器

使用 SDM 配置 Easy VPN 服务器的操作如下：

首先在图 9-2 的界面上单击"配置"按钮，然后单击左侧任务栏的 VPN，在 VPN 配置界面里单击"Easy VPN 服务器"可以看到图 11-3 所示的操作界面。

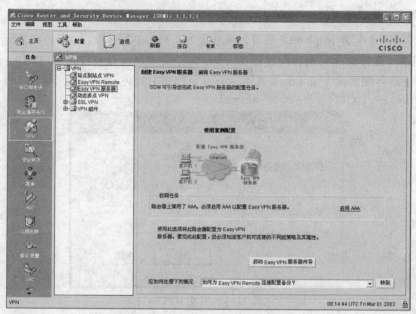

图 11-3　Easy VPN 服务器配置界面 1

　　界面上已经提示如果要配置 Easy VPN 服务器，必须先在路由器上启用 AAA（Authentication Authorization Accounting，认证、授权、记账）。启用 AAA 需要有 15 级的用户权限，因此需要先在路由器 R1 上配置一个 15 级别权限的用户，配置命令如下：

```
R1(config)#username admin privilege 15 secret admin123
```

　　以上命令在路由器上增加一个 15 级别权限的用户 admin，加密密码是 admin123。点击"启用 AAA"，在出现的窗口中单击"是"，最后单击"确定"按钮。可以看到图 11-4 所示的界面，已经可以开始配置 Easy VPN 服务器了。

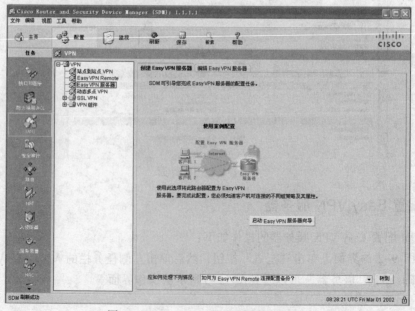

图 11-4　Easy VPN 服务器配置界面 2

在图 11-4 所示的界面中单击"启动 Easy VPN 服务器向导"按钮，然后单击"下一步"按钮，可以看到图 11-5 所示的界面，选择 Easy VPN 服务器的接口为 Ethernet0/0，选择验证方式为"预共享密钥"，然后单击"下一步"按钮，可以看到图 11-6 所示的界面。

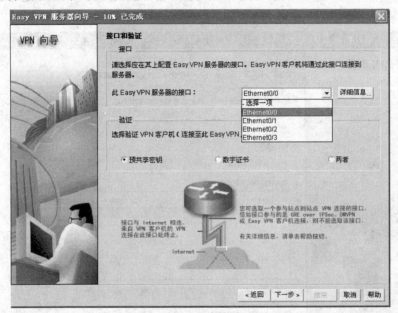

图 11-5　VPN 服务器配置向导

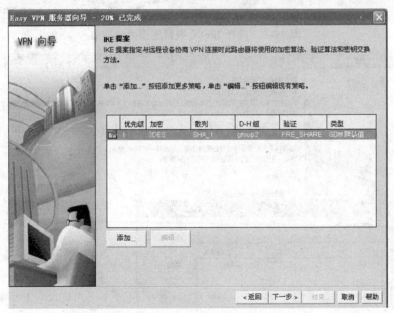

图 11-6　ISAKMP/IKE 策略选择界面

在图 11-6 所示的界面中选择 ISAKMP/IKE 策略，界面上只有路由器默认的策略，规定了加密算法是 3DES，哈希算法是 SHA，DH 组为 2，验证方法是预共享密钥。也可以通过 crypto isakmp policy 命令在 R1 上增加新的策略，然后在此界面单击"添加"按钮增加新策略替代默认策略。本例中保持默认策略然后单击"下一步"按钮，可以看到图 11-7 所示的界面。

在图 11-7 所示界面，需要选择 IPSEC 数据连接的转换集，这里也可以通过学过的命令 crypto ipsec transform-set 命令增加自定义的转换集。在本例中使用默认的转换集，然后单击"下一步"按钮，可以看到"组策略查找方法"的界面，选择默认的值"仅限本地"，然后单击"下一步"按钮，可以看到图 11-8 所示的界面。

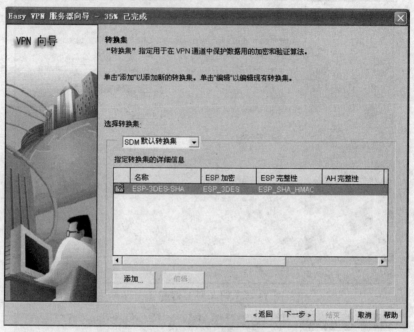

图 11-7　选择 IPSEC 数据连接的转换集

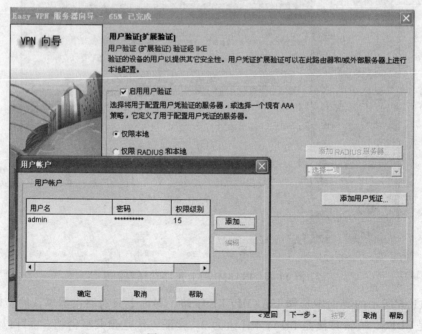

图 11-8　用户验证界面

在这里主要是配置 IPSEC 的扩展验证步骤，可以在这一步添加用户，在用户建立 VPN 连接的时候增加基于用户名、密码的验证。单击"添加用户凭证"按钮，然后添加一个新的用户，名称为 user1，密码为 user123。然后单击"下一步"按钮，看到图 11-9 所示的组策略配置界面。

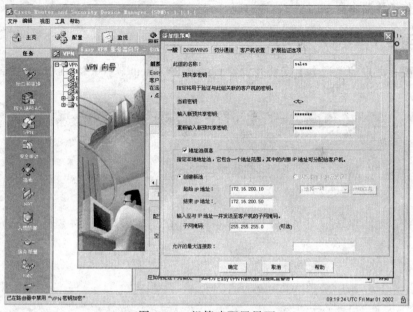

图 11-9   组策略配置界面

在这个界面上单击"添加"按钮，然后配置组名为 sales，预共享密钥为 easy123。为了给客户端动态分配地址，创建新 IP 地址池，范围是从 172.16.200.10 到 172.16.200.50，子网掩码为 255.255.255.0，然后单击"确定"按钮，单击"下一步"按钮，可以看到图 11-10 所示的配置界面。

图 11-10   配置汇总界面

这个界面指示 Easy VPN 服务器的配置已经完成了，可以在此界面查看之前配置的所有参数，如果没有错误，可以单击"结束"按钮完成这个配置。SDM 会根据刚才的配置，自动生成所需的命令传送给路由器 R1。

11.3.3 Easy VPN 客户端配置

首先需要在用户的笔记本上安装并设置 Cisco VPN Client 软件，首次执行的界面如图 11-11 所示。

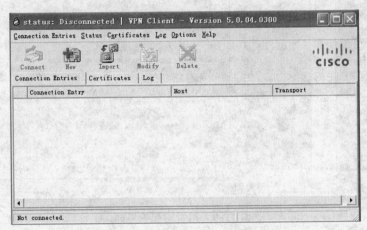

图 11-11 Cisco VPN Client 界面

在图 11-11 的界面上单击 New 按钮，出现新建 VPN 连接的配置界面，如图 11-12 所示。需要配置如下参数。

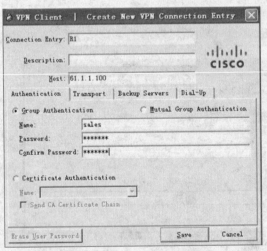

图 11-12 新建 VPN 连接配置界面

（1）Connection Entry：给配置文件命名，此处命名为 R1。

（2）Host：指定远程 Easy VPN 服务器的访问接口，此例中为路由器 R1 的外网接口 61.1.1.100。

（3）Group Authentication：组认证填写在配置 Easy VPN 服务器的组策略时创建的组 sales 和对应的密码 easy123。

配置完以上参数后，单击 Save 按钮保存，可以看到图 11-13 所示的界面，

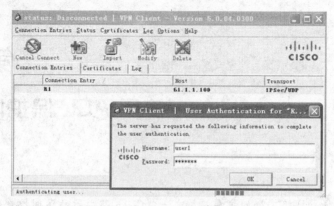

图 11-13　VPN 客户端登录界面

界面上已经可以看到刚才配置的 R1 的连接条目了，双击该条目，弹出需要输入用户名密码的窗口。在这里输入之前在路由器 R1 上增加的普通账号 user1 和密码 user123，然后单击 OK 按钮。可以看到现在桌面的右下角有已经连接 VPN 的图标。

在外网的计算机上使用 ping 命令测试一个公司的内网地址，如果能通，可以证明外网的计算机已经通过 Easy VPN 服务器访问到内网了，如图 11-14 所示。

图 11-14　对 VPN 连接的测试

客户端配置完成后，以后要安全访问公司内网时，只须输入自己的账号密码就可以完成 IPSEC VPN 的连接了。正如它的名字一样，确实是非常的"Easy"。

思考与动手

用 SDM 完成对路由器的 Easy VPN 服务器配置后，在路由器上用特权命令 show running-config，查看并分析各个命令行的含义。

第 12 章

使用 ACL 保护网络安全

【内容概要】

使用防火墙是保护网络安全的主要措施之一，Cisco 路由器的访问控制列表 ACL 配置功能使其可作为包过滤防火墙使用。同时，其路由器中使用的基于上下文的访问控制 CBAC 技术，则使得其比简单的包过滤防火墙功能有所提升，具有状态检测防火墙的基本功能。

访问列表分为简单 ACL 和复杂 ACL，前者包括基本 ACL 和扩展 ACL，基本 ACL 基于源 IP 地址对数据包进行过滤，扩展 ACL 基于源、目标 IP 地址和协议等对数据包进行过滤。简单 ACL 通常用列表编号或名称来标识 ACL。

复杂 ACL 包括动态 ACL、时间 ACL、自反 ACL 和 CBAC。复杂 ACL 通常使用名称来标识。

ACL 要绑定在路由器的接口上，以对传入或传出路由器的数据包使用 ACL 条目（允许或拒绝数据包通过的规则），在一个端口的一个方向上，只能绑定一个 ACL。

【学习目标】

（1）学会使用通配符掩码；

（2）学会配置标准 ACL、扩展 ACL。

12.1　网络的安全防护

计算机网络提供了本地或远程共享和传输数据的能力。也正因为如此，网络又面临安全风险，因为数据可能被窃取、篡改或删除。

对于一个 Intranet，安全风险可能来自 Intranet 内部，也可能来自外部。对来自外部的风险，首选防火墙技术进行防范。

12.1.1　防火墙

防火墙的名字非常形象，在网络中的地位如它的名字一样，它是一道安全之墙。根据网络安全等级和可信任关系，将网络划分成一些相对独立的子网，两侧间的通信受到防火墙的检查控制。它可以根据既定的安全策略允许特定的数据包通过，同时把安全策略不允许的数据包隔离开来。

1. 防火墙在网络中的位置与作用

根据防火墙的物理位置，可把其分为外部防火墙和内部防火墙。外部防火墙位于 Intranet 与 Internet 之间或 Intranet 与 Intranet 之间，内部防火墙则位于 Intranet 内部各个子网之间。

防火墙无法防止来自防火墙内侧的攻击。

防火墙对各种已知类型攻击的防御有赖于防火墙的正确的配置；对各种最新的攻击类型的防御则取决于防火墙软件更新的速度和相应的配置更新的速度。

防火墙一方面阻止来自 Internet 的对 Intranet 的未授权或未验证的访问，另一方面允许内部网络的用户对 Internet 进行访问，还可作为访问的权限控制关口，如只允许 Intranet 内的特定的人可以出访。防火墙同时还具有一些其他功能，如进行身份鉴别，对信息进行加密处理等。

防火墙不仅可用于对 Internet 的连接防护，也可以用来在 Intranet 之间和 Intranet 内部保护重要的设备和数据。对受保护数据的访问都必须经过防火墙的过滤，即使该访问是来自 Intranet 内部。防火墙保护的最小单元可以是单台主机，这时在该机上安装防火墙软件。

当外部网络的用户访问网内资源时，要经过防火墙；而内部网络的用户访问网外资源时，也会经过防火墙。这样，防火墙就起到了一个 "滤网" 的作用，可以将需要禁止的数据包在这里过滤掉。

2. 网络层防火墙与应用层防火墙

通常可把防火墙分为网络层防火墙和应用层防火墙。

1）网络层防火墙

网络层防火墙主要获取数据包的包头信息，如协议号、源地址、目的地址和目的端口等，或者直接获取包头的一段数据，经过与既定策略比较后确定数据包的取舍。网络层防火墙主要的功能如下：

（1）包过滤（Packet Filter）

对每个数据包按照用户所定义规则进行过滤，可基于包的源地址、目的地址、端口号和协议等制定规则，然后应用规则对传入或传出防火墙的数据包进行检测，并按照规则放行或丢弃。包过滤不管会话的状态，也不分析数据。如用户规定允许端口号是 80 或者大于等于 1 024 的数据包通过，则只要端口号符合该条件的包，便可以通过防火墙。

（2）网络地址转换 NAT

地址转换位于一台 NAT 设备（代理服务器或路由器）上。它的机制是将网内主机的 IP 地址和端口替换为 NAT 设备的 IP 地址和端口。例如，一个公司内部网络的地址是 192.168.33.0 网段，而公司对外的合法 IP 地址是 201.88.16.1～201.88.160.6 被配置在 NAT 设备上，则内部的某主机以源地址和端口 192.168.33.10:4001 通过浏览器以访问 Internet 上的某一 Web 服务器时，在通过 NAT 设备后，请求包的源 IP 地址和端口可能被替换为 201.88.16.1:4001。在 NAT 设备中维护着一张地址对应表，当外部网络的 Web 服务器返回响应包时，NAT 设备会将此包的目标 IP 地址和端口替换为内部网络的 IP 地址和端口 192.168.33.10:4001。NAT 阻断了所有的、内外部网络的直接访问，所有的通信都必须通过它来 "代理" 实现。这样就可起到对特定资源的保护作用。

（3）增强功能的包过滤防火墙——状态检测防火墙

包过滤防火墙对数据包的过滤完全基于包本身包含的信息，如源地址、目的地址、端口号等。它并不关心包的状态和动态过程，如包在信息流中的位置等。

状态/动态检测防火墙，则在包过滤的基础上，使用一组附加的标准，比如记录已有的网络连接、数据的传出请求等，跟踪源和目的地址、传输控制协议（TCP）序列号、端口号和每个数据包的附加 TCP 标志。只有存在已确定连接关系的正确的连接时，访问才被允许通过。例如：如果传入的包包含视频数据流，而防火墙可能已经记录了有关信息，即关于位于特定 IP 地址的应用程序最近向发出包的源地址请求视频信号的信息。如果传入的包是要传给发出请求的相同系统，防火墙进行匹配，包就被允许通过；若该包要传到的目标虽然是规则所允许的，但是该系统并未发出过相应请求，则该包仍然会被丢弃。

2）应用层防火墙

应用层防火墙则对整个应用信息流进行分析，然后按既定策略确定数据包的取舍。通常所说的代理（Proxy）服务器就是典型的应用层防火墙。

Proxy 服务器是指对应用程序的代理服务。该种防火墙不允许在它连接的网络之间直接通信。它是接受来自内部网络特定用户应用程序的通信，然后自己与公共网络服务器建立连接。网络内部的用户不直接与外部的服务器通信，所以外部服务器不能直接访问内部网的任何一部分。

Proxy 服务器位于内部网络与外部网络之间，客户端需要访问外部网络时，会把请求提交给 Proxy 服务器，代理服务器检验此请求是否是允许的应用服务，如果是，Proxy 服务器把相关应用服务请求以自己的名义发往位于外网的服务器目标，获得响应后将结果回传给客户端；如果不是，则丢弃此请求数据包。比如 HTTP 服务代理，Peoxy 服务器解析出请求的方向，然后以自己的身份，把这个请求发送给远端的 Web 服务器，远端数据返回以后，它又以自己的身份把数据传送给客户端。

同时，Proxy 服务器还会把这些数据放到 Cache 中，如果其他客户端有相同的被允许的内容请求，就直接从 Cache 中拿数据，而不用再向互联网上的服务器请求数据。

实际的高端防火墙产品通常兼有以上各类防火墙的功能。现在的防火墙产品已经呈现出一种集成多种功能的设计趋势，包括 VPN、AAA、PKI、IPSec 等附加功能，甚至防病毒、入侵检测这样的主流功能，都被集成到防火墙产品中了，已经逐渐向普遍被称之为 IPS（入侵防御系统）的产品转化了，例如 Csico 的 ASA IPS 防火墙。

3）个人防火墙

个人防火墙是一种能够保护个人计算机系统安全的软件，也属于应用层的防火墙。它可以直接在用户的计算机上运行，监视传入传出网卡的所有网络通信，保护一台计算机免受攻击。

3. 硬件防火墙与软件防火墙

防火墙产品按形态又可分为硬件防火墙和软件防火墙。防火墙的功能都是靠软件来实现，所谓硬件防火墙是指软件固化在存储器芯片中的防火墙；所谓软件防火墙则是指需要安装在通用计算机上才能使用的防火墙软件。

12.1.2　路由器的防火墙功能

路由器的主要功能是发现到达目标网络的路径，但也可用做防火墙，算是一种功能较为简单的硬件防火墙。

一般路由器的防火墙功能主要是基于包过滤和网络地址转换 NAT，同时也支持对数据包的状态检测，如基于上下文的访问控制。

此外，路由器还能提供其他一些安全防护功能，如 AAA（Authentication、Authorization and Accounting，验证、授权和记账）等。

12.2 ACL 配置

路由器的包过滤是通过配置访问控制列表（Access Control List，ACL）来实现的。路由器配置 ACL 可以控制网络流量，按规则过滤数据包，提高网络的安全性。

12.2.1 两种简单的 ACL

当外部数据包进或出路由器的某个端口时，路由器首先检查该数据包是否可以传送出去，该端口中定义了数据包的过滤规则，如果包过滤规则不允许该数据包通过，则路由器将丢掉该数据包；否则该数据包通过路由器。

包过滤规则又称为访问控制列表或访问列表 ACL。对于 IP，IPX 或 Apple Talk 网络，其过滤规则有差异，IP 网络的称为 IP 访问列表。简单的 IP 访问列表有两种，包括：

标准 IP ACL：该种包过滤规则只对数据包中的源地址进行检查。

扩展 IP ACL：该种包过滤规则对数据包中的源地址、目的地址、协议（如 TCP，UDP，ICMP，Telnet，FTP 等）或者端口号进行检查。

还有其他较为复杂的 ACL 类型，将在 12.3 讨论。

1. 标准 IP ACL 与通配符掩码

1）标准编号 ACL

标准编号 ACL 使得路由器通过对源 IP 地址的识别来控制对来自某个或某一网段的主机的数据包的过滤。在全局配置模式下，标准 IP ACL 的命令格式为：

```
Router(config)#access-list access-list-number deny | permit source
[wildcard-mask] [log]
```

该命令的含义为：定义某编号访问列表，允许(或拒绝)来自由 IP 地址 *source* 和通配符掩码 *wildcard-mask* 确定的某个或某网段的主机的数据包通过路由器。其中：

（1）access-ist-number 为列表编号，取值 1～99。Cisco IOS 软件第 12.0.1 版扩大了编号的范围，允许使用 1300 到 1999 的编号，从而可以定义最多 799 个标准 ACL。这些附加的编号称为扩充 IP ACL。

（2）deny | permit 意为"允许或拒绝"，必选其一，source-ip-address 为源 IP 地址或网络地址；wildcard-mask 为通配符掩码。

为了增加可读性，对某条访问列表可进行 100 个字符以内的注释，查看访问列表时，注释命令和内容一同显示。注释命令的格式为

（3）access-list *access-list-nunmber* remark *注释内容*。

（4）log，一旦选取该关键字，则对匹配条目的数据包生成日志消息并发送到控制台。

2）标准命名 ACL

除了基于编号来标识 ACL 外，还可以基于名称来标识。基于名称来标识的 ACL 称为命名 ACL。命名 ACL 让人更容易理解其作用，例如，用于拒绝 HTTP 的 ACL 可以命名为 NO_HTTP。命名 ACL 还便于添加、插入或删除 ACL 中的条目。而编号 ACL 则只能将新的条目

增加到现有 ACL 的底部。

命名时，名称中可以包含字母、数字，而且必须以字母开头。名称中不能包含空格或标点（"_"除外）。

当使用名称而不是编号来标识 ACL 时，配置模式和命令语法略有不同。配置步骤和命令格式如下所示。

（1）创建命名 ACL。Router(config)# ip access-list standard|extended *name* // *name* 是字母或数字或二者混合，必须唯一而且不能以数字开头，回车进入命名 ACL 配置模式。

（2）在命名 ACL 配置模式下，使用 permit 或 deny 语句指定一个或多个条件，以确定数据包应该转发还是丢弃。Router(config-std-nacl)#[*number*] permit|deny|remark [*source wildcard-mask*]//number 是语句编号，为正整数，若不写出则系统自动从 10 开始，以 10 为间隔依次对每条语句编号（用 shows access-lists 命令查看配置时显示编号和语句）。

使用 remark 则是对该条语句进行注释。

3）通配符掩码

通配符掩码的作用与子网掩码类似，与 IP 地址一起使用。如果说子网掩码主要用于确定某个或某些 IP 地址的网络地址，那么通配符掩码则主要用于确定某个网络所包含的 IP 地址。

（1）运算规则。通配符掩码也是 32 bit 的二进制数，与子网掩码相反，它的高位是连续的 0，低位是连续的 1。它也常用点分十进制来表示。

IP 地址与通配符掩码的作用规则是：32 bit 的 IP 地址与 32 bit 的通配符掩码逐位进行比较，通配符为 0 的位要求 IP 地址的对应位必须匹配，通配符为 1 的位所对应的 IP 地址的位不必匹配，可为任意值（0 或 1）。例如：

IP 地址 192.168.1.0 | 11000000 10101000 00000001 00000000
通配符掩码 0.0.0.255 | 00000000 00000000 00000000 11111111

该通配符掩码的前 24 位为 0,对应的 IP 地址位必须匹配，即必须保持原数值不变。该通配符掩码的后 8 位为 1,对应的 IP 地址位不必匹配，即 IP 地址的最后 8 位的值可以任取，就是说，可在 00000000～11111111 之间取值。换句话说，192.168.1.0 0.0.0.255 代表的就是 IP 地址 192.16.8.1.1～192.168.1.254 共 254 个。

又如：

IP 地址 128.32.4.16 | 10000000 00100000 00000100 00010000
通配符掩码 0.0.0.15 | 00000000 00000000 00000000 00001111

该通配符掩码的前 28 位为 0，要求匹配，后 4 位为 1，不必匹配。即是说，对应的 IP 地址前 28 位的值固定不变，后 4 位的值可以改变。这样，该 IP 地址的前 24 位用点分十进制表示仍为 128.32.4，最后 8 位则为 00010000～00011111，即 16～31。

即 128.32.4.16 0.0.0.15 代表的是 IP 地址 128.32.4.16～128.32.4.31 共 16 个。

（2）使用举例：

实例 12-1   全零的通配符掩码 123.1.2.3 0.0.0.0。

全 0 的通配符掩码要求对应 IP 地址的所有位都必须匹配。故表示的就是 IP 地址 123.1.2.3 本身，在访问列表中亦可表示为 host 123.1.2.3。

实例 12-2　0.0.0.0 255.255.255.255。

全 1 的通配符掩码表示对应的 IP 地址位都不必匹配。也就是说，IP 地址可任意。故例中表示的就是任意的主机 IP 地址，在访问列表中亦可表示为 any。

实例 12-3　123.12.0.0 0.0.255.255。

表示网络 123.12.0.0 中的所有主机的 IP 地址。注意 123.12.$x.y$ 0.0.255.255 同样表示 123.12.0.0 网络中所有的 IP 地址，其中 x=0～255，y=0～254。即 123.12.5.6 0.0.255.255 与 123.12.0.0　0.0.255.255 代表同样的意思。

实例 12-4　123.12.0.1 0.0.255.254。

表示网络 123.12.0.0 中最低字节为奇数的 IP 地址。如 123.12.0.1，123.12.0.3，… 123.12.255.251，123.12.255.253。

2．扩展 IP ACL

扩展访问列表除了能与标准访问列表一样基于源 IP 地址对数据包进行过滤外，还可以基于目标 IP 地址、协议或者端口号（服务），对数据包进行控制。使用扩展 ACL 测试数据包可以更加精确地控制流量过滤，提升网络安全性。例如，扩展 ACL 可以允许从某网络到指定目的地的电子邮件流量，同时拒绝文件传输和网页浏览流量。扩展 ACL 也是既可以使用编号也可以使用名称来标识。其编号在 100 到 199 之间，以及 2000 到 2699 之间。

扩展编号 ACL 命令格式为

```
Router(config)#access-list access-list-number deny|permit|remark protocol
source [source-wildcard-mask] [operator port|protocol-name] destination
[destination-wildcard-mask] [operator port|protocol-name] [established]
[echo-reply]
```

扩展命名 ACL 命令格式为

```
Router(config)#ip access-list extended name
Router(config-ext-nacl)#deny|permit|remark protocol source [source-wildcard-mask]
[operator port|protocol-name]destination [destination-wildcard-mask] [operator
port| protocol-name] [established] [echo-reply]
```

各参数的含义如表 12-1 所示。

表 12-1　IP 访问列表的参数及含义

关键字或参数	含　　义
Protocol	协议或 协议标识关键字，包括 ip、eigrp、ospf、gre、icmp、igmp、igrp、tcp、udp 等
Source	源地址或网络号
source-wildcard-mask	源通配符掩码
Destination	目标地址或网络号
destination- wildcard-mask	目标通配符掩码
access-list-number	访问列表号，取值 100～199；2000～2699
operator port‖protocol-name	Operator 操作符，可用的操作符包括 lt（小于）、gt（大于）、eq（等于）、neq（不等于）和 range（范围）；port 协议端口号，protocol-name 协议名
established	仅用于 TCP 协议，指示已建立的 TCP 会话
echo-relpy	仅用于 icmp 协议，指示 Ping 应答

operator port/protocol-name 用于限定使用某种网络协议的数据包的端口或协议名称或关键字，例如：

```
eq 21|ftp 和 eq 20|ftpdata//限定使用 TCP 协议的数据包的端口为 21、20 或协议名称为 FTP
或关键字为 ftpdata
eq 80|http|www//限定使用 TCP 协议的数据包的端口为 80，或协议名为称为 http 或关键字为
www
```

部分常用的协议及其端口号如表 12-2 所示。

表 12-2　常用的协议及其端口号

协议名称	TCP	Echo	UDP	FTP	Telnet	SMTP	TAC
端口号	6	7	17	21	23	25	49
协议名称	DNS	Finger	HTTP	POP2	POP3	BGP	Login
端口号	53	79	80	109	110	179	513

ACL 定义了一组规则，用于对传入或传出的数据包施加额外的控制。ACL 对路由器自身产生的数据包不起作用。一条 ACL 可以包含一系列检查条件。即可以用同一标识号码定义一系列 access list 语句，路由器将从最先定义的条件开始依次检查，如数据包满足某个语句的条件，则执行该语句；如果数据包不满足规则中的所有条件，Cisco 路由器默认禁止该数据包通过，即丢掉该数据包。也可以认为，路由器在访问列表最后隐含一条禁止所有数据包通过的语句。

12.2.2　IP ACL 的绑定与配置举例

配置标准或扩展 IP ACL 后，需要再把列表放置（绑定）在路由器的某个（些）接口上，以检查过滤从这（些）接口进或出的数据包。当数据包满足某个 ACL 条目的条件时，就称为反生了一个匹配（match）。ACL 的绑定在接口配置模式下进行。既可以在传入数据包的路由器接口、也可以在传出数据包的接口绑定 ACL。可以将一个 ACL 绑定到多个接口，但是，每种协议（IP 或 IPX 等）、每个方向和每个接口仅允许存在一个 ACL。

绑定端口的命令格式为：

```
ip access-group access-list-number|name out | in
```

其中，access-list-number 为访问列表号，out 表示对数据包在从路由器出去的接口上进行检查，in 则表示在数据包进入路由器的接口上进行检查。Cisco 路由器默认的是在传出接口上对数据包进行检查。

1. 标准 IP ACL 配置举例

实例 12-5　在图 12-1 所示的网络中，在 R1 上配置标准 ACL 实现要求：网段 1 上只允许主机 172.17.0.110/24 访问 Internet，网段 1 不可以访问网段 2；网段 3（172.16.0.0/24）可以访问网段 2 但不能访问 Internet；网段 2 可以访问 Internet。试写出访问控制列表配置。

配置思路：用 R2 模拟 Internet，配置一环回口 Lo0 用于测试。首先配置两路由器，使得网络各个网段均相互连通，可在各个以太网段中各配置一台计算机用于测试（图 12-1 中没有画出）。

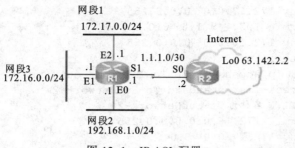

图 12-1　IP ACL 配置

由于是标准 ACL, 只能对源地址进行过滤, 故配置一个列表编号可能不能实现要求, 需要配置多个编号。由于访问控制的源和目标在路由器的多个接口上, 故可能需要在多个接口上绑定 ACL 规则。

在 R1 上的接口地址、时钟和路由协议或静态路由配置请读者自己完成。下面只列出有关 ACL 的配置。

1）配置对 Internet 的 ACL

```
R1(config)#access-list 10 permit 172.17.0.110  0.0.0.0
//允许该主机访问 Internet
R1(config)#access-list 10 deny 172.17.0.0  0.0.0.255
//其余主机不可访问 Internet(主机 172.17.0.110 的包已经匹配了第一行规则)
R1(config)#access-list 10 permit 192.168.1.0  0.0.0.255
//网段 2 可以访问 Internet
R1(config)#access-list 10 deny 172.16.0.0  0.0.0.255
//网段 3 不可以访问 Internet
```

最后系统会自动执行隐含语句 access-list 10 deny any, 故上面第 2、4 两行可不显式写出。以上规则绑定在 R1 的 S1 口, 对去往 Internet 的数据包进行检查控制:

```
R1(config)#interface s0
R1(config-if)#ip access-group 10 out
```

2）配置对网段 2 的 ACL

```
R1(config)#access-list 20 permit 172.16.0.0 0.0.0.255 //网段 3 可以访问网段 2
R1(config)#access-list 20 deny 172.17.0.0 0.0.0.255 //网段 1 不可以访问网段 2
R1(config)#access-list 20 permit any //注意这行, 是允许从 Internet 返回的流量
R1(config)#interface e0
R1(config-if)#ip access-group 20 out
//在 E0 口绑定 ACL,对传出到网段 2 的数据包进行检查控制
```

3）测试验证

从各网段计算机用 ping 命令进行测试, 验证 ACL 配置是否实现;

使用特权执行命令 show accss-lists, 可看到数据包与 ACL 规则匹配的情况, 显示允许或拒绝的包的地址、数量。

2. 命名 ACL 配置

若使用命名 ACL, 则配置为

```
R1(config)#ip access-list standard To-Internet  //配置标准 IP ACL , 名称为
To-Internet
R1(config)#permit 172.17.0.110  0.0.0.0 //
```

```
R1(config)#deny 172.17.0.0  0.0.0.255
R1(config)#permit 192.168.1.0  0.0.0.255
R1(config)#deny 172.16.0.0  0.0.0.255
R1(config)#interface s0
R1(config-if)# ip access-group To-Internet out
R1(config)#access-list standard To-SubNetwork-2
//配置标准IP ACL，名称为To-SubNetwork-2
R1(config)#permit 172.16.0.0 0.0.0.255
R1(config)#deny 172.17.0.0  0.0.0.255
R1(config)#permit any                        //允许从Internet返回的流量
R1(config)#interface e0
R1(config-if)#ip access-group To-SubNetwork-2 out   //在E0口绑定ACL规则
```

实例 12-6 在如图 12-1 所示的网络中，若要求只允许网段 2 的主机使用 Telnet 登录路由器，试进行访问控制配置。

配置如下：

```
R1(config)#access-list 30 permit 192.168.1.0  0.0.0.255 //建立访问列表30号
R1(config)#line vty 0 4                      //建立0~4号共5个虚拟终端接口
R1(config)#password ciscoshi
R1(config)#login
R1(config-line)#access-class 30 in  //把30号访问列表绑定在虚拟接口上
//注意绑定在虚拟接口命令是access-class而不是ip access-group
```

12.2.3 实训 扩展 IP 访问列表配置

主要设备：Cisco 2600 路由器 2 台，2960 交换机 4 台，计算机 4 台。

网络拓扑：按照图 12-2 所示拓扑连接网络。每个以太网段连接一台计算机（位于网段 1~3 的 3 台未画出）。

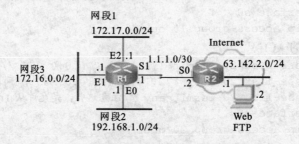

图 12-2 配置扩展 ACL 的网络

具体要求：改用扩展 ACL 实现实例 12-1 的访问控制要求，并附加如下限制：网段 2 中 192.168.1.0/28 子网的主机可以访问 Internet 的任何服务，其余子网的主机只能访问 63.142.2.2 的 Web 和 FTP 服务。为便于验证，重画拓扑于图 12-2 中并在 R2 的以太网添加了一台 Web 和 FTP 服务器。

操作步骤

1. 配置连通网络

配置路由器地址、路由，配置计算机 IP 参数等，连通网络。

2. 配置 ACL

```
R1(config)#access-list 100 permit ip host 172.17.0.110 any
R1(config)#access-list 100 permit ip 192.168.1.0 0.0.0.15 any
```

```
//允许 192.168.1.0/28 访问所有服务
R1(config)#access-list 100 permit tcp 192.168.1.0 0.0.0.255 any eq 80
//允许其余子网访问 http
R1(config)#access-list 100 permit tcp 192.168.1.0 0.0.0.255 any eq 443
//允许其余子网访问 https
R1(config)#access-list 100 permit tcp 192.168.1.0 0.0.0.255 any eq 21
//允许其余访问 FTP 控制端口
R1(config)#access-list 100 permit tcp 192.168.1.0 0.0.0.255 any eq 20
//允许其余子网访问 FTP 数据端口
//以上配置的是对目标是 Internet 的 ACL，对 FTP 服务器的访问需要配置上面两行
//下面配置对目标是网段 2 的 ACL，注意使用了相同的 ACL 编号 100
R1(config)#access-list 100 permit ip 172.16.0.0 0.0.0.255 192.168.1.0
0.0.0.255
R1(config)#access-list 100 deny 172.17.0.0 0.0.0.255 192.168.1.0 0.0.0.255
R1(config)#access-list 100 permit any 192.168.1.0 0.0.0.255
//允许从 Internet 返回的流量
```

3. 绑定 ACL

```
R1(config)#interface s1
R1(config-if)#ip access-group 100 out
//在 S1 口绑定 ACL 规则，检查控制传往 Internet 的流量
R1(config)#interface e0
R1(config-if)#ip access-group 100 out
//在 E0 口绑定 ACL 规则，检查控制来自网段 1 和网段 3 的，以及从 Internet 返回的流量
```

注意到对网段 2 的 ACL 实际只有最后 3 条规则，但 E0 口会把这 3 条前面的每条规则都依次应用，检查传出的数据包，无谓占用资源。在实际的网络工程环境，需要对防火墙规则进行优化。在本例中，明显可以采取的措施就是配置两个编号的 ACL，针对目标是 Internet 的访问控制用一个编号，针对目标是网段 2 的用另外一个编号，把原来的 100 号里的规则条目拆分到这两个编号的 ACL 里，然后分别绑定在 S1 和 E0 接口。

4. 测试验证

从地址属于 192.168.1.0/28 的主机能访问主机 63.142.2.2 的 Web、FTP 服务和其他服务，比如还可以 ping 通主机 63.142.2.2。而 192.168.1.0/24 的其他子网的主机则只能访问 Web 和 FTP，不能 ping 通 63.142.2.2。

使用特权执行命令 show accss-lists，可以看到规则匹配的情况。

规则的执行细节请读者自己思考、完成测试。

12.3　复杂 ACL 配置

标准和扩展的 ACL 是属于比较简单的防火墙机制，Cisco 路由器除了这两种 ACL 外，还有称为复杂 ACL 的防火墙机制，包括动态 ACL、时间 ACL、自反 ACL 和基于上下文的访问控制 CBCA，关于 CBCA 请参阅 Cisco 公司有关技术文档或有关书籍，这里只通过例子简单介绍前三种 ACL。

把"实训 扩展 IP 访问列表配置"的任务再附加一个限制条件，拒绝 Internet 对路由器 R1 所在内网的访问。完成配置。

需要注意的是，不能简单地使用拒绝语句，因为拒绝了 Internet 对 R1 内网的访问，则 R1 所在内网访问 Internet 的返回流量也就返回不了，导致内网也不能访问 Internet。

对于使用 TCP 协议的服务，一个做法是使用 established 关键字指明已经建立 TCP 连接的流量可以从 Internet 传入路由器 R1，其余则不允许传入。配置命令：

```
R1(config)#access-list 120 permit TCP any host 172.17.0.110 established
//允许 Internet 返回 TCP 连接的流量到主机 172.17.0.110
//通过检查出入流量的 TCP  ACK 或 RST 位实现
R1(config)#access-list 120 permit TCP any 192.168.1.0 0.0.0.255 established
//允许 Internet 返回 TCP 连接的流量到 192.168.1.0 0.0.0.255 的主机
```

把此 ACL 绑定在 R1 的 S1 口，检查控制传入的流量：

```
R1(config)#interface s1
R1(config-if)#ip access-list 120 in
```

这样，Internet 就只有返回的流量能够进入路由器，而从 Internet 主动发起的访问则会被拒绝。

但现实训要求的是 172.17.0.110/24 和 192.168.1.0/28 能访问 Internet 所有的服务而限制 Internet 对内网的访问，而上述做法只是对 TCP 协议成立，对 UDP 协议不成立，因 UDP 协议不会建立连接。同时，established 选项还不能用于会动态修改会话流量源端口的应用程序。permit established 语句仅检查 ACK 和 RST 位，不检查源和目的地址。

这实际上是一种单向访问，即允许 A 访问 B 而不允许 B 访问 A。完整的解决方案是使用自反 ACL 或上下文访问控制 CBAC。读者学习完下一节后，请用其实现该配置。

12.3.1 自反 ACL

自反 ACL 允许最近出访的数据包的目的地址发出的应答流量回到该出访数据包的源地址。但目的地址不能主动访问源地址。

网络管理员使用自反 ACL 来允许从内部网络发起的会话的 IP 流量，同时拒绝外部网络发起的 IP 流量。启用自反 ACL 后，路由器动态管理会话流量，检查追踪出站流量，当发现满足条件的应答流量时，便会临时在 ACL 中添加条目允许该流量进入。当新的 IP 会话开始时，这些条目会自动创建，在会话结束时自动删除。

1. 自反 ACL 特点

与前面介绍的带 established 参数的扩展 ACL 相比，自反 ACL 能够提供更为强大的会话过滤。尽管在概念上与 established 参数相似，但自反 ACL 还可用于不含 ACK 或 RST 位的 UDP 和 ICMP。自反 ACL 通过检查访问和应答流量的源、和目的地址来追踪流量，判断允许或拒绝。

自反 ACL 只可以在扩展命名 IP ACL 中定义。自反 ACL 不能在编号 ACL 或标准命名 ACL 中定义，也不能在其他协议 ACL 中定义。当然，自反 ACL 可以与其他标准和静态扩展 ACL 一同使用。

2. 自反 ACL 配置举例

实例 12-7　如图 12-3 所示，在 R1 上配置自反 ACL，允许内网 192.168.1.0/24 发起对外网 202.1.1.0/24 的访问，不允许 202.1.1.0/24 访问 192.168.1.0/24。测试验证可配置环回地址用 ping 测试。

配置步骤：

（1）配置 IP 地址和路由（略）。

（2）配置自反 ACL。

```
R1(config-ext-nacl)#permit tcp 192.168.1.0 0.0.0.255 202.1.1.0 0.0.0.255
reflect UDPtraffic
R1(config-ext-nacl)#permit icmp 192.168.1.0 0.0.0.255 202.1.1.0 0.0.0.255
reflect UDPtraffic
```

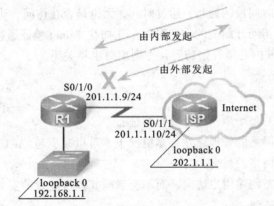

图 12-3　只允许内网访问外网的自反 ACL 配置拓扑

在路由器 R1 上配置

```
R1(config)#ip access-list exterded OUTfilters //定义扩展命名ACL
R1(config-ext-nacl)#permit udp 192.168.1.0 0.0.0.255 202.1.1.0 0.0.0.255
reflect UDPtraffic
//以上配置是使得路由器跟踪内网发起的UDP、TCP和ICMP出站流量
R1(config)#ip access-list exterded INfilters //定义扩展命名ACL
R1(config-ext-nacl)#evalute  UDPtraffic
R1(config-ext-nacl)#evalute  TCPtraffic
R1(config-ext-nacl)#evalute  ICMPtraffic
//以上配置是使得路由器检查入站流量是否是由内网发起(的出站流量的响应)，并把OUTfilters
的自反ACL部分UDPtraffic、 TCPtraffic和ICMPtraffic与INfilers ACL关联在一起。
如果入站流量是对内网发起的流量的响应，则临时添加允许入站流量的ACL条目
R1(config)#interface s0/1/0
R1(config-if)#ip access-group INfilters in
R1(config-if)#ip access-group OUTfilters out
//以上配置是使得路由器对出、入站的流量均进行检查
```

（3）测试

使用特权执行命令 show accss-lists，查看规则的匹配情况和临时生成的允许流量规则。

12.3.2　动态 ACL

动态 ACL（也称为锁和钥匙 ACL）是依赖于 Telnet 连接、身份验证（本地或远程）和扩展 ACL 的一种流量过滤安全功能。当希望特定远程用户或用户组可以通过 Internet 从远程主机访问本地网络或本地网络中的主机欲访问受防火墙保护的远程网络上的主机时，启用"锁和钥匙"将对用户进行身份验证，然后允许特定主机或子网在有限时间段内通过防火墙路由器进行有限访问。这样可以提高网络的安全性。

安全验证的方式可以是 Local（本地）、AAA、TACACS+ 服务器或其他安全服务器验证。

1．动态 ACL 的特点

动态 ACL 特点：

（1）执行动态 ACL 配置时，想要穿越路由器的用户必须使用 Telnet 连接到路由器并通过身份验证，否则会被配置有禁止流量通过的扩展 ACL 拦截。

（2）Telnet 连接随后会断开，而一个单条目的动态 ACL 将添加到现有的扩展 ACL 中。该条目允许流量在特定时间段内通行；超过时间，无论是否在访问，动态 ACL 所打开的窗口都将自动关闭；还可限制访问开始前的空闲时间。比如在 Telnet 验证通过后允许流量通行 6 min，但在验证通过后的 3 min 内必须开始访问，否则窗口也将关闭。

2．动态 ACL 的优点

动态 ACL 的优点：

（1）使用询问机制对每个用户进行身份验证；

（2）简化大型国际网络的管理，在许多情况下，可以减少与 ACL 有关的路由器处理工作

（3）降低黑客闯入网络的机会；

（4）通过防火墙动态创建用户访问，而不会影响其他所配置的安全限制

3．动态 ACL 配置举例

实例 12-8 如图 12-4 所示，PC1 上的网络管理员需要定期通过路由器 R2 访问网络 192.168.2.0 /24，那么在路由器 R2 的串行接口 S0/0/1 上配置动态 ACL 是满足需求并保证网络安全的较好做法。

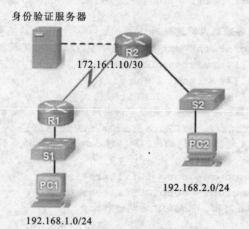

身份验证服务器

172.16.1.10/30

192.168.2.0/24

192.168.1.0/24

图 12-4　实例 12-4 的图

配置步骤：

（1）配置 IP 地址和路由（略），其中 R2 的 S0/0/1 地址配置为 172.16.1.10/30。

（2）配置用于验证的 telnet 登录名和口令：

```
R2(config)#username admin_test password 0 dy_test
```

（3）配置允许 telnet 到 R2，且成功触发动态 ACL 后，产生的临时条目允许 IP 包通过路由器连通 192.168.2.0/24 网络 6min。

```
R2(config)#access-list 100 permit any 172.16.1.10 0.0.0.0 eq telnet
```

```
R2(config)# access-list 100 dynamic list_test timeout 6 permit ip any
192.168.2.0 0.0.0.255
```

（4）在接口 s0/0/1 上绑定 acl 100：
```
R2(config)#interface s0/0/1
R2(config-if)#iaccess-group 100 in
```

（5）启用对 Telnet 用户的身份验证（本例验证方式为 local，没有用到身份验证服务器），验证通过后开启动态 acl，产生临时的 acl 条目，关闭 telnet 会话。此时开始，若 3min 内不访问目标，动态 acl 临时条目自动删除。
```
R2(config)#line vty 0 4
R2(config-line)#ilogin local
R2(config-line)#autocommand access-enable host timeout 5
```

（6）测试验证。使用特权执行命令 show accss-lists、telnet 和 ping 命令等，查看 ACL 规则匹配情况和临时条目的生成与删除情况。

12.3.3 时间 ACL

基于时间的 ACL 也常用于网络访问控制方面。

1. 时间 ACL 的特点

基于时间的 ACL 允许根据时间执行访问控制。即在指定的时间范围允许或拒绝流量通过。配置时需要使用
```
time-range time_name
```
命令创建一个时间范围，比如根据访问控制的需要，指定一周和一天内的时段。*time_name* 是为时间范围所命名的名称，时间限制将应用该名字。配置时注意先设置路由器时钟，查看和设置路由器时钟的命令是
```
show clock 和 clock set hh:mm:ss Day Month Year.
```

2. 时间范围的指定方式

可以按照如下两种方式指定时间范围：

（1）absolute start *time* end *time*

time 是以小时和分钟方式（ h h : m m）输入的时间，代表每一天的某时某分。例如：
```
absolute start 16:00 end 18:30                    //每天的 16 点至 18 点半
absolute start 16:00 1 May end 18:30 2012 10 July 2012
//2012 年 5 月 1 日 16:00 至 2012 年 7 月 10 日 18:30
```

（2）periodic days-of-the-week hh:mm to [days-of-the-week] hh:mmdays-of-the-week 代表每周的某天或某几天，例如：
```
periodic Saturday 15:30 to Monday 08:00          //星期六 15:30 至星期一 8:00
periodic weekday 15:30 to 24:00                  //星期六 15:30 至星期天晚上 12:00
periodic Monday 00:00 to 08:00                   //星期一 00:00 至 08:00
```
后两条合起来代表的时间范围等价于第一条代表的。

days-of-the-week 使用十分灵活，其表示方法和含义如下：
```
Monday, Tuesday, Wednesday, Thursday, Friday, Saturday, Sunday
//某一天或某几天的结合
Daily                                            //从星期一到星期天
```

```
Workday                                    //从星期一到星期五
Weekday                                    //从星期六到星期日
```

规则说明：

Time-range 接口上允许配置多条 periodic 规则（周期时间段），在 ACL 进行匹配时，只要能匹配任一条 periodic 规则即认为匹配成功，而不是要求必须同时匹配多条 periodic 规则。

Time-range 接口上只允许配置一条 absolute 规则（绝对时间段）。

Time-range 允许 absolute 规则与 periodic 规则共存，此时，ACL 必须首先匹配 absolute 规则，然后再匹配 periodic 规则。

3. 时间 ACL 配置举例

实例 12-9　在如图 12-4 的动态 ACL 例子中，加上只能在周一至周五的 15:00～17:00 实施的限制条件，给出配置和测试。

配置步骤：

配置动态 ACL[略，其中一条 ACL 需要应用时间范围，见下面的第（3）步]。

（1）配置路由器时间（略）。

（2）定义实施 ACL 的时间范围，并指定名称：

```
R2(config)#time-range day1-5                  //day1-5 为代表时间范围的名称
R2(config)#periodic workdays 15:00 to 17:00   // workdays 表示周一至周五
```

（3）对访问列表应用时间范围

```
R2(config)#access-list 100 permit any 172.16.1.10 0.0.0.0 eq telnet
time-range day1-5
```

这样，用户就只能在周一至周五的 15:00～17:00 之间 Telnet 路由器并通过身份验证后，才能访问网络 192.168..2.0/24。

（4）测试验证

请读者自己完成。可通过改变路由器时间来进行测试。

思考与动手

（1）用通配符掩码表示网络 192.12.5.0 255.255.252.0 的全部主机。列出这些主机的 IP 地址。

（2）把 12.2.3 节的实训改用用命名 ACL 完成。

（3）配置 ACL，禁止地址为 172.168.2.0/24 的公司员工周一至周五上班时间 9:00～17:00 访问 QQ 聊天。

[提示]配置思路：使用时间 ACL 控制访问时间；使用扩展 ACL 控制对 QQ 的访问：对 TCP，禁止访问 QQ 使用的 443 端口；对 UDP，禁止访问 qq 使用的 8000 端口；对 QQ 代理，禁止访问 60.28.186.114:80；对 webQQ，禁止访问 189.60.3.172。

但是禁用 443 端口会导致对所有 https 访问的拒绝，可以考虑对所有 Tencent QQ 服务器地址禁止访问。已知的提供 TCP 连接的各 QQ 服务器地址如图 12-5 所示。

图 12-5　QQ 服务器地址

请读者自行设计网络拓扑在物理设备或虚拟网络设备上完成配置和测试验证。

（4）实现内网单向访问外网，除了使用扩展 ACL established 参数或自反 ACL 外，NAT 有何机制与此相关？

第 13 章
网络模拟器与 GNS3 的使用

【内容概要】

　　网络模拟器种类很多，开源的且非商业化的当属 GNS3 的获取和使用最为方便，其模拟的网络功能从交换到路由，从防火墙到入侵防御系统十分完整，且虚拟网络与基于虚拟或物理的多系统平台的服务器、客户机都能连通。开发者将其命名为 GNS3 的初衷是要基于开源的网络模拟器 NS3 做出图形化的前端。但是 NS3 内容繁杂，包含 TCP/IP 等多种协议，包含从有线到无线的多种模块，比如 WIMAX 模块乃至水下声学模块等等，功能十分强大，因而更多地用在研究方面，曲高和寡。随着模拟器 Dynamips 的兴起，最终 GNS3 被做成了 Dynamips 而非 NS3 的图形前端。

【学习目标】

　　了解网络模拟器的种类，掌握 GNS3 的使用。具体掌握：

　　（1）模拟 Cisco 路由器和交换机；

　　（2）模拟 Cisco ASA 防火墙；

　　（3）模拟 Cisco IPS；

　　（4）使用 VPCS 虚拟 PC 和真实 PC 连接测试虚拟网络系统；

　　（5）使用 GNS3 设计网络拓扑，完成设备配置并保存工程文件。

13.1　网络模拟器简介

　　在网络技术的教学或一般的研究中，很有可能只能提供有限数量的物理（真实）网络设备供学习或研究者使用，满足不了更高的需求；一些自学者甚至没有网络设备做实验。于是网络模拟器软件应运而生。

　　不同的网络模拟器数量很多，功能强大的如上面提到的 NS3，对网络进行全方位的模拟。不在这里讨论。这里我们针对网络设备的模拟器简单分一下类。

　　按照模拟的是 Cisco 还是 H3C 网络，可分为 Cisco 网络模拟器和 H3C 网络模拟器。

　　在 Cisco 网络模拟器中，可分为非使用 Cisco IOS 的模拟器和基于（使用）Cisco IOS 的模拟器。前者著名的如 Cisco PacketTrance 和 Boson，使用简单但是功能有限。后者则如工大瑞普、小凡 DynamipsGUI、GNS3 和基于硬件的广州瑞思 RS-8421 模拟器。这里只介绍基于 Cisco IOS 的模拟器。

基于 Cisco IOS 的图形化网络模拟器均使用了开源的虚拟化模拟器 Dynamips 做核心组件，再做个图形化前端加上其他组件，实现 Cisco IOS 的绝大部功能如下。

1. 工大瑞普

工大瑞普模拟器不支持用户自己搭建拓扑，是使用系统已搭建的拓扑，可满足大部分 CCNA，CCNP 和一部分 CCIE 实验的需要。官网下载地址：

`ftp://www.edurainbow.com/`

2. 小凡 DynamipsGUI

小凡模拟器支持自己搭建拓扑，使用方便。现在需要付费注册。

3. 广州锐思 RS-8421D 模拟器

与在通用计算机上运行的网络模拟器不同，该模拟器对网络设备的模拟是嵌入式的，IOS 和图形前端均写入固件，并同时虚拟网络操作系统服务器和客户机。该模拟器由广州锐思网络科技股份有限公司研发。

1）所虚拟的网络设备及其连接

RS-8421D 虚拟实现的网络设备及其连接如图 13-1 所示。可通过开启或关闭设备接口构造实训所需的各种网络拓扑。标准版模拟模拟 4 个路由器、4 个交换机、两个防火墙，一个入侵防御系统，一个帧中继网云和一台网络服务器、两台客户机，共计 14 台设备。所有虚拟设备加载完成时间约 3min。模拟器通过一个网口连接外部网络与外部网络实现通信，使用者通过 Telnet 命令登录网络设备，通过远程桌面连接网络服务器和客户机。

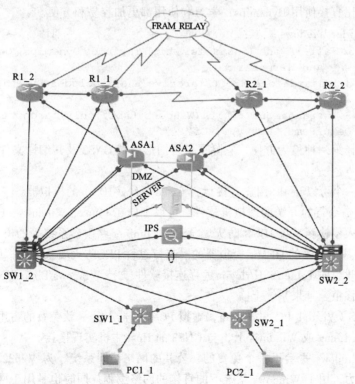

图 13-1 RS-8421D 虚拟的网络拓扑

2）RS-8421 特点

（1）基于固件实现虚拟化化。在操作简单方便性、响应速度、功能各个方面均优于包括 GNS3 在内的一切网络模拟软件。无论是所虚拟的网络设备还是网络服务器、客户端，均几乎 100%具有物理设备的同样功能（带宽除外）。特别是其对防火墙和入侵防御系统的模拟，以及对网络服务器的模拟，均支持远程重启，为使用者进行更全面的大型网络实验和测试提供了极大的方便。

（2）代码全面优化。由于基于硬件实现，无须像 GNS3 那样测试 Idle-PC，标准版模拟 4 个路由器、4 个交换机、2 个防火墙、1 个入侵防御系统、1 个帧中继网云、1 台网络服务器和 2 台客户机，共计 15 个设备，运行十分流畅。

（3）虚拟网络和外部物理网络通过一个以太网口相连，进行配置、测试管理十分方便。

（4）可灵活定制虚拟网络设备是 Cisco、H3C 还是锐捷网络，定制虚拟服务器是 Windows 还是 UNIX/Linux 网络。

（5）构建同样功能的网络实训室，其造价仅为全用物理设备所构建的 15%。具有很高的性价比（IOS 等软件由用户自行导入，仅用于个人学习或学校教学，不做商业用途）。

4. GNS3（Graphical Network Simulator 图形化网络模拟器）

GNS3 是一款优秀的具有图形化界面的、可以运行在多平台（包括 Windows、Linux 和 MacOS 等）的网络虚拟软件。网络专业学生、Cisco 网络设备管理员或者是想要通过 Cisco 认证考试的人员可以使用它来完成相关的仿真实验。它是著名的基于真实网络 IOS 的模拟器 Dynamips 的一个图形前端，相比直接使用 Dynamips，学习和使用都更加容易和方便。

最新的 GNS3 for Windows 版本：

GNS3 v0.8.3.1 all-in-one (installer which includes Dynamips, Qemu/Pemu, Putty, VPCS, WinPCAP and Wireshark)

GNS3 v0.8.3.1 standalone 32bit (archive that includes Dynamips, Qemu/Pemu, Putty, VPCS)

GNS3 v0.8.3.1 standalone 64bit (Windows 64bit only, archive that includes Dynamips, Qemu/Pemu, Putty, VPCS)

个人用户选择第一种最为方便，它除了包含图形前端 GNS3 及其编译文件 Translations 外，还包含：

Dynamips：一个可以让 PC 用户直接运行 Cisco 系统（IOS）的模拟器。

Qemu：基于命令行的开源的虚拟机软件，可以工作在 Linux、Windows、FreeBSD 和苹果系统上，支持思科入侵检测系统 IDS、防火墙 ASA 和 Juniper 路由器系统等的模拟。

Pemu：一个基于开源的 QEMU 模拟器的、支持思科 PIX 防火墙系统模拟的虚拟机。

Putty：一个开源的 Telnet/SSH/rlogin/远程连接软件,支持 Windows/Linux/UNIX 平台，十分好用，官方还打算移植至苹果系统上。

VPCS；VPCS（Virtual PC Simulator，虚拟 PC 模拟器）是一款免费的占用资源极小的虚拟 PC 软件，运行在 Linux 或 Windows 上，与 GNS3 的 Host 主机实现连接。

Winpcap：Windows 平台下一个免费的、公共的网络访问系统，为 Win32 应用程序提供访问网络底层的能力，用于 Windows 系统下的直接的网络编程。同时也是用于网络数据包抓取的工具，可适用于 32 位的操作平台上解析网络数据包，包含了核心的数据包过滤，一个底层动态链接库和一个高层系统函数库及可用来直接存取数据包的应用程序界面。

在这里主要用于支持 Dynamips 与以太网卡之间的数据包收发。

Wireshark（前身是 Ethereal）：一个功能强大的网络数据包分析软件。这里用于测试时直接从路由器接口上抓取并分析数据包。

5．Dynamips

目前所有基于 IOS 的模拟器均使用 Dynamips 为内核，它是一个基于虚拟化技术的模拟器，用于车 PC 上模拟 Cisco 路由器系统运行的精简指令系统（MIPS 或 Power PC）环境，其作者是法国 UTC 大学的 Christophe Fillot。

Dynamips 的原始名称为 Cisco 7200 Simulator，源于 Christophe Fillot 在 2005 年 8 月开始的一个项目，在传统的 PC 上模拟 Cisco 的 7200 路由器。发展到现在，该模拟器除能支持 7200 外，还能够支持 Cisco 的 3600 系列（包括 3620，3640，3660），3700 系列（包括 3725，3745），2600 系列（包括 2610 到 2650XM，2691）和 1700 系列路由器平台。

根据作者 Christophe Fillot 的说法，他编写 Dynamips 这个模拟器的主要目的如下：

使用真实的 Cisco IOS 操作系统构建一个学习和培训的平台，让人们更加熟悉 Cisco 的设备，以及领略 Cisco 作为全世界计算机网络技术的领跑者的风采，测试和实验 Cisco IOS 操作系统中数量众多、功能强大的特性，迅速地预构建并测试路由器的配置以便之后在真实的路由器上完成部署。同时 Christophe Fillot 强调，Dynamips 毕竟只是模拟器（Emulator），它不能取代真实的路由器，以网络处理引擎 NPE-100 为例，在 PC 上虚拟只能获得约 1 kbit/s 的带宽（这还要取决于 PC 的性能），这与实际中 NPE-100 所能产生 100 kbit/s（仅仅是最旧的 NPE 模式）是远不能比拟的。所以，Dynamips 仅仅只是作为思科网络管理员的一个补充性的工具，或者那些希望通过 CCNA/CCNP/CCIE 考试的人们的辅助工具。

13.2　GNS3 的安装配置

本例介绍最新版本 GNS3 v0.8.3.1（for Windows）的安装与配置。

13.2.1　安装与配置使用

1．准备所需软件

推荐使用套装 GNS3 v0.8.3.1 all-in-one（installer which includes Dynamips, Qemu/Pemu, Putty, VPCS, WinPCAP and Wireshark），可在 GNS3 官网 http://www.gns3.net/download 下载。

另外，远程登录软件 SecureCRT 比较好用，管理登录方便。SecureCRT 是商业软件，网上可以找到共享安装包。

2．安装 GNS3 v0.8.3.1 all-in-one.exe

该安装会自动安装所有选中的组件，如果计算机中已经安装了一些组件，则可以去掉勾选，如图 13-2 所示。

其中 Dynamips 0.2.8RC4 Community 是测试版，用于从控制台连接时支持 IPv6，可选可不选。

安装路径不能有中文目录，比如不能安装在桌面上。

安装完成后，在安装目录 GNS3 下，可以看到如图 13-3 所示的文件，注意有下画线的是前面所提到的组件安装后的一些文件。这里注意一下，后面要用到的虚拟 PC 软件 VPCS 要运行

GNS3 目录下的 vpcs-start.cmd，运行 VPCS 下的 vpcs.exe 文件会报错。

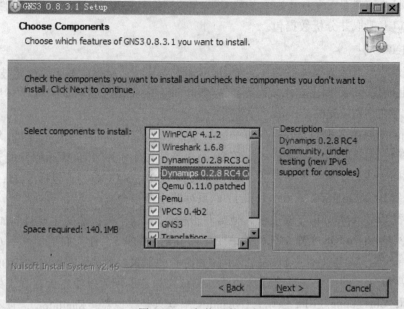

图 13-2　安装组件选择

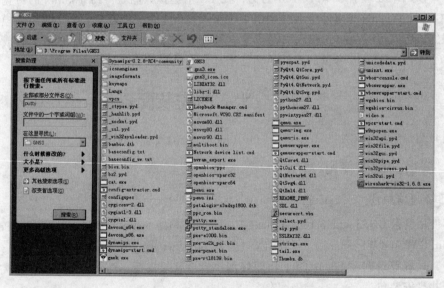

图 13-3　GNS3 目录下的一些文件

3．配置有关选项

1）设置向导

GNS3 安装完成后，安装向导会提示打开软件；或者双击图 13-3 中红色下标所示的 gns3.exe，打开软件。软件运行初始界面如图 13-4 所示，会弹出一个设置向导，分为三个步骤：

第 1 步：检测 Dynamips.exe 所在路径和其工作目录是否有效；

第 2 步：配置存放 IOS 目录的路径；

第 3 步：加入一个或多个 IOS 文件。运行软件画出网络拓扑后，还需要配置 IDLE PC。

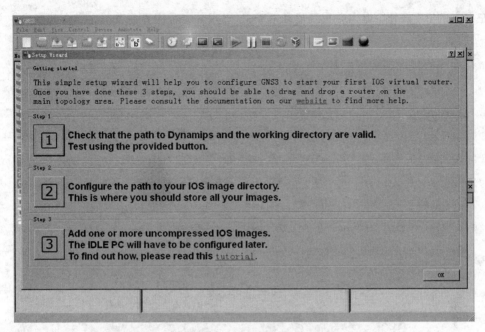

图 13-4　设置向导

可以直接单击向导界面上的步骤按钮进行相关设置，也可以关闭该向导，从程序主界面的
Edit 菜单进行配置。程序主界面如图 13-5 所示。

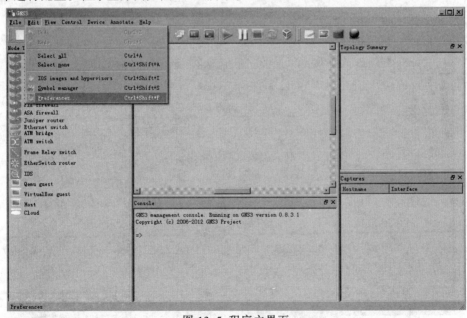

图 13-5　程序主界面

2）设置语言和工程目录

语言设置：打开 Edit 菜单下的 Preferences 选项，弹出图 13-6 所示的界面，其 General 选项
卡可以设置语言和工程目录、镜像文件目录（这两个目录的默认路径如图所示，建议修改到 GNS3
目录下，方便管理）等。如果不习惯英文界面，可以在 Language 下选择"中国的(cn)"，选中后

点击左下方的 OK 按钮，退出并重新启动 GNS3，出现的主程序界面菜单文字全部变成中文，如图 13-7 所示。

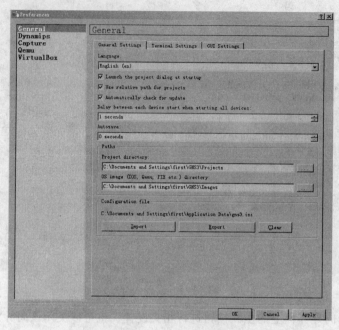

图 13-6　Genaral 选项卡

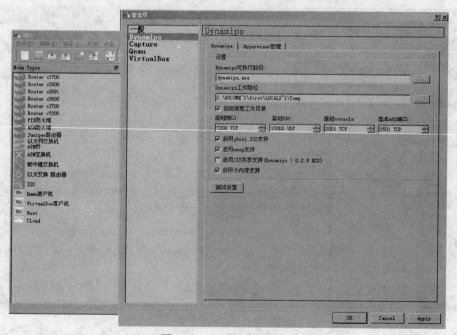

图 13-7　GNS3 中文界面

其他参数也使用默认值即可。注意在图 13-6 所示界面中勾选 Launch the project dialog at startup 后，每次打开 GNS3 都会出现"新工程"的提示对话框，如图 13-8 所示。

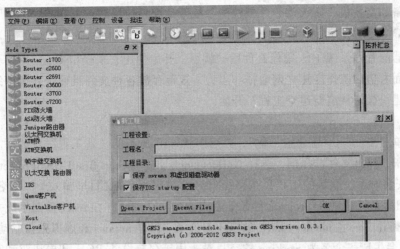

图 13-8　新工程对话框

3）设置 Dynamips

在图 13-6 所示的 Dynamips 选项卡上，可以看到其默认设置。单击"测试设置"按钮，若最终在按钮旁显示"Dynamips0.2.8-RC3 成功启动"字样，说明测试通过。其中的 Dynamips.exe 所在路径是安装时所在路径，图中显示的是在当前目录下（相对路径），可改成绝对路径也可不用改，Dynamips 工作路径显示是在一个临时目录下，可以另外指定一个路径也可就用此路径。

首选项（Perforences）菜单下的其他选型卡参数，暂时均使用默认设置即可。

4）设置 IOS 所在目录路径并添加 IOS

路由器 IOS 镜像文件需要读者自行到网上下载，仅用于学习不可用做商业用途。我们可以把 IOS 文件存放在前面提到的 Images 目录，然后从程序主界面的"编辑"菜单打开 IOS 和 Hypervisors 选项卡。如果要使 NodeTypes 下的每种路由器可用，就需要为各种类型的路由器指定相应的 IOS，注意每种类型的路由器只能指定一个 IOS，如图 13-9 所示。通常，我们只须选用一种路由器来使用就可以了。本例使用了可与三层交换机共享使用的 c3725 路由器 IOS。

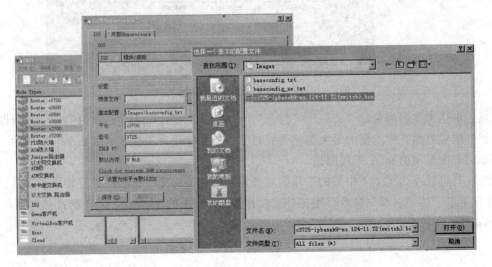

图 13-9　路由器指定 IOS

其余设备如交换机、防火墙、入侵检测系统等的配置使用后面再介绍。

4. GNS3 的初步使用

为路由器配置好系统 IOS 镜像文件后，就可以开始使用它来模拟 Cisco 网络了。首先是要在程序主界面右边的工作区建立网络拓扑。为了规范存放各种文件且便于存放网络设备配置和再次使用，建议操作从"新建空工程"开始。

1）新建工程

单击菜单"文件"|"新建空工程"，弹出图 13-10 所示的"新工程"对话框。单击工程文件的浏览按钮，弹出文件选择框，选择 C:\Documents and Settings\first\GNS3\Projects\，这是作者进行 GNS3 安装时系统默认的工程目录路径。然后在"工程名"栏目里输入个工程名，比如 test1，单击 OK 按钮后系统自动在 Projects 目录下生成 test1 子目录，并在 test1 下面生成一个空的目录名 configs 和拓扑文件名 topology.net；如果还勾选了"保存 nvrams 和虚拟磁盘驱动器"复选框，则 test1 下还会生成一个名为 working 的空目录（用于存放设备 ROM 和模块驱动等文件，以及一些运行时生成的临时文件）。对输入的不同的工程名字，系统自动建立对应工程名子目录及其下面的目录和文件名。

图 13-10　新建空工程

然后单击主界面的菜单"文件"|"打开"，找到 test1 下的 topology.net 并打开，系统即出现该工程的配置界面，中上部的最大窗格为所建工程的拓扑设计工作区，如图 13-11 所示。注意其菜单栏上方显示的 test1 工程路径。

现在，可以在图 13-11 中部的工作区域开始网络拓扑构建了。在配置完相关设备后，单击"文件"菜单下的"保存"命令，则拓扑文件存为 test1 下的 topology.net，配置文件存入 test1 下的 configs 目录。

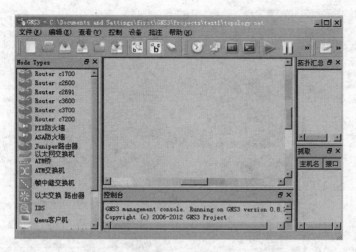

图 13-11　所建工程的拓扑设计工作区

2）构建网络拓扑

我们使用的镜像文件是 C3700 系列路由器的，用鼠标单击相应的路由器，按住左键不放拖至工作区，结果如图 13-12 所示，图中已经拖入两个路由器。

在拖动第一个路由器至工作区的时候，会发现 gns3 有一个延迟，那是因为系统在启动Dynamips，需要一定时间。所以如果第一个路由器可以顺利地拖进去，说明 Dynamips 配置正确，并且已经启动了。

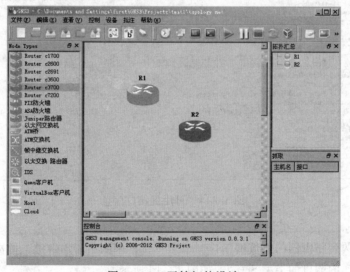

图 13-12　开始拓扑设计

接着需要对路由器的网络模块或接口卡进行设置，添加所需的接口。

3）设置网络模块或接口卡

在 R1 上右击，弹出图 13-13 所示的快捷菜单。选择"配置"命令，弹出如该图右边所示的结点配置选项卡，需要配置的是"插槽"选项。C3725 是模块化路由器。其中"适配卡"选项下面的 0 号插槽（slot0）已经插入了 GT96100-FE 卡，该卡具有 2 个快速以太网接口。其余所有插槽均是空的。

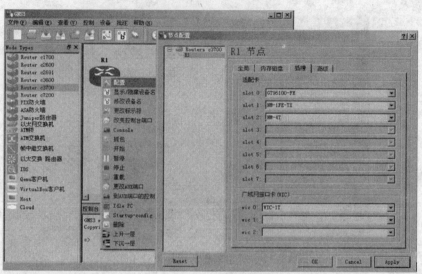

图 13-13　设置插槽

　　我们选择在 1 号和 2 号插槽分别加入了 1 个快速以太网模块(卡)MN-1FE-TX，T1(2 Mbit/s)
速率的有 4 个同步串口的模块（卡）MN-4T，在广域网接口插槽上加入了一块 T1 速率的有一
个同步串口的广域网接口卡 WIC-1T。这样，R1 上就有了 3 个快速以太网 FastEthernet 口、5 个
广域网同步串口 Serial 可用，可用的接口信息如图 13-14 所示。

```
Router R1 is stopped
    Hardware is dynamips emulated Cisco 3725 with 128 MB RAM
    Router's hypervisor runs on 127.0.0.1:7200, console is on port 2001, aux is on port 2501
    Image is shared "c3725-ipbasek9-mz.124-11.T2(switch).bin-127.0.0.1.ghost" with idle-pc value of 0x60b55d90
    Idle-max value is 1500, idlesleep is 30 ms
    No JIT blocks sharing enabled
    55 KB NVRAM, 16 MB disk0 size, 0 MB disk1 size
    slot 0 hardware is GT96100-FE with 2 interfaces
        FastEthernet0/0 is empty
        FastEthernet0/1 is empty
    slot 1 hardware is NM-1FE-TX with 1 interface
        FastEthernet1/0 is empty
    slot 2 hardware is NM-4T with 4 interfaces
        Serial2/0 is empty
        Serial2/1 is empty
        Serial2/2 is empty
        Serial2/3 is empty
    WIC-1T installed with 1 interface
        Serial0/0 is empty
```

图 13-14　可用的接口信息

4）连接设备

　　假如要连接两台路由器的广域网串口，单击工具栏中的"添加链接"按钮，在弹出的菜单
中选择设备要互连的端口的类型 Serial，如图 13-15 所示。

　　选定了链接类型之后，我们发现该按钮变成了×，而鼠标形状了变成了十字形，这时候可
以来连接两个路由器了。先用鼠标单击 R1，然后移动至 R1 再单击，它们便连接上了，默认是
连接编号最小的接口（Serial0/0）。

　　设备的链接情况，可以从 gns3 的"拓扑汇总"区查看,鼠标单击路由器名称,就能看到其
连接情况，如图 13-15 的右边区域所示。

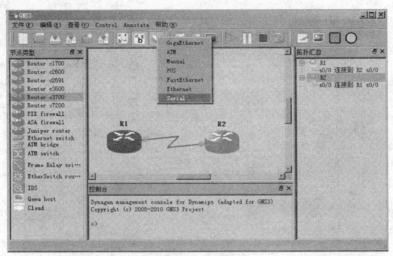

图 13-15　连接设备

5）保存工程（拓扑和配置文件）

可以继续选择所需要的网络设备，并且把它们链接上，如图 13-16 所示的 R3。在做了有关配置后，需要把拓扑和配置文件都保存起来，以便以后还能再用，用鼠标单击菜单"文件"|"保存"即可。这时可以看到图 13-16 的控制台区显示 R1、R2 和 R3 的配置保存信息。注意：要保存 R1、R2 和 R3 的配置，需要它们是运行的，并且需要把当前配置（running-config）都复制到初始配置（startup-config）后保存才会有我们做过的配置在里面，道理与真实路由器完全一样。

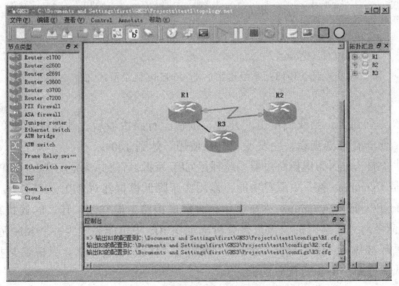

图 13-16　控制台窗格显示保存配置信息

打开工程所在目录 test1，可以看到有 2 个文件夹和一个文件，.NET 文件即拓扑文件，configs 文件夹里有 3 个路由器的配置文件，可以用记事本等文本编辑器打开。而文件夹 working 是保存的路由器的 ROM 和有关驱动文件等，GNS3 退出前后的 working 目录下的文件如图 13-17 和图 13-18 所示。

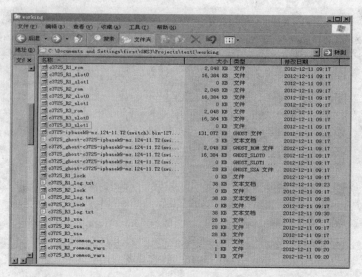

图 13-17　系统退出前的 working 目录下的文件

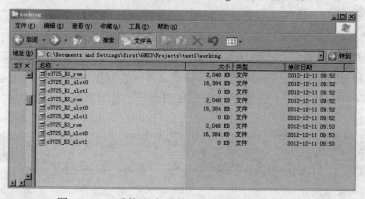

图 13-18　系统退出后的 working 目录下的文件

6）设置 IDLE PC

读者应该注意到了，当我们单击"开始"按钮运行路由器后，计算机立即变得很"卡"，开启 Windows 任务管理器查看，会发现"CPU 使用"达到 100%。

原因是什么呢？是因为虚拟路由器系统耗尽 CPU 资源。解决办法是配置 Idcle-PC（空闲-PC）。Idle PC 是 Dynamips 的一项配置功能，作用在于降低模拟器对 CPU 的消耗。

执行 Idle PC 前，Dynamips 不知道什么时候虚拟路由器空闲，什么时候执行工作；执行 Idle-PC 后，命令对一个运行的映像进行分析确定在 IOS 中可能表现为一个 idle 循环的代码点，当这个 Idle 循环被执行，Dynamips 就使虚拟路由器"休眠"，这样就会明显减少主机的 CPU 消耗且不会降低虚拟路由器执行配置的能力。

选择图 13-19 所示的路由器菜单"Idle PC"，系统开始计算，经过一定时间之后 GNS 会得到几个 Idle PC 值，我们选择带有"*"的 Idle PC 值。如果没有带有"*"的则重新计算（建议拓扑中放置两台再设备进行计算，一般二三次计算就能产生带*号的值）。本例中我们选择第 7 项的值，然后单击 OK 按钮，立刻就可以发现，现在 CPU 使用率已经降低到正常值了。

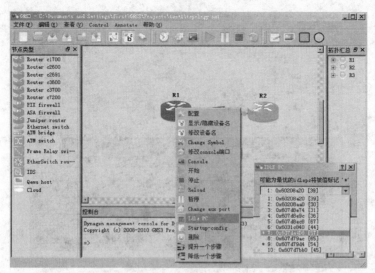

图 13-19　计算 Idle PC

再去打开 IOS 配置对话框，发现原来空白的 Idle PC 值现在已经自动填入了刚刚选择的值，如图 13-20 所示。

图 13-20　选择 idlepc 值

5. 登录设备

配置完 Idle PC 之后，就可以登录路由器，进行相关的实验了。GNS3 登录设备的方式有多种，下面简要介绍两种。

1）使用 Putty 的终端仿真

这是系统默认的终端配置，仿真控制台口 Telnet 登录设备。第一次使用无须配置。

双击要配置的路由器或选择图 13-19 所示的路由器菜单 Console，设备运行并弹出对应路由器的配置界面；或单击快捷按钮"开启所有控制设备"，则两台路由器都一起开启，如图 13-21 所示。

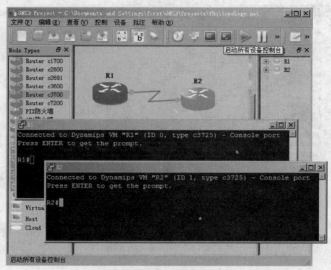

图 13-21　登录路由器

2）使用 SecureCRT 登录

使用其他终端比如 SecureCRT 登录，会有一个统一的管理界面，操作更加方便。

SecureCRT 是商业软件，网上可以找到不用于商业目的版本。本例安装的版本是 Version6.6.1，使用的是默认的安装路径 C:\Program Files\VanDyke Software\SecureCRT\。安装完成后，在 GNS3 上打开"编辑"|"首选项"|"一般"|"终端设置"|"预配置的终端命令栏"，选择"SecureCRT（Windows）"并单击"使用"按钮，出现界面如图 13-22 所示。

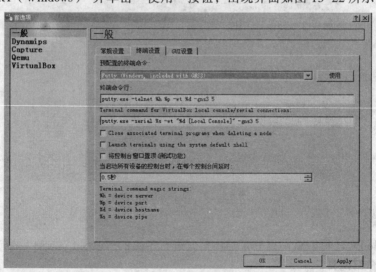

图 13-22　终端设置

检查终端命令行下面的 SecureCRT.exe 路径是否正确，不正确修改，正确则单击右下方的 Apply 和 OK 按钮。

这时再开启各路由器的 Console，则将看到打开的是 SecureCRT 的界面，两个路由器都连接上了，如图 13-23 所示。

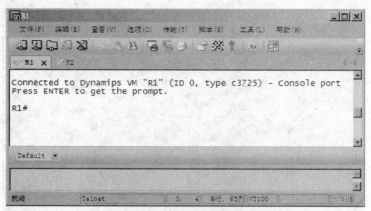

图 13-23　SeecureCRT 登录界面

6. 交换机的模拟

对于以太网交换机的模拟，GNS3 提供两种方式，一是简单模拟连通性，不提供复杂配置功能，其结点类型为"以太网交换机"；而是模拟三层交换路由器，提供相应的配置功能，其结点类型为"以太交换路由器"。模拟三层交换机，需要系统镜像文件，目前常用 C3725 路由器的镜像文件 c3725-ipbasek9-mz.124-11.T2(switch).bin 来共享使用。

使用时，把相应设备拖入工作区，选择需要的链接连接起来，如图 13-24 所示。

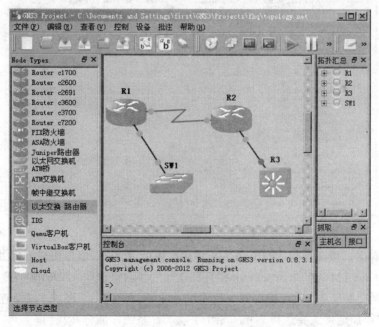

图 13-24　工作区拖入交换机

其中 SW1 即为以太网交换机，默认提供 8 个以太网访问接口（Access 口）。添加接口或更改接口属性（如改所属 VLAN，该 access 口为 802.1q trunk 口）在"结点配置"里进行，如图 13-25 所示。该设备默认处于运行状态，无须开启操作。

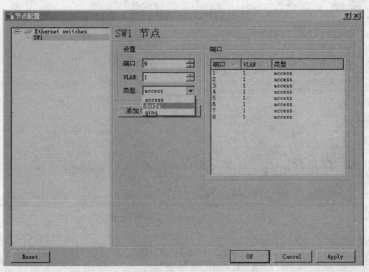

图 13-25　简单配置以太网交换机

其中 R3 即为以太交换路由器，鼠标停留在 R3 图标上，即可看到相关信息，如图 13-26 所示。

```
Router R3 is stopped
  Hardware is dynamips emulated Cisco 3725 with 128 MB RAM
  Router's hypervisor runs on 127.0.0.1:7200, console is on port 2004, aux is on port 2504
  Image is shared "c3725-ipbasek9-mz.124-11.T2(switch).bin-127.0.0.1.ghost" with idle-pc value of 0x607d8e74
  Idle-max value is 1500, idlesleep is 30 ms
  No JIT blocks sharing enabled
  55 KB NVRAM, 16 MB disk0 size, 0 MB disk1 size
  slot 0 hardware is GT96100-FE with 2 interfaces
    FastEthernet0/0 is connected to router R2 FastEthernet0/0
      0 packets in / 0 packets out (0 bytes in / 0 bytes out)
    FastEthernet0/1 is empty
  slot 1 hardware is NM-16ESW with 16 interfaces
    FastEthernet1/0 is empty
    FastEthernet1/1 is empty
    FastEthernet1/2 is empty
    FastEthernet1/3 is empty
    FastEthernet1/4 is empty
    FastEthernet1/5 is empty
    FastEthernet1/6 is empty
    FastEthernet1/7 is empty
    FastEthernet1/8 is empty
    FastEthernet1/9 is empty
    FastEthernet1/10 is empty
    FastEthernet1/11 is empty
    FastEthernet1/12 is empty
    FastEthernet1/13 is empty
    FastEthernet1/14 is empty
    FastEthernet1/15 is empty
```

图 13-26　交换路由器的有关信息

从中可以看出，该交换机由 Dynamips 使用路由器 C3725 模拟而成，即共享了镜像文件 c3725-ipbasek9-mz.124-11.T2(switch).bin，且默认插入了网络模块 GT96100-FE 和 NM-16ESW 两个快速以太网交换模块，前者提供两个快速以太网口，后者提供 16 个。注意连接 NW-16ESW 的接口时候，"添加链接"要选择"Manual（手动）"，系统才能将其找到。

也可使用路由器加载网络模块 MN-16ESW 来模拟交换机，不过会占用较多的系统资源。

7．PC 的模拟

GNS3 中 PC 也可用路由器关闭路由功能来模拟，不需要做另外的配置，但缺点仍是会占用较多的系统资源。GNS3 模拟 PC 的方法有很多，下面分别介绍虚拟网络 PC（结点 Host）连接虚拟软件 VPCS 模拟 PC 和物理主机的方法。

1）Host 连接 vpcs

VPCS 为 GNS3 提供资源最小占用的 PC 模拟，模拟 9 台 PC 和若干条命令，在 GNS8_0.8.3.1 版本中已经整合，安装时候一并安装了。也有单独的 VPCS 压缩包，解压即可使用。

（1）vpcs 参数配置。在 GNS3 目录下执行 vpcs-start.cmd，程序运行结果如图 13-27 所示。

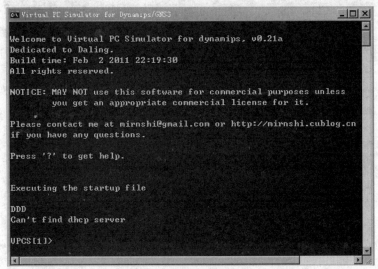

图 13-27　vpcs 运行界面

程序默认会搜索 DHCP 服务器，按【Ctrl+C】组合键可终止搜索。键入"？"并回车，显示界面如图 13-28 所示。

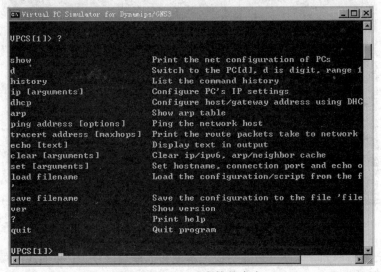

图 13-28　vpcs 支持的命令

图 13-28 中所示的是系统提供的 16 个命令及其语法和解释。现介绍 d，ip 和 show、ping 和 tracert 命令的使用。

① d 代表数字 1～9，系统默认提示符 VPCS[1]>表示当前状态为第 1 台 PC，按下 2～9 中的数字，系统就切换到相应的 PC；

② ip 是配置 IP 地址子网掩码和默认网关参数的命令，语法如下：

ip　PC 地址网关地址子网掩码（用前缀长度表示）

切换到第 2 台 PC，配置 IP 地址等参数后的界面如图 13-29 所示。

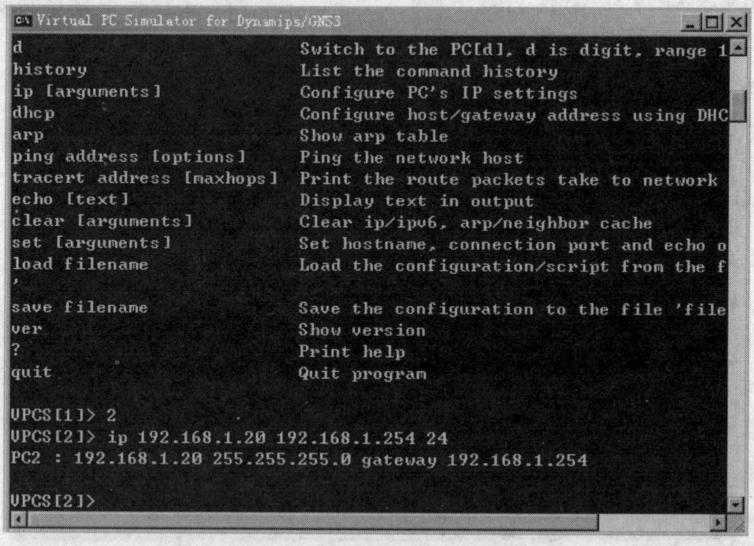

图 13-29　配置 IP 地址

show：查看所有 PC 配置参数。使用 show 命令后界面显示如图 13-30 所示。

图 13-30　show 命令运行结果

　　请特别留意最后两列，表示 VPCS 对应的本地和远程端口号。这里的 VPCS 和 GNS3 里的 PC 需要使用这对端口进行通信。

　　（2）Host 的配置。把 GNS3 主界面结点类型的 Host 拖入工作区，本例拖入两台以便测试，默认名称分别为 C1 和 C2，如图 13-31 所示。

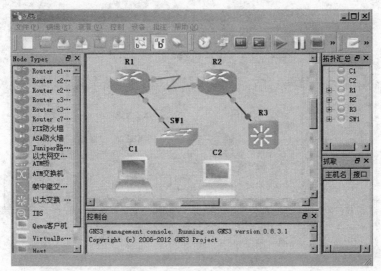

图 13-31　Host 拖入工作区

　　分别设置 C1、C2 结点的网络接口参数 NIO UDP(见图 13-32)，C1 的配置本地端口为 30000，远程端口为 20000；C2 的分别设置为 30001 和 20001，单击"添加"按钮和 Apply 按钮。此处端口号刚好与 VPCS 中的 VPCS[1]和 VPCS[2]的相对应。

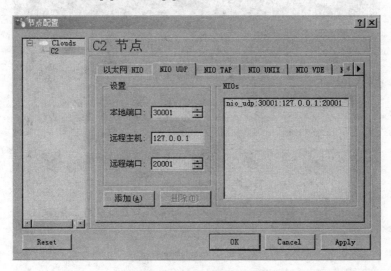

图 13-32　设置 NIO UDP

　　添加链接用 FsatEthernet 连接 SW1 与 C1 和 C2，注意选择 C1 的网络接口为如图 13-33 所示的"nio_udp:30000：127.0.0.1:20000"，C2 亦做此项选择。这样，C1、C2 就与 VPCS[1]和 VPCS[2]建立了连接，或者说 VPCS[1]代表的就是 C1，VPCS[2]代表的就是 C2。

　　测试：

　　配置 VPCS[1]的 IP 地址与 VPCS[2]的在同一网段，比如 192.168.1.10/24，C1、C2 通过交换机直接相连，故两者可以直接通信。用 ping 命令测试，结果如图 13-34 所示。

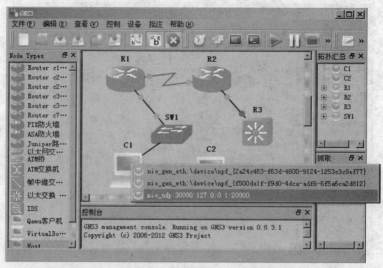

图 13-33　用 Host 的 nio_udp 接口连接交换机

图 13-34　连通性测试

2）Host 连接真实主机

在如前图 13-33 所示的操作中，连接交换机 SW1 和计算机 C1 时，如果选择网络接口为 Nio_gen_eth:\device\NPF_{2A24C463-F63D-4800-9124-1253C3C9EF77}，该接口是虚拟 HOST 主机 C1 连接以太网的接口，就可以与本地物理主机以太网接口进行通信（对应关系在"结点配置"的"以太网 NIO"中设定）。即是说，虚拟机 C1 连接到了物理主机的网卡上了。本例中，C1 虚拟以太网络接口对应的物理网络接口是"本地连接 3"，该网卡是本书作者所用电脑的激活了的网卡之一。这样，本物理主机就连通了 C1，就可以访问虚拟网络目标了。比如，配置本网卡地址为 192.168.1.100/24，则也可访问到 C2，用 ping 命令测试的结果如图 13-35 所示。

图 13-35　物理机访问虚拟机 C2

13.2.2　模拟防火墙和入侵防御系统

本节介绍 GNS3 对防火墙和入侵防御系统的模拟。

1. 模拟 ASA 防火墙

在新版本 GNS3_0.8.3.1 中，实现模拟 ASA 防火墙的操作比较简单。

1）准备编译后的 ASA 系统文件

GNS3 模拟 ASA 防火墙所需的启动文件和内核文件可用系统镜像 asa802-k8.bin 文件使用 Unpack 软件编译得到。

网上容易找到编译好的启动文件 asa802-k8-sing.gz（网上还常见到文件名为 asa802-k8-initrd.gz 的），是模拟 ASA 单环境模式的；还有一种是模拟多环境模式的，文件名是 asa802-k8-muti.gz。

单环境模式是指一台硬件上就一个防火墙系统，而多环境模式则是指一台硬件上虚拟多个防火墙系统。实际的 ASA 防火墙可以在这两种模式间进行切换。用于 GNS3 的新版本的编译文件也支持这种同时模拟。此处是使用单模式文件来模拟 ASA。

内核（kernel）文件常被命名为 vmlinuz 或 asa802-k8-vmlinuz，单模式和多模式通用。

2）ASA 设置

把这两个文件放在 GNS3 建立的 Images 文件夹下，打开 GNS3 "编辑" 菜单下面的 "首选项" | "Qemu" "|ASA"，如图 13-36 所示。在 "ASA 设置" 栏中输入标识符名称，这里输入 asa（任意命名但不能是中文），"ASA 具体设置" 下面让启动文件和内核文件指向存放它们的目录，单击 "保存" 即可，其余参数使用系统默认值不需要修改。最后按最下方的 Apply 和 OK 按钮。注意其中的 "Qemu 选项"，如果不填，则防火墙开启时会出现 Qemu 界面且不能关闭；如果键入参数 "-hdachs 980,16,32 -vnc :1"，则不会出现 Qemu 界面。本例没有配置 "Qemu 选项"。

另外，Qemu 下的 "常规设置" 里有一个工作目录设置，为了方便查看 ASA 的 flash 文件，建议另外建立一个目录而不要和 Dynamips 共用一个工作目录。

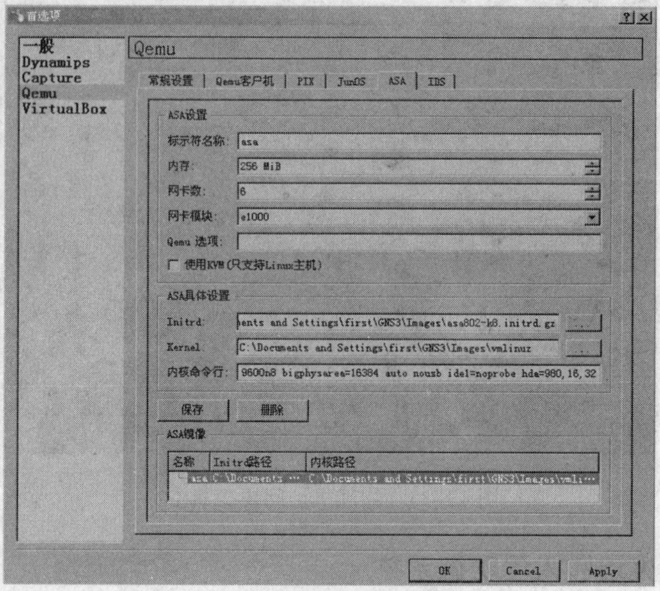

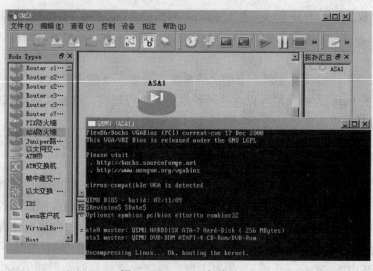

图 13-36　ASA 参数设置

3）运行 ASA

首次运行 ASA，操作步骤如下：

（1）把结点下面的 ASA 防火墙拖入工作区，单击"开始"按钮后屏幕出现如图 13-37 下半部所示的 Qemu 窗口界面（如果 Qemu 选项设置了参数"–hdachs 980,16,32 –vnc :1"，则不出现此界面）。

图 13-37　ASA 启动界面

这表示 ASA 防火墙已经开始运行。注意不要关闭此界面。

（2）双击 ASA1 图标或右击打开快捷菜单，选择 Console 命令登录 ASA1，则出现其启动过程，最后停留的界面如图 13-38 所示。

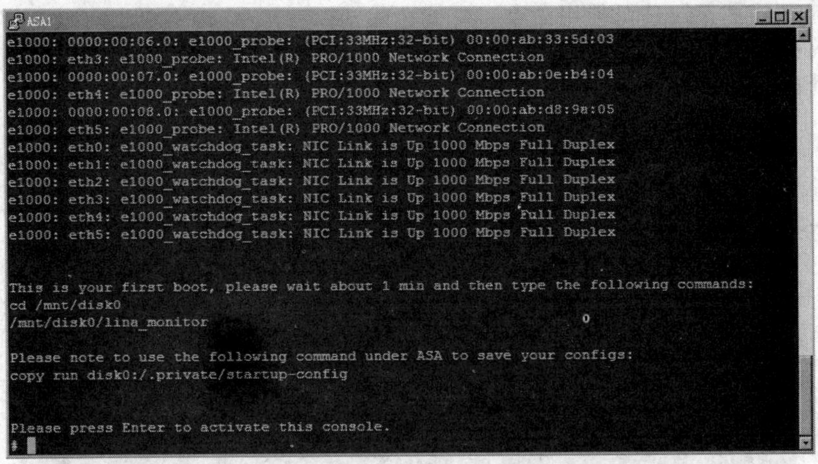

图 13-38　第一次启动过程停留的界面

该界面出现的倒数第二段和第三段提示，不是所有版本的编译文件都有。但在本次和第一次重新启动 ASA 后,都需要按此操作。

按照系统提示等待约 1min 后，回车激活控制台，系统直接进入特权配置模式。键入命令 `/mnt/disk0/lina_monitor`

系统继续显示初始化过程信息，最后停留在图 13-39 所示的界面上。

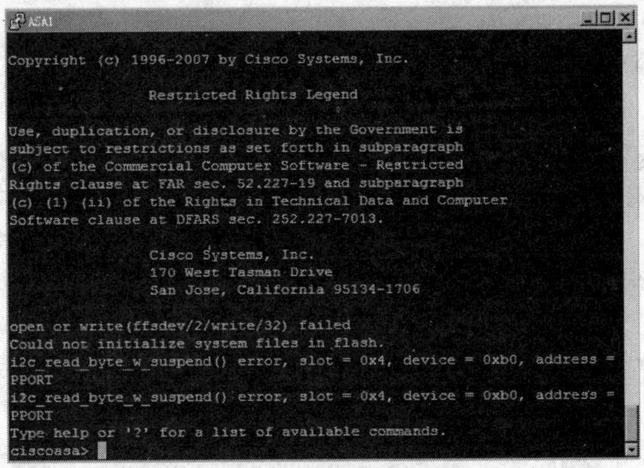

图 13-39　初始化完成界面

该界面提示不能初始化系统文件在闪存里。我们需要继续按照下面的第（3）步配置系统并重启后，防火墙才可以使用。

（3）键入 enable 命令，进入特权用户模式，这次系统会提示键入口令，直接回车即可。此时如果使用命令 show flash 查看 flash，会发现其空间大小是 0，内有三个文件长度也显示为 0。停止并重新启动 ASA（在 GNS3 工作区界面操作鼠标操作，不是使用命令 reload，使用 reload 重启不了），进入特权或全局模式，再按照图 13-38 所示的提示用命令 copy run disk0:/.private/startup-config 保存运行的配置作为启动配置文件，回车后系统执行，并有两条出错信息显示，不用管它，实际系统已经可以正常工作了。show flash 时显示已经有部分文件的长度不是 0 了，startup-config 文件也已经有了，如图 13-40 所示。

在全局配置模式下，还可使用命令

```
Boot config disk0:/.private/startup-config
//指明下次防火墙引导时使用启动配置文件 startup-config
```

```
ciscoasa# copy run disk0:/.private/startup-config

Source filename [running-config]?

Destination filename [/.private/startup-config]?

%Warning:There is a file already existing with this name
Do you want to over write? [confirm]
Cryptochecksum: 6e33e06b 255d8b92 90c27d70 9f5b4de4

1471 bytes copied in 3.70 secs (490 bytes/sec)open(ffsdev/2/write/41) failed
open(ffsdev/2/write/40) failed

ciscoasa# show flash
--#-- --length-- -----date/time------ path
   5    4096    Dec 18 2012 01:47:50  .private
   6       0    Dec 18 2012 01:46:19  .private/mode.dat
   7       0    Dec 18 2012 01:49:01  .private/DATAFILE
   8    1471    Dec 18 2012 01:49:01  .private/startup-config
   9    4096    Dec 18 2012 01:49:01  boot

268136448 bytes total (242634752 bytes free)
ciscoasa#
```

图 13-40　Flash 及其文件

2. 模拟 Cisco IPS

IPS 即入侵防御系统，以前称为 IDS（入侵检测系统，在 GNS3 是原来的称呼 IDS），Cisco 改称 IPS 似乎带有主动防御的意思。

1）所需要的 IPS 文件

网上可以找到 GNS3 模拟 IPS 所需要的两个二进制镜像文件 ips-disk1.img 和 ips-disk2.img，把它们放入 GNS3 的 images 文件夹。

2）设置 IPS

从 GNS3 主界面依次打开"编辑"|"首选项"|"Qemu"|"IDS"，在"标识符名称"栏填写任意非中文字符，二进制镜像 1 和二进制镜像 2 两栏路径分别指向 ips-disk1.img 和 ips-disk2.img，其余栏目采用默认值不需要更改。单击 Apply 按钮完成配置，界面如图 13-41 所示。

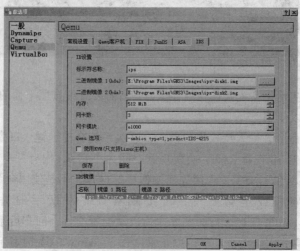

图 13-41　设置 IPS 参数

3) 运行 IPS

把在结点区的 IDS 拖入工作区, 默认名称为 IDS2 (接着 ASA 的序号 1 编的), 如图 13-42 所示。图中的路由器和防火墙是作者先前测试时拖入的, 读者第一次使用 IPS 可不用连接其他设备。

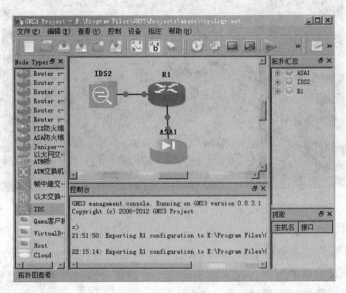

图 13-42　把 IPS 拖入工作区

右击 IDS2 图标弹出快捷菜单, 选择 "开始" 命令, IPS 即可开始启动, 出现图 13-43 所示的启动界面。

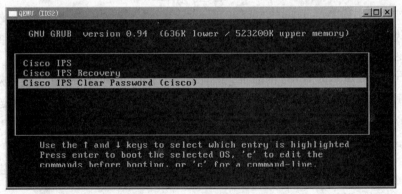

图 13-43　IPS 启动选项

注意: 该界面是 Qemu 窗口界面, 图中有三个选项, 选择第一项或第三项运行系统。实际上选择第三项也不能清除口令, 登录系统同样需要输入用户名 cisco, 密码 net527。这时亦可开启控制台界面, 使用控制台 Putty 或 SecureCRT 登录 IPS, 但不会显示启动过程, 要到提示输入用户名的时候, 控制台界面才会显示信息。图 13-44 所示的界面是使用控制台登录输入用户名和密码后 IPS 运行的结果。

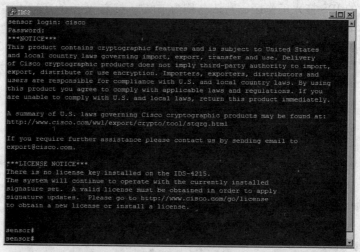

图 13-44　登录结果

3．模拟其他设备

从 GNS3 主界面的结点类型下面，可以看到其他一些设备，如帧中继、ATM 交换机，Juniper 路由器等。由于教材篇幅的限制，这里就不介绍了，请读者参阅有关资料或登录 GNS3 官网详细了解。特别注意：掌握其中的"Qemu 客户机"和"VirsualBox 客户机"的配置，在系统需要连接虚拟机服务器进行测试时特别有用。

思考与动手

（1）可以不在本机而在网络其他位置（局域网或 Internet）访问 GNS3 中的设备吗？如果可以，思考需要如何操作才能实现？

（2）在图 13-45 所示的 GNS3 网络中，配置各设备接口 IP 地址和路由，使得网络连通；在配置 SW1 链接 Host 主机 C1 时，选择 C1 的网络接口为 Nio_gen_eth，这样 C1 就连接了真实网络，物理机 PC1 就代表了 C1。

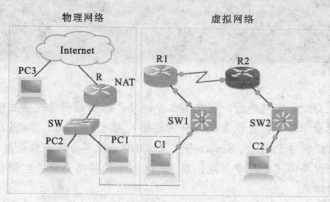

图 13-45　从物理网络登录虚拟设备

需要读者完成的是：

① 配置各个路由器、交换机（分别启用和关闭三层接口）允许 Telnet。

② 设置 PC1 参数，然后从 PC1 Telnet 各虚拟网络设备；

③ 设置 PC2 参数，然后从 PC2 Telnet 各虚拟网络设备；

④ 路由器 R 上配有一个公网地址接入 Internet，如果 PC3 欲登录虚拟网络设备，该如何配置 R1 才能实现？

⑤ 如果 PC1 是使用 ADSL 拨号上网（R 换成 ADSL Modem+宽带路由器），则又该如何设置才能实现 PC3 登录虚拟网络设备？

（3）基于 GNS3 的综合实训仿真企业 PC 网项目。

① 在 GNS3 上设计本书图 1-1 的拓扑。先简化拓扑：企业总部每个部门 VLAN 用一台 PC（VPCS）代表原 4 台 PC，汇聚层交换机简化为 2 台，分别连接技术部生产部的 2 台和市场部财务部的 2 台 PC；管理 VLAN 用 1 台 VirtualBOX 客户机（虚拟 Windows XP）代表，服务器 VLAN、Web/FTP 服务器群各用 1 台 VirtualBOX 客户机（虚拟 Windows2003 Server）代表；3 台 ISP 路由器和 Internet 简化为 1 台路由器，主广域网和备份广域网连接用串行链路代表。其余设备数量不变。设计拓扑时，接入层交换机可使用"结点类型"的"以太网交换机"简单模拟，汇聚层和核心层交换机使用"以太交换路由器"模拟，路由器使用 C3725 镜像模拟（一是可以兼做以太交换路由器的镜像，二是比 C7200 镜像少耗费计算资源）。入侵检测和防火墙分别使用 IDS 和 ASA，企业分支机构用 1 台路由器、1 台交换机和两台 PC 代表。最后设计出的拓扑图如图 13-46 所示。

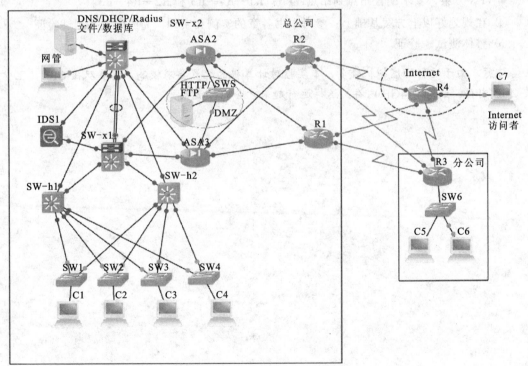

图 13-46　综合实训仿真企业网拓扑

② 总体任务：配置各设备，使得分支机构两台计算机中的一台可以访问总部的全部资源，另外一台只能访问总部的 Web、FTP 服务器和市场部 VLAN；Internet 用户只能访问总部发布的 Web 服务器。以上安全策略在总部的防火墙上实现（没有学习过防火墙的读者改在路由器 R1 和 R2 上实现）；总部的网管计算机可以访问企业网的全部资源，可以通过 Telnet 命令连接所有网络设备；限制财务部 VLAN 在上班时间（周一至周五 9：00～17:00）访问互联网，对财务部所有 PC（C4 代表）实施 802.1x 认证。

③ 各单项任务，设计好以下方案：

- IP 地址分配方案(要求有应用服务器作 DHCP 服务器,三层设备做中继代理；要求同时有汇聚层交换机做 DHCP 服务器为下联 PC 提供地址分配)；
- DNS 方案(要求解析 HTTP 和 FTP 服务器域名并提供查询转发)；
- VLAN 方案（各个业务部分分属不同 VLAN）；
- 路由方案（要求使用两种路由协议并配置路由重发布）；
- 防火墙或路由器 ACL 安全方案；
- 局域网接入安全方案（要求对财务部 PC 实施 802.1x 认证，注意这时接入层交换机需要启用网络模块 NM-16ESW，Radius 服务器可使用 Windows 2003 Server 自带的）；
- 生成树和链路聚合方案；
- IDS 接口监控方案（两核心交换机连接路由器的接口映射到核心交换机连接 IDS 的接口。不了解 IDS 的读者可暂不使用 IDS，换成 Host 连接物理主机运行抓包工具）；
- 广域网链路冗余方案；
- VPN 方案，要求配置站点到站点 VPN：R1—R4—R3 和 R2—R4—R3。

④ 在规划好以上方案基础上，参考本书各章的实例和实训，完成配置并测试验证。

⑤ 整体测试、验证。

注意，由于运行的虚拟机较多，本实验对计算机的配置要求较高。需要双核 CPU，至少需要 2GB 内存，最好有 4GB 内存，这样运行起来才会比较流畅。